教育部人文社会科学重点研究基地

中国人民大学伦理学与道德建设研究中心　组编

# 中国伦理学年鉴

## 2011年

顾　问

罗国杰　徐惟诚

葛晨虹　主　编

九州出版社 JIUZHOUPRESS | 全国百佳图书出版单位

**图书在版编目（CIP）数据**

中国伦理学年鉴.2011年/葛晨虹主编.—北京：九州出版社，2012.12

ISBN 978-7-5108-1924-7

Ⅰ.①中… Ⅱ.①葛… Ⅲ.①伦理学—中国—2011—年鉴 Ⅳ.①B82-54

中国版本图书馆 CIP 数据核字（2013）第010852号

**中国伦理学年鉴（2011年）**

作　　者　葛晨虹　主编
出版发行　九州出版社
出 版 人　黄宪华
地　　址　北京市西城区阜外大街甲35号（100037）
发行电话　（010）68992190/2/3/5/6
网　　址　www.jiuzhoupress.com
电子信箱　jiuzhou@jiuzhoupress.com
印　　刷　北京毅峰迅捷印刷有限公司
开　　本　710毫米×1000毫米　16开
印　　张　18.75
字　　数　300千字
版　　次　2013年8月第1版
印　　次　2013年8月第1次印刷
书　　号　ISBN 978-7-5108-1924-7
定　　价　38.00元

★版权所有　侵权必究★

# 编委会

**主任委员**　葛晨虹　龚　群

**委　员**（以姓氏笔画为准）

刘　玮　宋希仁　李茂森　肖群忠

张　霄　杨伟清　郭清香　龚　群

曹　刚　焦国成　葛晨虹

**参与编写人员**（以姓氏笔画为准）

于　莲　马晓颖　王福玲　白燕妮

龙　倩　李秀艳　李　璐　朱昆中

吕　浩　陈伟功　吴益芳　吴晓蓉

吴西亮　张　丽　钟媛媛　武　敬

赵　昆　费丹丹　俞　莹　袁和静

淮旭伟　韩作珍　谭智秀

# 前　言

《中国伦理学年鉴》（以下简称《年鉴》）由教育部伦理学重点研究基地——中国人民大学伦理学与道德建设研究中心组织编写，由罗国杰、徐惟诚两位德高望重的权威学者担任顾问。隔代修史，隔年修鉴。《中国伦理学年鉴》按年度反映上年中国伦理学界的学术活动、研究概况、前沿动态、论文、著作成果主要内容，以及社会道德热点问题的讨论。

年鉴作为集资料汇集、理论观点概述、思想讨论以及便览于一身的书籍，具有资料权威、反映学界全貌、连续出版、信息密集、记录社会及思想史发展的工具书特点，在社会历史发展和思想发展史中，具有重要的理论和社会信息“档案”记载功能。中国的年鉴已有六百多年的历史，当今中国社会、文化和理论研究中也有不同学科和领域的各色年鉴，在一些年鉴中，不同程度地包括了一些伦理学与道德建设研究内容，伦理学界也已有由王小锡教授主编的《中国经济伦理学年鉴》出版。但在伦理学与道德建设日益成为中国“显学”的时代，我们深感学界和社会很需要《中国伦理学年鉴》的开拓性创编。我们选择在21世纪国家“十二五”计划的第一年“开始”编写《中国伦理学年鉴》，期望把伦理学界的学者、研究成果和理论发展概况纳入“历史记载”的工具书系列中，更希望它能对伦理学界和社会道德建设，对中国社会发展和文化发展，发挥积极的作用。

经过近一年的采集编辑，《中国伦理学年鉴》正式出版了。本《年鉴》概述、反映了2011年伦理学界与社会道德建设领域的理论研究成果、热点和学术交流状况。作为我国伦理学年鉴的创刊首部，它也标示着《中国伦理学年鉴》的历史性创始。

《中国伦理学年鉴》编委会强调学术、理论工作的严谨态度和社会责任，主张客观、全面并有重点地反映年度伦理学与社会道德建设研究状况。编写团队以教育部伦理学重点基地为依托平台，具有专业布局较齐全、编写师资力量较厚实等优势。编写组分工与文责明确，在《年鉴》总顾问和主编总体指导下，每个领域内容均由术有专攻的资深学者担任综述、指导和责任把关。

我们编写出版《中国伦理学年鉴》的历史性工作刚刚起步，在经验和资源力量方面都还存在一定不足，内容编辑中难免存在一定疏漏。现在《中国伦理学年鉴》（2011）摆在大家的面前，我们希望在接下来年复一年的编辑中，得到大家的指正和建议，以俾《中国伦理学年鉴》编辑出版做得越来越好。

2011年，中国伦理学界的学术交流和学术活动丰富而活跃，学界在伦理学基础理论、马克思主义伦理学、中国伦理思想史、西方伦理思想史、应用伦理学，以及社会道德建设等领域的研究都取得了丰硕成果，其中不乏富有理论创新和现实指导意义的成果。学者们还针对社会生活中的各种道德现象和问题进行了相关理论探究，在运用伦理学理论研究的同时，也积极借鉴经济学、政治学、社会学、心理学等其他学科理论和社会实践经验，为伦理学研究和社会道德建设创新了思路、方法和论域，为伦理学学术研究和社会道德实践提供了积极的思考和指导功能。

# 目　录

# 学术动态

2011年，中国伦理学学界举办了多种关于理论与实践问题的学术研讨活动，同时也发表了许多研究成果，包括各种著作、论文，鉴于篇幅所限，本部分仅收录了有代表性的学术会议和出版著作。在本书最末的附录中，也收录了当年国家、教育部等主要规划项目以及当年博士生毕业论文题目。

## 一、学术会议

4月15日至17日，由中国伦理学会主办，上海师范大学经济伦理研究中心与上海市伦理学会承办的“第19次中韩伦理学国际学术研讨会暨第5次全国经济伦理学学术研讨会”在上海师范大学召开。120多位中外学者以经济与社会发展为主题，从社会发展与公平正义的实现、企业伦理与企业的社会责任、生态文明与消费伦理的引导、东亚文化与经济伦理学的发展等方面进行了研讨。学者们认为，近年来我国经济伦理学呈现良好的学术发展态势，道德的经济价值、企业社会责任、经济正义、金融危机的伦理反思以及消费伦理等五大热点问题受到了深入的学理透视和实证分析。现代人类社会最主要的问题不是如何发展，而是为谁发展、为何发展的问题。重新反思和追问现代社会发展的目的，不仅关乎社会公平正义问题，也关乎人类对自身存在方式的反省。把社会全体公民的幸福作为社会发展的唯一目标，不仅充分表达了经济伦理学的最高宗旨，而且也是当代中国特色社会主义现代化建设的根本要义。政府应当根据企业道德责任的不同层次，通过塑造宽松生存环境、推进道德立法、建立健全道德激励机制、给予企业自由意志空间等途径推进企业道德责任的自律。市场制度不仅为社会公平正义创造制度环境，也体现正义的应得原则。企业伦理社会责任意味着企业也有道德人格，强化企业的社会责任应强化企业的道德人性培育，将企业追求盈利与追求道德人性结合起来。和谐企业的建设不仅需要组织成员树立“道德世界观”以实现内在和谐，也需要组织实体建立“伦理世界观”以实现人、社会、自然的全生态和谐。本真的消费方式是自主消费，代表着消费的未来趋势。消费不只是经济行为中的一个简单环节，也是人们寻求审美体验的精神需要。要有效解释当下中国社会的经济现象和行为中的伦理意蕴，必须审视儒学中的经济伦理思想，以历史的辩证的世界观和方法论来分析和应用儒家传统的经济伦理精华。

5月7日至8日，由中国伦理学会、天津社会科学院《道德与文明》编辑部、中国人民大学伦理学与道德建设研究中心、清华大学哲学系共同主办，《道德与文明》编辑部承办的“文化‘三自’与社会主义核心价值体系”理论研讨会在天津举行，来自国内著名高校、科研机构、报纸杂志社的40多位专家学者参加了此次会议。学者们围绕如何理解文化“三自”的内涵及其相互关系、文化“三自”的实现路径、文化“三自”与社会主义核心价值体系等议题，就中华民族在文化方面的自觉、自信和自强作了全面、系统的探讨。学者们认为，文化“三自”的内涵即，文化自觉是指对自身文化辩证地看待，进行自我反思、自我认识，对文化进行能动的构建与再造；文化自信本质上是对道德的信仰、肯定与追求；文化自强是指立足自己的实际，依靠自己的力量，突出自己的特色，走自己的文化发展道路，使我们的文化具有强大的创造力和竞争力。要实现文化“三自”，需要造就具有现代文化人格的文化主体。必须有理想和信念，站在人民大众、社会发展的立场；必须从当前泛滥成灾的物质主义、消费主义文化中走出来，能正确对待物质需要和精神需要、价值理性和工具理性；应深刻了解和把握民族的优良文化传统，顺应世界化的大趋势，将民族化、全球化统一起来。文化的灵魂在于其核心价值。核心价值决定着文化的性质和方向，能否形成与中国发展相适应的“中国核心价值观”，是中国文化能否大发展的关键所在。塑造社会主义核心价值观，重要的是体现时代感、突出大众化、富有独创性，为此，必须在社会生活维度、历史发展维度、全球共享维度上进行创新和开掘。

5月21至22日，由大连理工大学、神户大学和台湾大学共同倡导，大连理工大学人文与社会科学学部主办的“第二届东南亚应用伦理学与应用哲学国际会议”在大连召开。

6月1日，江苏省伦理学会2010—2011年年会暨“环境伦理与低碳社会建设”学术研讨会在南京林业大学召开。

6月9日至10日，清华大学哲学系和南京师范大学公管学院在南京共同举办了第二届“经济伦理与环境伦理”高端对话会。

6月18至19日，由中国癌症基金会、中国医学科学院肿瘤医院举办的2011年伦理审查国际研讨会在北京召开，国内外临床研究伦理学及从事相关职业的200多名专家学者就该领域的进展、我国目前的伦理审查状况与问题、国际伦理审查情况与规范化操作、符合我国国情的伦理审批规范与途径、提高我国伦理审查水平等议题进行了研讨。学者们认为，随着肿瘤治疗的进步、临床研究的深入，开展临床试验离不开伦理委员会的保驾护航。有学者分析了伦理审查工作的原则、基石、相关法律法规、形式、政府的职责、伦理审查工作标准化和尽责的必要性、建立国家伦理审查体系的必要性。从事伦理审查意味着把握着我国医疗卫生事业发展的方向，保护着广大民众的健康。在伦理委员会与伦理审查制度落户我国的过程中，必须处理好全球化跟本土化的关系，在我国政治、经济、文化、医药健康产业和历史环境等的基础上，研究解决我国医药卫生伦理理论和实际问题。要尽快完善国家-区域-机构的伦理审查体系，以沟通协作作为支撑的伦理审查体系。还有学者分析了我国伦理委员会建设的现状、问题和前景，认为我国伦理委员会机构的建设尚处于初级阶段，需要完善管理制度，伦理审查内容、原则和可操作的程序，伦理委员会的组建、认证和管理，加强政策研究、教育培训、咨询服务功能，较好地应对不断出现的伦理难题，指导医学的健康发展，监督医学发展的正确方向。目前我国医学科研管理存在的对伦理关注不足、缺乏隐私保护和风险评估跟管理，伦理委员会设置随意、松散和临时性，伦理审查体系不完善，大部分省级伦理委员会待建立，伦理人才不能满足伦理审查需要，机构伦理委员会的能力建设等问题。目前为止，国内400多家医院成立了伦理委员会，但随着国家经济蓬勃发展，对新药研发支持力度加大，国际制药企业对中国市场进一步投入，各种临床试验数量增加，对伦理委员会提出了更高要求。

6月20日，由深圳衡平机构、中国医学科学院（北京协和医学院生命伦理学研究中心）、中国科协自然辩证法研究会生命伦理学专业委员会、中华全国律师协会宪法与人权专业委员会联合举办的“中国精神卫生立法问题法律与伦理研讨会”在北京举行。

7月2日，北京建筑工程学院举办了“文化软实力与北京世界城市建设——第四次建筑伦理与城市文化学术研讨会”，来自北京高校、科研机构的35名专家学者围绕北京城市更新发展与城市文化遗产传承、北京“世界城市”文化软实力提升的路径、北京城市空间文化建构、城市治理与提升北京城市文化软实力的关系以及如何提升北京的城市文化品位等议题展开了研讨。学者们认为，在当今时代，重新将建筑作为一种具有本质意义的艺术进行审视十分必要。这种审视，无疑包括对建筑艺术的伦理审视。学者们将焦点对准正在迈向建设有中国特色世界城市进程中的大城市北京，试图反思这座气象万千的城市在快速现代化的进程中所遭遇的发展与保护等复杂的难题。学者们具体讨论的议题主要有：中国传统建筑艺术审美的伦理意蕴；诗歌、建筑与形式的平衡；“短时效建筑”；让建筑回归人文——反思当代建筑思潮；亲近自然与诗意栖居——西双版纳傣族民居与森林文化；挤压、离散与解构——对昆明“市民公共空间”现状的观察与思考；列斐伏尔城市空间理论的伦理学向度；以公共健康为基石的英美城市改造分析；论公众在城市规划与建设中的权利与义务：基于公共空间的单体与聚落的院外空间意象；城市文化是城市建设的灵魂；城市文化软实力与城市经营伦理；人文北京——城与人的和谐对话；北京城中轴线申遗与文物保护；北京城市水文化与城市生态；北京发展的“优势”与困局；“山水城市”的理论及其发展；文化软实力与北京世界城市建设等。

7月5日，第五届“建构中国生命伦理学”研讨会于香港浸会大学召开，与会者从中国传统伦理价值系统去看当代生命伦理学的一些重要议题，诸如知情同意、器官移植及捐献、医疗道德、生命科技伦理、基因改造等。

7月18日至20日，由中国伦理学会主办，宝鸡文理学院承办的“第二届周秦伦理文化与现代道德价值国际学术研讨会”在陕西宝鸡举行。来自国内及新加坡、韩国、日本、荷兰等国家的70多位专家学者探讨周秦伦理文化的基本精神和现实意义，学者们围绕周秦文明的伦理结构及其对重建现代道德的借鉴作用等问题进行了探讨，从中挖掘有益于当今社会实现道德规范的途径。会议以探索周秦文明的伦理结构为目的，从历史源头上把握中华伦理结构的发生发展，进一步推进周秦伦理文化研究的深入进行，扩展对周秦伦理文化内涵的认知，探讨周秦伦理文化对重建现代道德的借鉴作用，从周秦伦理中挖掘有益于当今社会的精神、原则、模式和探求周秦伦理道德的内容和实现其道德规范的途径，以矫正市场经济某些道德的缺失和堕落，高扬传统文化道德价值的旗帜，弘扬中华优秀道德的力量，重塑市场经济条件下社会主义社会的道德范式和个人修养的德性，为以德治国、和谐社会建构理论基石和拓展实践途径。学者们的代表性观点有，儒家作为周文化的继承者、墨家作为其改革者、道家作为其批判者而归属于信念伦理谱系；法家作为秦文化的奠基者、刑名家作为其同盟者、黄老之学作为其发展者而归属于责任伦理谱系。而汉代董仲舒综合信念伦理和责任伦理，形成了“阳儒阴法”、“德主刑辅”的综合伦理体系。中国封建社会从盛（汉唐）到衰（明清）的社会伦理生活，一直受到这种对立统一的伦理体系的支配。相对而言，战国时秦地形成了“贵公”、“大忠”的责任伦理观念，这是不同于周人重视“孝”“德”信念伦理的地方，这表明周秦在伦理类型上具有重大差异。有些学者对周秦伦理文化与古希腊伦理文化、古印度伦理文化、伊斯兰教伦理作了比较。学者强调，研究周秦伦理文化对于中国现代伦理道德建设具有重要意义，现代伦理文化要对周秦伦理文化进行抽象继承，进行伦理文化的现代化解释、重建。

8月22日至25日，由宁夏大学和中国伦理学会、宁夏伦理学会共同主办的“全国民族伦理文化学术研讨会暨中国伦理学会民族伦理学专业委员会成立大会”在宁夏银川举行。本次会议是新中国成立以来我国民族伦理学领域举办的第一次全国性会议。来自全国二十多个省、市、自治区的100多位专家学者围绕民族伦理基本理论、民族伦理与社会和谐、单一少数民族伦理文化与价值、民族伦理典籍及跨学科研究等主题进行了交流和研讨。为促进我国民族伦理学的学术发展和学科建设，建立科学的民族伦理学研究的学术组织和运行机制，中国伦理学会理事会成立了民族伦理学专业委员会。全体代表表决通过了《中国伦理学会民族伦理学专业委员会选举办法》与《中国伦理学会民族伦理学专业委员会章程》，并选举产生了第一届理事会。李伟当选为第一届中国伦理学会民族伦理学专业委员会会长。学者们对民族伦理学的学科定位进行了研讨，有三种观点：伦理学与民族学二元交叉论；民族伦理学与人类学二元交叉论；民族学、人类学和伦理学三元交叉论。关于民族伦理学的研究视角，有四种看法：内在性文化论；民族伦理价值观念论；民族政策论；综合民族伦理论。学者们还对民族伦理学的研究方法进行了讨论，认为主要包括经验描述方法、价值分析方法、宏观研究与微观研究相结合的方法、纵向比较和横向比较相结合的方法，此外还有人类学转向论、引入民族志方法论、借鉴自然科学方法论。学者们对民族道德的发轫过程、道德的民族性与超民族性及其意义与价值进行了讨论，分析了民族伦理中的和谐因子及其对文化多元世界的意义，认为在建构现代性伦理的过程中，我们有必要向西北地区部分少数民族同胞学习，重新找到自己信仰的基石，让伦理规范获得坚实的地基。此外，学者还对民族伦理的自我意识与超越意识、民族伦理文化的冲突与融和、少数民族伦理与民族地方社会和谐进行了研讨。而发掘单一少数民族的伦理文化价值也是这次研讨会的特点和热点之一。

10月14至16日，由中国伦理学会政治伦理学分会、中共中央党校哲学部、中共中央党校马克思主义理论部、华侨大学哲学与社会发展学院联合举办的“第五次全国政治伦理学研讨会”在华侨大学举行，来自全国16个省市科研院所、高校的专家学者共60余人参加了会议。与会代表围绕政治伦理的前沿问题及其与官德建设、政府职能转变、政府善治、服务性政府建设、社会管理等议题进行了探讨和交流。学者们认为，政治伦理不仅是一门研究社会政治生活中道德原则和规范、政治与道德关系及其发展规律的理论学科，更是一门关注现实政治生活、指导政治行为的实践学科，如何理解政治伦理在当前中国社会转型与发展中的独特作用，是本次研讨会上备受关注的议题。当前，我国正处于发展的关键期、改革的攻坚期、矛盾的凸显期，在这一体制转轨和结构转型的重要时期，转变政府职能，优化政府管理，实现政府“善治”是政治伦理学研究必须关注的重大问题。当前，如何在新的历史条件下有效推进公民道德建设，建立与社会主义市场经济相适应的社会主义道德体系，是众多专家学者关注的焦点。加强领导干部的道德建设不仅是当前广受关注的热点问题，更是实施公民道德建设战略部署的关键环节。在社会主义市场经济条件下如何理解和推进政府官员道德建设是政治伦理学研究中不可回避的问题。与会专家们围绕官德建设的相关问题进行了讨论，认为加强官德建设，必须加快完善社会主义民主政治体制，树立唯物辩证的思维模式和坚持以德治国与依法治国相结合，不但需要依靠制度和监督的约束，而且需要运用政治信仰的内化力量，通过官员的道德践履来弘扬共产党人的官德。

10月16日，中国医学伦理学与生命伦理学研究30周年大会暨中国生命伦理学发展研讨会在陕西西安盛大召开。研讨议题主要是介绍、总结和评价中国生命伦理学、医学伦理学研究30年的成果、经验，为今后中国生命伦理学、医学伦理学研究提出建设性建议。

10月20日到23日，由中国社会科学院哲学所伦理室主办、西南大学政治与公共管理学院承办的“第二届人权与伦理学论坛”在重庆西南大学召开。来自中国社会科学院、武汉大学、西南大学、复旦大学、上海师范大学、江西社科院等单位的专家学者参加了大会，学者们就人权基础理论、人权与应用伦理问题展开了讨论。学者们认为，人权是人之为人的最基本的权利，伦理学的出发点是人的本质规定性，即人的意志与行为的自主性和人的利益需求性。道德行为以道德主体的存在为前提，道德主体又以自主性为基础，自主性就是所有道德活动与行为的出发点。自由、自主权作为一项基本的人权构成了道德的价值基点权，因而也成为道德的根基。也有学者基于伦理史的人权理论，认为人之权利是人生而具有的先天权利，人权最早是用来约束国家而产生的个体权利，是从每个人的自由比较中得出的。与会专家还讨论了生命伦理、性伦理、身体伦理、宗教伦理、技术伦理、生态伦理等国际前沿领域的人权伦理问题，认为作为拥有生命自主权和生存权的生命权与死亡权之间并不存在逻辑矛盾，而身体伦理是基于人之身体而产生的伦理关系，身体伦理的价值基础应当是人权。有学者认为，人权是宗教的价值基准，认为任何践踏人权的教义和宗教行为都是恶，任何尊重人权、保障人权的宗教行为都是善。在传统文化中网络道德带来了新的挑战，提出了如何解决传统文化视阈下的网络道德与人权保护问题。有学者在论证生态伦理与人权的内在关系的基础上，主张生态伦理是人们在生态环境中形成的人与自然、人与人之间的价值关系，外在环境只有赋予了人才具有其价值，因此生态伦理的价值基础应为人权。

10月21日至22日，“法制与国际经济伦理”国际研讨会在对外经济贸易大学召开。

10月29日至30日，由中国自然辩证法研究会环境哲学专业委员会、清华大学哲学系、南华工商学院、中国环境伦理学会主办的全国生态文明与市场经济研讨会暨2011年中国环境哲学年会在广东清远举行。

11月10日，由中国人民大学伦理学与道德建设研究中心、哲学院伦理学教研室共同主办的“‘伦理学理论与实践学术研讨’暨庆祝中国人民大学伦理学教研室成立五十周年”大会在中国人民大学举行。来自清华大学、北京大学、北京师范大学、中国社科院、东南大学、南京师范大学、湖南师范大学、河南财经学院、河北师范大学等单位的60多位专家学者参加了会议。学者们对中国人民大学伦理学教研室成立以来以及新中国伦理学的发展进行了回顾，对罗国杰等老一辈伦理学家为中国伦理学发展做出的贡献做了回顾并表达了充分敬意。学者们还围绕新中国伦理学理论的研究与发展、马克思主义伦理学的中国化发展、中西伦理思想资源与当代中国伦理学发展及社会主义市场经济道德体系建设等问题进行了深入的研讨。

12月9日至10日，山东大学举办了“医疗储蓄账户、深化医改及儒家生命伦理”国际学术会议。会议充分展示了医疗储蓄账户、深化医改及儒家生命伦理的最新研究成果与最新发展动态，针对生命伦理与医学教育、医疗卫生资金的分配公平、中国医改的困境及其出路等等问题进行了深入的探讨。

## 二、出版著作

1. 贲国栋：《行政执法的伦理研究》，法律出版社

2. 曹　刚：《道德难题与程序正义》，北京大学出版社

3. 陈继红：《治世之至理——先秦儒家“分”之伦理研究》，中国社会科学出版社

4. 陈留生：《传统伦理与五四作家的人格及其文学创作》，上海学林出

版社

5. 陈寿灿:《当代中国伦理学的若干前沿问题研究》,金城出版社

6. 陈文:《近代社会变革中的伦理探索——从戊戌到五四》,中央编译出版社

7. 陈延斌:《播种品德 收获命运——未成年公民道德养成的理论与实践》,中国社会科学出版社

8. 程龙:《法哲学视野中的程序正义》,社会科学文献出版社。

9. 崔永和等:《走向后现代的环境伦理》,人民出版社

10. 邓文正:《细读〈尼各马克伦理学〉》,生活·读书·新知三联书店

11. 范进学:《法律与道德:社会秩序的规制》,上海交通大学出版社。

12. 范瑞平:《当代儒家生命伦理学》,北京大学出版社

13. 冯继宣:《计算机伦理学》,清华大学出版社

14. 冯永刚:《制度道德教育论》,北京师范大学出版社

15. 韩跃红:《生命伦理学维度:艾滋病防控难题与对策》,人民出版社

16. 何怀宏:《生生大德》,北京大学出版社

17. 胡波:《专利法的伦理基础》,华中科技大学出版社。

18. 靳凤林:《制度伦理与官员道德——当代中国政治伦理结构性转型研究》,人民出版社

19. 刘余莉:《儒学伦理学——规则与美德的统一》,中国社会科学出版社

20. 卢风:《人、环境与自然:环境哲学导论》,广东人民出版社

21. 罗国杰:《伦理学探索之路——罗国杰自选集》,首都师范大学出版社

22. 马勇:《伦理道德史话》,社会科学文献出版社

23. 沈铭贤:《生命伦理飞入寻常百姓家:解读生命的困惑》,上海科技教育出版社

24. 石文龙:《法伦理学》(第二版),中国法制出版社。

25. 斯仁:《蒙古秘史》,高等教育出版社

26. 陶悦:《道德形而上学——牟宗三与康德之间》,中国社会科学出

版社

27. 万俊人:《现代西方伦理学史》，中国人民大学出版社

28. 王海明:《美德伦理学》，北京大学出版社

29. 王宏斌，俞可平:《生态文明与社会主义》，中央编译出版社

30. 王楷:《天然与修为：荀子道德哲学的精神》，北京大学出版社

31. 王荣发，朱建婷:《新生命伦理学》，华东理工大学出版社

32. 王曙光:《金融伦理学》，北京大学出版社

33. 王兴尚:《秦国责任伦理研究》，人民出版社

34. 王珍喜:《文明冲突视野下的伦理社会——以梁漱溟与陈序经之比较为中心》，云南人民出版社

35. 吴素香:《善待生命：生命伦理学概论》，中山大学出版社

36. 武卉昕:《苏联马克思主义伦理学兴衰史》，人民出版社

37. 武吉庆:《五四前后的新文化派与文化保守派价值观比较》，中华书局出版

38. 向玉乔:《后现代西方伦理学研究》，中国社会科学出版社

39. 肖小芳:《道德与法律：哈特、德沃金与哈贝马斯对法律正当性的三种论证模式》，光明日报出版社。

40. 徐黎明:《政治伦理学》，中国社会出版社

41. 岩佐茂:《环境的思想与伦理》，中央编译出版社

42. 余纪元:《亚里士多德伦理学》，中国人民大学出版社

43. 于霞:《转型期社会伦理秩序的构建——韩非伦理思想研究》，中国社会科学出版社

44. 张彦:《价值排序与伦理风险》，人民出版社

45. 张继军:《先秦道德生活研究》人民出版社

46. 张永强:《工程伦理学》，北京理工大学出版社

47. 赵炜:《乡土伦理治道——传统视阈中的家与国》，中国矿业大学出版社

48. 周俊武:《激扬家声 曾国藩家庭伦理思想研究》，湖南师范大学出版社

49. 朱岚:《中国传统孝道思想发展史》，国家行政学院出版社

# 伦理学基础理论问题

基础理论总是学界最为关注的核心部分。2011 年，学者们发挥了自己的学术专长，围绕社会热点问题，基于多种学术立场、视角和方法，在伦理学基础理论领域分析、反思、论证，提出了许多有价值的见解。

## 一、基本概念与基本问题

经过 30 多年的发展，中国伦理学基础理论研究取得了丰富的成果。学者们对伦理学的学科定位进行了深刻的反思、分析与总结，其中主要问题有：伦理学究竟是什么？它的研究对象是什么？它具有哪些本质属性？对“伦理学”概念进行“正名”研究，表现了基础理论研究的深入，也反映了学界对相关研究现状的反思，学者们追根溯源，从理论原点出发，探寻伦理学的本质及其社会功能。

### 1. 概念问题

回答诸如伦理学本质等此类问题，必然要对“伦理”与“道德”这两个核心概念进行界定、分析。事实上，在大多数情况下，学界在运用这两个概念时往往未加严格区分，但一些学者则主张应明确区分伦理与道德概念。樊浩撰文指出，对“伦理”和“道德”的概念辨析，不是出于思辨哲学的形上偏好，而是因为它们标志着道德文明和道德哲学发展的诸历史哲学形态。孔子开辟的道德强势话语下伦理优先的“中国传统”，亚里士多德开创的“理智的德性”高于“伦理的德性”的“西方传统”，都经历了历史哲学的三期辩证发展，它们在现代都遭遇到伦理与道德的深刻矛盾。与西方伦理认同与道德自由的矛盾不同，伦理——道德悖论、伦理——道德二元对峙，是这一矛盾的中国形态。它表明，中国道德哲学与道德文明已走到发生重大变化的转折关头，其历史哲学前景既不是传统性的“合”，也不是现代性的“分”，而是伦理——道德生态的辩证建构。伦理——道德生态，是其历史哲学的现代中国形态。①

在有些学者看来，伦理与道德的关系，是一个没有引起充分学术关切但却深刻影响现代道德哲学品质的重大前沿问题，它所遭遇的冷落，已经使之成为考验现代人学术耐力的标杆。在某种意义上，只有对这一课题达到必要的学术自觉和理论解决，现代道德哲学、现代社会的伦理关系和道德生活才会真正走向成熟。在这个意义上，对伦理道德的历史哲学形态的考察，也是为现代道德哲学寻找出路。基于对中西方伦理道德的历史哲学考察，走出伦理——道德悖论及其二元对峙的道路，应当是建立伦理与道德的价值生态。在这个生态中，伦理与道德，伦理认同与道德自由辩证互动。樊浩得出的结论是：“伦—理—道—德”的辩证生态，是现代中国具有传统根源、体现时代要求的历史哲学形态。当然它的合理性与现实性尚有待实践与历史的检验。

也有学者从其他角度对这个问题进行了研究，如焦国成认为，“伦理”的本义是指人伦关系及其内蕴的条理、道理和规则。伦理是与物理和事理相区别的情理。发现、认识人伦关系中所蕴含的道理，从古往今来无数个体的情感发用中发现普遍认同的情感，“必推其情至于无憾”，并把这种普遍认同的、无憾的情感作为“中道”或伦理的规则以裁量、规范个体或过或不及的情感，以指导和规范人们的行为，从而达到人伦关系的和顺及人伦秩序的稳定与和谐，就成为一个专门的学问，这就是本义上的“伦理学”。② 另如吴瑾菁认为，对“道德”概念进行定义，要考虑三个方面因素：一是中西伦理思想史上对“道德”的理解；二是日常生活中对“道德”的使用；三是伦理学研究中对“道德”的运用。结合三个方面的内容，可以对“道德”做如下定义：所谓道德，是人们头脑中关于人与人、人与社会、人与自然之间关系的思想观念，是调节人们行为的特殊行为规

---

① 樊浩.“伦理”——“道德”的历史哲学形态［J］. 学习与探索，2011（1）：7-13.

② 焦国成. 论伦理——伦理概念与伦理学［J］. 江西师范大学学报（哲学社会科学版），2011（1）：22-28.

范的总和，是人们思想品质中的一项特殊内容。[①]

对于“道德”这个概念，有学者认为不能一概而论，应从不同的角度而进行分析。如刘仁贵认为，德性论伦理学和规范论伦理学对道德作了不同侧面的强调，德性论首先强调人应当成为一个什么样的人？规范论则主要强调一个人应当做什么以及应当怎样做？从道德与人的关系来说，道德本身便内在地蕴含德性之维和规范之维。道德作为德性时指涉的是道德对于人的本体性意义，即道德使人成之为人而区别于动物，并且成就、实现和完善作为人的价值和意义，主要体现为主体内在品质；道德作为规范时指涉的是道德规范可以约束人、规范人，从而维护人类社会秩序和人类整体生存，主要体现为具体的社会道德规范。道德之二维是互生互成的一体两面，过分强调其中之一维而忽视另一维都会导致对道德的片面理解。[②]

关于道德的产生，有学者也进行了探讨，如，程炼对进化伦理学进行了研究，认为进化伦理学把道德看作是进化的产物。进化思维在解释道德现象时有三个不同程度的涉入，这个区分是依据自然选择在塑造道德过程中所扮演的角色而言的。根据一种最弱级别的进化涉入，道德像艺术和科学一样，只是自然选择的间接产物，不受制于机体的生物性；而根据一种最强级别的进化涉入，道德完全是自然选择的直接产物，根植于机体的生物性中。这两个级别的进化涉入不能提供对道德的理想解释，一个恰当级别的进化涉入应该在这两个极端之间。[③]

“道德”概念具有非常丰富的内涵，随着实践的发展，也出现了一些相关的新概念，如“次道德”问题引起了学术界的关注，有学者明确指出，对“次道德”的本质，不能仅从语词的角度抽象地解析，还必须联系相应的行为现象来界定。为此，主流理解中的“次道德”行为应该是指违法甚至犯罪者在恶行之后或之中实施的、仅具有“次要”地位或“次等”价值的道德行为。在此意义上，“次道德”区别于“非道德”而属于“道

---

① 吴瑾菁．论“道德”——道德概念与定义思路［J］．江西师范大学学报（哲学社会科学版），2011（1）：36-42.

② 刘仁贵．德性与规范：道德二维及其统一［J］．吉首大学学报（社会科学版），2011（3）：29-33.

③ 程炼．进化论与伦理学的三层牵涉［J］．道德与文明，2011（2）：22-27.

德”范围，是“道德的”而非“不道德的”。①

## 2. 基本问题

作为一门古老而常新的学科，伦理学不仅要研究“伦理”与“道德”、“善”与“恶”、“应当”等基本概念，还要研究其基本问题。王泽应撰文认为，我国学界对伦理学基本问题的探讨，主要有单一问题说和多个问题说两大类。纵观古今中外伦理思想史的发展线索和发展历程，整体考察现实道德生活的实际，并且把目光投向未来道德生活发展的愿景和建设要求，道义与功利或者简单地说义利关系问题无疑是最准确、最经典的伦理学基本问题，其他问题要么是这一问题的变种，要么是这一问题的延展或表现，基本不出这一问题的视野和框架。因此，无论是单一问题说还是多个问题说的理论意义或是现实意义，都只能在这一问题的制约和解释中才能找到存在的依据和理由。②

李建华认为，伦理学研究的不同侧重点和关注点构成各派伦理学的研究重心，形成各自的学术旨趣和研究方向。从不同的学术向度看，概其大要，一是义务与价值的合理性问题，这是规范伦理学向度，强调道德的规范意义；二是秩序与自由的关系问题，这是行为伦理学向度，强调道德行为的秩序意义；三是道德行为与特定的时间和环境（共同体）的关系问题，这是描述伦理学向度，强调道德经验的客观性和实践性；四是事实与价值的关系问题，这是分析伦理学向度，强调价值分析的语言——逻辑基础。伦理学基本问题的研究构成伦理学的学科框架和基本结构，是学科区分和学科判断的依据。“规范”、“行为”、“经验”、“分析”这四大向度是伦理学的基本维度，基本问题是伦理学研究的前提。③

也有学者对一些具体伦理学形态的基本问题进行了研究，如强以华等认为，关于发展伦理学的基本问题，目前在学术界主要存在四种观点：一

---

① 田方林，冉红梅.“次道德”本质论析［J］.天府新论，2011（2）：30-33.

② 王泽应.论义利问题之为伦理学的基本问题［J］.华中科技大学学报（社会科学版），2011（4）：15-21.

③ 李建华，邹晖.从规范走向价值的伦理学：问题、定位与使命［J］.哲学研究，2011（8）：110-114.

是“能够做”与“应当做”的关系问题；二是发展利益和发展道德的关系问题；三是生活美好与物品丰富之间的关系，社会内与社会间公正的基础以及社会对自然力与技术的态度之标准的问题；四是发展中人类在有限而又脆弱的地球上应当如何共同幸福生活的问题。研究发现，发展伦理学的基本问题实际上是发展的伦理和伦理的发展之间的关系问题。对发展伦理学基本问题的科学合理定位，关系到发展伦理学学科性质及其当代使命的设定，甚至关系到整个发展伦理学体系的构建。①

### 3. 道德判断

对道德现象进行道德判断，既体现学者们对伦理学的本质反思，也体现学者们对伦理学发展的前瞻性研究。如学者认为，自 20 世纪 70 年代以来，有关道德事实是否存在的争论重新兴起，在道德实在论与非道德实在论之间出现了激烈的对抗。竞争的结果是，实在论告别了长期遭受否定的历史，在今天占据了明显的优势。甘绍平从对“道德判断是否具有认知内容”这一元伦理学中涉及道德本质的回答入手，探讨了认知主义与非认知主义两大阵营的重大分野，分析了作为非认知主义表现形态的情感主义和规定主义的大致立场和内在缺陷，展示了走向认知主义的逻辑必然性，进而描绘了伦理实在论在认知主义中的强势地位，以及作为伦理实在论之不同派别的自然主义和直觉主义的基本特征和理论困境，在此基础上着重阐发了将道德价值视为客观要素与主观要素共同建构的产物的弱的伦理实在论的核心内容，从而得出伦理实在论的现实发展出路应是弱的实在论的最终结论。②

关于情感和推理在道德判断中的作用一直是伦理思想史中的一个重要问题，最著名的是休谟和康德的论争。学者指出，一些经典作家对由理性所开启的现代性进程持谨慎态度，比如洛克在一定程度上很重视理性的作用，但认为理性本身却存在诸多问题。当代学者们对道德推理中的情感因素重新审视，产生了道德判断决策机制中的多种模型。有些学者认为，今

① 强以华，周涛. 发展伦理学基本问题的定位［J］. 理论探讨，2011（1）：47-50.
② 甘绍平. 伦理实在论的现实出路［J］. 云南大学学报（社会科学版），2011（1）：60-68.

后应当更多地关注道德推理的实际作用，既要运用更为先进的操纵手段，同时注重情境的影响。然而，有些现代哲学家依然强调理性在伦理学中的决定作用，如哈贝马斯，他秉承启蒙理性的精神，强调交往理性的现实指向就是商谈伦理与普遍共识。这种重构的商谈伦理学秉持两个基本原则，即可普遍化原则和话语伦理学原则。在中国传统伦理思想中，当处理情感与理性关系时，往往也存在着理性化趋向，如荀子"处仁以义"的思想表明，理性对情感的反省、规约和指导具有特别的理论意义，他将行为主体成就德性的内在根据建立在理性而不是情感之上。①②

## 二、规范伦理学

基于对伦理学实践意义的现实需要及学术兴趣，规范伦理学2011年依然是学界研究的重点理论领域之一。

### 1. 道德规范体系

"规范"的内涵与外延是什么？存在什么样的"规范"体系与层次？学者们对此进行了讨论，有学者指出，每个文明社会都会有自己的道德规范系统，每种道德规范系统都包含有难以统计清楚的众多道德规范。这些规范大致可分为三个层级，即道德准则、道德范畴和道德原则。其中，道德准则是含有一种具体道德要求的普通规范，道德范畴是含有一类道德要求的重大规范，道德原则是含有根本道德要求的基本规范。这三种分属不同层级的道德规范，一方面各有自己的特点与作用，另一方面也存在着蕴涵与派生的逻辑关联。③

有学者结合当前我国的具体情况进行讨论，认为，实现经济的健康发展和社会的和谐稳定，必然要求普遍有效性的社会规范的建构和施行。在

---

① 肖红春. 神意、理性与权利——一种关于洛克自然法理论的解读［J］. 现代哲学，2011（3）：49-54.

② 刘峰. 道德共识何以达成——哈贝马斯的商谈伦理及其现实道路［J］. 武汉科技大学学报，2011（6）：643-647.

③ 韩东屏. 道德准则、道德范畴、道德原则——论道德规范系统的层级结构［J］. 河南师范大学学报，2011（3）：1-4.

经济社会快速发展与民主诉求日益增强的当代社会，社会规范的建构必然有着时代的特征，即社会规范的建构无论在实质内容上还是论证程序上都必须以公正性为权衡准则，才能维护最广大人民的根本利益。普遍性原则是从道德领域进入伦理领域的，也强调了与适当性原则的有机结合，也就是在一定具体的背景条件下体现普遍性原则。因此，这种可普遍化原则对于当前有效性社会规范的生成具有现实指导意义。普遍化原则要体现在当下中国社会规范建构之中，首先，必须坚持共同利益的普遍化，体现以人为本的核心理念，就是以最广大人民的根本利益为本。其次，必须坚持论证原则的普遍化，体现民主协商的价值取向，就是要考虑到一切参与者的利益而容许一切参与者充分发表各自的意见，保障广大人民群众的知情权、参与权、表达权、管理权和监督权，完善民主议事和民主决策的民主参与制度，坚决避免自上而下的单方面的权威压制或强制命令，真正给予人民管理国家和社会的权利。①

## 2. 道德论证

道德规范要发挥其实践指导作用，必须具备有效性，而在现代社会中，只有得到论证的规范才是有效的。在这方面，哈贝马斯具有很强的代表性。如，强乃社指出，话语伦理学是现代和当代社会有关道德规范进行有效性和适当性话语论证的一种重要理论。在现代和当代道德意识发展的阶段上，只有通过话语才能够形成论证。普遍性原则、话语原则和适当性原则是论证的重要原则。按照哈贝马斯的研究，在历史上很长时间内，规范是不需要论证的，因为道德规范和它形成的语境是一致的。一种规范在一定语境中形成和应用，它的提出和它的效力是无法分割的。

只有在人类生活范围扩大的情况下，语境和规范才开始区分开来，这个时候规范自身的是否正当和规范如何适当应用，才成为一个问题。这个时候论证问题成为一个重要问题。理性在近代人类规范确立的历史上是重要的，对于宗教规范、旧的社会习惯，对于人们祖先的崇拜等，一定意义

① 李绍伟，池忠军. 有效性社会道德规范建构的普遍化考量［J］. 道德与文明，2011（6）：79-82.

上是人类理性的一种表现。道德规范的有效性论证也只能和话语联系，而不是权力和货币。但是，论证是有局限的，因为哈贝马斯将论证放置在生活世界、非暴力领域中。①

道德论证是为了达成道德共识，达成共识并不意味着规范的有效性，有效性只有落实到行动才可以称之为有效。有学者对此进行了研究，如，王强认为，规范伦理学视野中的“认同”意味着行动的“合道德”理由；但是，这还不能达成道德行动的行为动机与辩护理由之间的统一，所以，美德伦理指出“道德理论与道德生活”之间的不和谐。应通过对“认同行动”的拓展性分析，在以“行动者”为中心的规范伦理学结构框架中解决这一“内在矛盾”问题。他具体指出：“认同”是指称行动者的道德意向行动；而“行动”意味着行动者“个体认同”的伦理性现实。在此基础之上，“消极的”与“积极的”两种认同行动的区分，意味着现代世界中“伦理认同”可行性形态的道德哲学基础转变。因而，行动者的“认同行动”内蕴于规范伦理学的结构之中，拓展了伦理的“规范性”空间，并且一定程度上纠正了德性伦理的传统世界与现代性之间的混淆。②

也有学者从义务的角度对规范的有效性进行了研究，如，张霄认为，义务有两个特征，一个是作为规则的义务，另一个是作为行动的义务。作为规则的义务是利益共同体对个体的客观要求。这些要求最终受制于社会的经济结构，而它们的形成和发展又是人们根据历史的社会理性不断实践的结果。作为行动的义务涉及内化外在规则的必然性问题。在义务对行动的规定中一定带有某种必然性，而行为主体必定在某种程度上受制于这种必然性。正是这种既内在地制约着主体、又外在地要求着主体的必然性，才是行动者必定会内化外在规则的客观根据和基础。而这个必然性就是社会关系中的客观要求。人只有在履行义务的过程中不断接受社会必然性规律的检验，才可能驾驭必然性并最终获得自由。③

---

① 强乃社. 道德规范话语论证的几个主要问题［J］. 伦理学研究，2011（4）：13-19.

② 王强. 何谓“认同行动”？——规范伦理学的一种拓展性分析［J］. 北京师范大学学报，2011（3）：96-102.

③ 张霄. 论义务［J］. 江西师范大学学报，2011（1）：43-49.

### 3. 道德正义

关于正义的理论，始终是规范伦理学关注的重点，有些学者经过研究，明确指出，在具体的使用语境中，“正义”的含义是有区别的。比如，在柏拉图看来，正义是一种德性，亚里士多德则不仅把正义看成一种整体德性，而且强调了其个体间性。亚里士多德把正义作为形容词来用，而对于莱布尼茨来说，从词性上区分，正义有三种：名词、形容词和副词、感叹词意义上的正义。

正义的基础是什么？学者们对此进行了讨论。顾肃认为，自由正义理论是否存在道义基础，是当代伦理学讨论的一个核心问题。罗尔斯在与哈贝马斯的争论中强调自己的正义观是“自由站立的”，即对其证成并不依赖于广包的道德或宗教学说，但这并不表示它背后没有道德基础。社会契约和公共理性是正义的理论基础，而尊重人、永远把人当作目的的观念则是其核心的道德根基，这是民主社会中人们的重叠共识得以形成、发展并遵守的根本所在。它超越具体的道德和宗教学说的信念，却是普适的根本准则。人民主权只有在服从最高的道德原则、规定为关注并尊重人这一普遍义务时，才能理解为体现了合乎理性的共识，从而达成正义的基本原则，成为人民普遍遵从的法则。①

有些学者则从正义感的角度对正义的基础进行了分析，如，陈江进认为，正义感是有助于人类合作的道德情感，但它并不是一种单一性的概念，而是复合性的，它至少包含了感激、愤恨、负罪与义愤，这些情感具有不同的进化机制，因此，对正义感起源的解释也就并非某种单一的进化论模式可以应付，不同的道德情感可能适用于不同的进化论解释模式，这才是理解正义感起源的科学态度。②

有些学者则强调正义的实质内涵，主张正义是社会秩序中的底线，要有现实的可行性。如对于密尔来说，正义建立在社会功利原则的基础上，但密尔的真正意义或许不在于强调功利优先的原则，而在于以惩罚作为分

① 顾肃. 论自由正义理论的道义基础［J］. 哲学分析，2011（6）：92-102+193.

② 陈江进. 正义感及其进化论解释——从罗尔斯的正义感思想谈起［J］. 伦理学研究，2011（6）：1-6+141.

析正义问题的关键词，以不伤害作为正义的主要原则。对于罗尔斯来说，正义对基本人权的实现有一个普遍主义的承诺，其国际正义理论充分认识到了合理的多元主义的事实与分配正义的本质。①②

## 三、美德伦理学

随着美德伦理学的复兴，学者们对其原因背景、价值、意义、问题等进行了多方位探讨。

### 1. 美德及相关范畴

美德伦理的当代复兴究竟意味着什么？美德伦理学能否真正复兴？又如何复兴？其理论复兴的当代前景又会怎样？学者们认为当代美德伦理的复兴有着现实而复杂的社会实践背景和文化理论成因。

万俊人撰文对这些问题进行解释和回答，他认为，美德伦理复兴的直接原因看似来自国内学人对西方当代美德伦理的关注，但实际上更真实而自然的原因则是中国当代道德生活世界的急剧变化和我们自身文化精神的内在急需。一方面，日趋开放的经济社会和不断扩展的社会公共生活领域产生了日益增长的社会公共化、制度化或公共秩序的需求。因而，整个社会对道德伦理的要求更直接地表现为对普遍规范伦理——当然是需要重构的新型规范伦理——甚或是对人们所说的“底线伦理”的秩序化道义要求，比如，社会正义、社会诚信、公共秩序、公共交往伦理，等等。

其他学者对一些具体的问题也进行了讨论。如有些学者主张，要对“美德”或“德性”这个概念进行追踪和澄清。有学者指出，早在两千多年前，孔子就已经认识到了这个问题，即孔子所说的“正名”并非一般所认为的“复周礼”或以周礼矫正现实，而是一种以德性的回复为进路的价值重建。在西方伦理思想史上，virtu（德性或美德）这个词也有多重甚至

① 李少兵. 莱布尼茨自然正义理论的内涵——从本质形而上学、存在形而上学和道德形而上学看［J］. 山东师范大学学报（人文社会科学版），2011（5）：24-30.

② 冯书生. 惩罚与不伤害——密尔正义论的逻辑进路与基本特征［J］. 中共天津市委党校学报，2011（5）：76-79+84.

是矛盾的含义，比如，马基雅维里的virtu概念就隐含着古罗马意义上的德性和基督教德性的冲突、能力优异和道德完善的冲突。而且，应当重新评价德性在政治中的地位与作用。但两者在中国传统道德思考中是统一的，中国传统伦理学虽然是以修身的美德伦理学为起点和重点，然而，它不仅与治平伦理密不可分，而且，与人际间的规范伦理、交往伦理也是密不可分的。①②③

陈乔见还对德性领域中的公德与私德这对概念进行了讨论，他认为，梁启超开启了以这对概念来讨论中国文化和中国问题的先河，此后该主题引起了学界普遍而持久的探讨。梁启超、梁漱溟和李泽厚这三位不同时代的思想家对公德私德有着不同的理解，尤其是关于公德的理解分歧颇大，梁启超的公德论侧重国家伦理，梁漱溟的公德论侧重团体生活，李泽厚的公德论强则调个体权利的优先性。当今学界尤其关注公德私德之划分的标准问题，在诸多划分标准中，引入公共领域与私人领域的概念区分作为划分公德与私德的标准最为根本，它有助于澄清公德与私德的本质和特征以及它的施及范围，有助于论定儒学是否缺乏公德和日常生活中的道德判断和评价，亦有助于现代社会公德观念的型塑。④

与德性相对，有学者还对“恶性”进行了研究，如江畅认为，作为德性的对立面，恶性主要是指智慧缺失的情况下受错误的道德观念影响所自主形成的，有害于具有者和他活动于其中的共同体及其成员更好生存的，通常以心理定势对人的活动发生作用并使人及其活动成为恶（坏）的恶品质，即不道德的品质。恶性具有自发性、难控性、顽固性、可恶性和“一票否决性”等主要特征，可以划分为害己恶性、害人恶性、害群恶性和害境恶性四种不同类型，并且可区分为极端恶性和一般恶性。恶性与“恶”和“罪”的关系密切，但存在着区别。恶性作为品质恶是一种道德恶，是使一个人倾向于恶行（罪）的品质。⑤

① 李景林. 正德性与兴礼乐——孔子正名思想的理论内涵及其方法学意义［J］. 北京师范大学学报，2011（3）：65-71.

② 谢惠媛. 马基雅维里的virtù概念辨析［J］. 现代哲学，2011（3）：112-116.

③ 李杰. 修身伦理与治平伦理的合与分——对中国传统道德的新的视角分析［J］. 齐鲁学刊，2011（5）：26-30.

④ 陈乔见. 公德与私德辨正［J］. 社会科学，2011（2）：128-133.

⑤ 江畅. 论恶性［J］. 江汉论坛，2011（1）：51-56.

美德要在实践中发挥作用，榜样、典范具有重要的意义。如，曾建平指出，任何社会的发展都需要道德理想，这包括一种理想的社会状态、一套理想的价值体系、一批先进的道德榜样。道德榜样之所以有力量，能够感染人，主要原因不在于他们人格中的其他成分，如智慧、能力、知识、思维、形象、身份等，而在于他们的道德人格，在于他们的道德人格中所散发着的人性光芒。学习榜样，塑造高尚的道德人格，必须完善道德评价机制，形成正确的道德评价，养成道德习惯，提升道德境界。①

### 2. 当代美德伦理学及其发展方向

龚群从行为者的角度对当代德性伦理学进行了阐述，他认为，德性伦理学的根本特征在于以行为者为基础或中心，以行为者为基础的德性伦理学仅仅诉诸行为者本身，或者说是一种有着普遍仁爱动机的德者。德性伦理学强调具有一定德性品格的行为者在某种情形下一定会有的行为，品格德性本身具有规范的意义。德性伦理学对于行为正当性的判断只能根据行为者的德性品质来判断。或者说，德性伦理学强调行为的正当性来自于行为者的德性本身，而不是行为本身，这是因为，行为就来自于行为者，不从行为者的角度来讨论行为，是失去了讨论行为的内在依据。

当代德性伦理学由于强调与义务论和功利主义的区别，从而突出地强调行为者的中心性，排除了亚里士多德的目的论和康德义务论的规则，而唯一地强调德性行为者的德性动机。德性伦理学强调内在品质对人的行为的决定作用，但并不意味着德性伦理学没有一套相应的规范、规则。德性伦理学的那些德性范畴，对于人的内在品质而言，是德性规定，对于外在的道德规定而言，就是社会的规范、规则或原则。不仅规则或原则的运用是重要的，更重要的是，对于德性规则能够在恰当的时候、恰当的地方对恰当的人和事进行应用，而这就不仅需要规则，更需要的是对规则的理智运用或实践理智的判断。②

杨豹也认为，20 世纪五六十年代之后，西方德性伦理的复兴成为当代

---

① 曾建平. 道德榜样与道德人格 [J]. 武陵学刊，2011（2）：1-5.

② 龚群，邢雁欣. 德性伦理学的行为者中心论 [J]. 伦理学研究，2011（2）：65-69+141.

伦理学发展的前沿领域。在德性伦理思想的复兴中，主张理论化的德性伦理思想与早期反理论化的伦理思想有着重要的区别。努斯鲍姆、斯洛特、赫斯特豪斯等人认为，自近代以来，德性的失落与现代道德哲学中理性没有真正地充分发挥其本来作用有关。他们就此批判功利主义，力主伦理理论化的思想，开创了理论化的德性伦理思想的复兴之路。①

关于美德伦理的发展，任丑则从应用德性论的角度进行了分析，他指出，应用伦理学领域的伦理问题远远超出了传统德性论的理论视野，这既是传统德性论被边沿化的原因之一，同时也为德性论的复兴创造了新的契机。在此境遇中德性论的出路在于，从德性现象论、德性本原论和应用伦理学的视角重新反思德性，自觉地把传统德性论提升为应用德性论，进而探求应用德性论的性质及价值基准——人权。②

李义天则从道德心理的角度对美德伦理学进行了讨论，他认为，随着当代美德伦理学和心理科学的发展，道德心理问题的地位日益凸显。只有恰当的道德心理设计，才能支持道德理论的规范性要求。因此，伦理学的关键在于论证足以支撑道德要求、促使行为者采取正确行动的心理基础和心理资源。在当代美德伦理学看来，规则伦理以“义务感”为基本的道德心理，具有盲目性和单调性。对此，美德伦理学认为，应当充分意识到道德心理的多样性，意识到行为主体的个人因素的能动作用，意识到道德心理其实与行为者的生活处境和生活追求密切相关。恰当运用各种心理资源以应对不同的道德情形，正是美德伦理学在道德心理问题上给我们的启示。③

### 3. 中西美德伦理比较

学者们不仅对西方美德伦理学进行了研究，而且结合中国儒家的美德伦理学展开了比较与讨论。如，张传有认为，中西方早期的伦理学都是德性伦理学。由于民族文化及传统思维方式的不同，中西德性伦理学存在着

① 杨豹. 探寻理论化的德性伦理思想的复兴之路［J］. 道德与文明，2011（2）：68-75.

② 任丑. 传统德性论的困境及其出路［J］. 云南民族大学学报（哲学社会科学版），2011（3）：78-81.

③ 李义天. 道德心理：美德伦理学的反思与诉求［J］. 道德与文明，2011（2）：40-45.

种种差异。西方德性论对“德性”概念有着严格的界定，而中国却缺少对应于西方德性各德目之种属的概念；在德性的来源问题上，西方德性论强调德性不是本性，本性是德性的基础，德性是本性的固化和优化，中国德性论则把德性与本性直接相等同。然而，中西德性伦理学也有一些相通之处。在德性的培养方面，中西方都强调实践活动的重要性，以及社会法律制度对德性养成的作用；在具体德目的分类上，中西方都把某些德性与特定的社会层级相挂钩；中西方起主导作用的伦理学都是理性主义的德性伦理学。对中西德性伦理学的这种比较，可以为中国传统德性伦理学在当代的复兴提供某种理论上的思考。①

刘梁剑也认为，随着 virtue ethics 在西方的复兴，越来越多的学者开始以 virtue ethics 格儒家伦理之义。儒家美德伦理，依其理想形态，应当使儒家伦理与 virtue ethics 互济不足，相与启发，使两种起源上异质的伦理获得新的发展，从而对世界哲学有所助益。借助儒家伦理与西方思想的对话，可以论证在人性论问题上“是”与“当”一气贯下，人性能够决定人应当如何生活，人性论能够为美德伦理奠基。②

还有学者中西方传统美德伦理的价值及局限进行了研究，认为中西方传统美德伦理已经探讨了美德伦理中的主要问题，美德内涵、美德类型、美德功能、美德修养、美德境界等现代美德伦理所关切的问题，都围绕着“应该成为一个什么样的人”问题或多或少的有所论及。现代美德伦理思想在某些问题上至今仍未超越中西方传统美德伦理探讨的深度，很多问题还要不断回到传统那里。其次，中西传统伦理思想确立了美德伦理在传统伦理思想中的“中心”地位，采取了完善论的形式，中国传统美德伦理致力于使“我”或者说一个处在社会上层进行统治的知识群体成为“君子”，乃至成圣成贤。西方传统美德伦理本质上是关于一种完善生活的分析和概括，以及提出什么是最终目标和怎样达到它的问题。中西方传统美德伦理的局限在于它们都是统治阶级美德伦理思想的体现，态度褊狭，更重视精英阶层和人生精神超越的面向，缺少一种对平民阶层的关照，这种褊狭使

---

① 张传有．中西德性伦理学比较研究［J］．思想战线，2011（2）：59-63.

② 刘梁剑．人性论能否为美德伦理奠基？——在儒家伦理与 virtue ethics 之间［J］．华东师范大学学报（哲学社会科学版），2011（5）：33-38+152.

中西传统美德伦理仅有普遍性的目的和要求，缺乏具体的层次性的目的和要求。①

## 四、价值与价值观

价值伦理学主张，价值及其秩序是伦理学的基础，因而伦理学的基础理论必须充分研究价值。

### 1. 价值的主体性

有学者从意识的主体性方面对价值进行了研究，认为，价值现象与主体性意识有着内在的关系，主体意向性概念表明了我们与外界物的意义关系。不可否认价值意识在认知过程中的作用，任何人都是带着自己的视域进入认知理解过程中的。意向与视域决定了价值理解所具有的主观性的一面。同时，对于社会文化事实，正是价值性理解才可使得有价值之物的价值呈现出来。一个文化价值世界的意义，只有借助于相应的价值观念，才可解读与理解。②

倪梁康则从道德意识现象学的角度对价值的意向性进行了研究，他认为，道德意识现象学的分析不是偶发的念头，不是随意的想象，更不是思辨的猜测。它必须执著于直观，亦即对道德意识在结构与发生两方面的直接把握。道德意识现象学的研究必须直面道德意识本身。道德意识反思指意识对自身活动与活动方式的思考。它是反身的、反观的、反省的。道德意识现象学首先不是对社会心理或民族精神状态的观察与评判，而是需要满足在自身道德观察中的自身明见性。道德意识现象学首先要求对意识现象的特征进行详实的、逐一的描述。这种描述在心理学中也使用，被用来把握心理的结构。与此相似，意识现象学通过描述的方法来把握意识的结构。其次，它也通过说明的方法来追踪意识的发生，这种说明是指意识的动机说明。通过描述和说明的方法，意识现象学纵横意向性的两个方面做

---

① 马晓颖. 试论中西方美德伦理传统的现代价值［J］. 理论月刊，2011（7）：180-182.

② 龚群. 论价值与理解［J］. 复旦学报（社会科学版），2011（3）：54-61.

出展开：既可以在结构现象学方面，也可以在发生现象学方面。在这个意义上，它们一方面有别于一般的价值评判，另一方面也有别于自然科学中的因果解释。道德意识现象学的分析要以一个无兴趣的旁观者的态度，力图在去除所有前见与偏见的情况下面对实事本身。现象学的研究是以类的把握为特性的智性直观，道德意识现象学并不是要把握在道德现象后面的道德本质，而是要把握作为现象的本质。这意味着，道德意识的各种性质：本性、习性和理性，都是以某种方式自身被给予的，自身直接显现自身的。①

### 2. 价值的普适性

有学者则从人本性方面对价值的多样性、层次性、普适性方面进行了研究，如，易小明等学者认为，价值问题从根本上来说是一个主体性问题，所有价值问题的有效解决都必须从人的现实存在状态中寻求答案。人是类性、群体性、个体性的统一，并且在不同的具体情境中，人的这三重属性的表现重心是有所不同的。因此同样的价值客体对于价值主体而言便会表现出不同层次的适应性——类相适性、群体相适性与个体相适性。因此，价值也便有类价值、群体价值、个体价值。

基于此，既反对以价值的类相适性来取消价值的群体相适性和个体相适性，也反对以价值的群体相适性来取消价值的类相适性和个体相适性，同时还反对以价值的个体相适性来取消价值的类相适性和群体相适性，而是力图寻求它们各自合理的现实生存境遇，使其各守其位、各得其所，这样的方法与态度才能真正达到对价值问题实事求是的理解与解答。价值具有类适应性就意味着普世价值的存在，但是存在普世价值并不意味着所有的价值都是普世的，因为有些价值只具有群体适应性或个体适应性。②

还有学者针对具体的价值进行了讨论，如，关于民主价值，有学者认为，民主是天下公器，谁也不能独霸民主；民主也是世界公理，谁也不能拒绝民主。民主是价值的普适性和形式的多样性的统一。世界上没有统一

---

① 倪梁康. 道德谱系学与道德意识现象学［J］. 哲学研究，2011（9）.

② 易小明，曹晓鲜. 也谈普世价值——从人是类、群体、个体三重属性统一之角度［J］. 道德与文明，2011（6）：17-21.

的民主模式，也没有不能共享的民主价值。在理解民主和发展民主的过程中，必须充分认识民主价值和民主形式这种既有区别又有联系的辩证关系，理性而有效地推进民主发展。因为价值是指事物的积极作用或进步作用，是一种值得追求的目标。由于人类的本质属性是不断追求进步，因而价值是具有普适性的，只要是人类，都会追求进步的价值。民主价值是指民主所追求的目标，简单说就是实现“主权在民”（人民当家作主）。这是所有民主政治都要追求的，民主作为一种价值追求，它本身并不保证什么，它既提供成功的机会，也提供失败的风险。因此，不能因某种民主形式的失败而否定民主的价值，同样也不能因民主价值的普适性而要求采取统一的民主模式。无论民主的价值或民主的形式都是发展的，理解民主和实行民主都必须与时俱进。民主不是一套天启不变的真理，而是一个寻找真理的机制。由于有了这个机制，人们可以透过思想的冲突与妥协，以及个人与机构、机构与机构的冲突与妥协，用和平的方式找到真理。①

### 3. 价值的客观性

在有些学者看来，研究价值的目的之一可能是为了给道德的客观性寻找一个根据和基础。如，王艳秀指出，理性多元论的事实使人类的道德生活陷入困境之中，需要为道德标准确立一个稳固的合理性基础，免除情感主义的危机。根据对事实与价值关系的不同看法，可以把当代道德哲学家对道德客观性的寻求分为三条路径：共识法、中介法、超越法。学者认为，这三种方法立足于后形而上学视域解决道德困境为我们的研究提供了一个方向，但是都忽视了道德的客观性是一个有其适用界限的概念。忽视了道德客观性的限度，是没有办法合理地理解客观性概念的。②

有学者对马克斯·舍勒的价值伦理学进行了研究，认为，在价值论中也可以通过一门情感行为的价值认定学说来实现，因为情感活动先天地指向特定的价值对象，而对价值的认定在实事现象学的意义上只意味着一种

① 虞崇胜．理性地认识民主——兼论民主价值的普适性与民主形式的多样性［J］．江苏行政学院学报，2011（1）．

② 王艳秀．事实与价值的关系——论寻求道德客观性的三种路径［J］．伦理学研究，2011（6）：7-13+141．

特殊的质性；只有在行为现象学之中，亦即在接受性的情感行为之中才直接给出其意向相关项：在意向感受之中给出单个价值内涵，在偏好或偏恶之中给出更高或更低的价值，在爱与恨的行为之中给出价值的等级秩序。而在关联现象学上价值的本质性联系却奠基于一种纯粹质料的秩序，也就是舍勒的质料先天主义。后者的功能化才是价值作为一种功能性存在的基础。于是，价值认定依赖于价值存在。价值意味着一种特殊的质性，它不依赖于事物和价值载体。价值作为一种质性并不是像概念或判断那样建立在理论行为上，而是在情感活动之中直接给予的。价值是不可还原的感受直观的基本现象。这种感受直观其实是一种接受性的情感行为，它与意愿、评价和选择等理性思维的主动性行为绝然区别开来，换言之，只有在接受性的感受行为中才能认识到价值，否则无法理解价值之作为一种质性，价值质性就像颜色质性和声音质性一样是“观念客体”，而且它只有在善中才是“现实的”。①

### 4. 价值观与文化自觉

对于个人与社会来说，价值观总是在其相对稳定的文化体系当中起着决定性的作用。正如朱贻庭指出的那样，价值观是文化的灵魂，是凝结在文化中的文化其“神”。在认识和实践上守护住文化其“神”，是文化自觉的根本要求。学者提出文化生命结构的“形神统一”概念，并转化为一种分析文化现象的方法论，从文化其“神”与其“形”相统一的角度分析了守护文化其“神”对于文化建设的重要意义，指出当前文化建设中出现了一种重“商”而轻“文”、重“形”而轻“神”的倾向。“形神相即，形质神用”，而消解了文化其“神”，文化其“形”也就成了没有灵魂的躯壳或纯粹的商品符号。塑造社会主义核心价值观，保护文化遗产，传承优秀文化传统，必须坚持“形神统一”，守护住文化其“神”。②

韩震反复强调，当代中国，要做到文化上的自觉、自信与自强。就必须凝炼出自己的核心价值观。社会主义核心价值观的凝炼必须基于中国特

① 钟汉川. 价值认定与价值存在——马克斯·舍勒的价值现象学探析［J］. 南开学报（哲学社会科学版），2011（1）.

② 朱贻庭. 守护文化其“神”［J］. 道德与文明，2011（3）：9-14.

色社会主义建设的实践，必须承接中国几千年文明历史发展的成就，吸纳全人类文明历史发展的成果。同时还要超越资本主义的核心价值观的视野和境界，从而能够引领人类历史发展的趋势和方向。基于上述考虑，韩震将“民主、公正、和谐”确立为社会主义核心价值观，并提出核心价值观念必须具备六个方面的条件：（1）核心价值观念必须是国家制度价值取向的体现；（2）核心价值观念必须是真正目标性、理念性的价值；（3）核心价值必须是基本的、持久的价值；（4）核心价值必须是具有包容性的价值；（5）核心价值必须是具有一定超越性的理念；（6）核心价值必须是代表历史前进方向和具有世界意义的理念。

晏辉提出，讨论社会主义核心价值体系，首先需要确立价值讨论的三个基本原则或三个基本层次：一是对每个人都有效的基本价值，二是某一个历史时期的核心价值，三是特定情况下的全局性价值；其次要考虑价值之间能否通约的问题，不同主体（比如个人、企业、政府）之间的价值不可通约，同一价值主体的不同价值（比如公平、效率）也不可通约；最后，要正确处理社会主义核心价值观面临的现代困境问题。一般来说，有什么样的社会结构，就有什么样的核心价值，目前我们的社会是一个传统农业社会和现代工业社会相互交叉的社会，所以在价值领域存在着中国传统伦理价值观和西方伦理价值观互相争鸣、交织的问题，要想摆脱这种困境，我们需要建立有中国气象、中国气派和中国气质的核心价值观。

随着文化“三自”（即文化自觉、自信、自强）的提出，学者们认为，道德文化业有个“三自”问题。道德自觉、自信、自强的讨论将会为中国伦理学界立足社会现实前沿、关注社会发展主题、拓展和深化道德文化、核心价值体系以及前沿性道德课题研究带来新的启动。戴茂堂认为，道德自觉是指道德对于时代的伦理使命和教化责任要有一个自觉的担当和深切的认同，道德要努力地构建时代的精神高地。道德自信源于对中华文化的自信，表现为在内涵上，相信并坚守着自己道德文化的优势和优越；在外延上，相信并扩大自己道德文化的实力和魅力。道德自强源于它立足于人性内部，来自于人性自身，即道德可以自强是因为道德可以从人性自身汲取永恒的力量。与法律相比，道德自身拥有一种自强的力量，拥有一种内在约束力和内在的驱动力。①

学者强调，文化的自觉、自信、自强，关键在于道德价值观的自觉。要站在人类社会发展的历史趋势和民族存亡的高度，把握民族道德文化与世界道德文化的重要性。我们对本民族道德文化和世界道德文化应持有文化自觉与文化调适、文化自信与文化宽容、文化自强与文化共享的原则。

与道德“三自”相关，有些学者从其他角度对这类问题进行了讨论。如，杨伟涛从道德自我的角度研究其价值意蕴，认为康德以意志自由为核心的道德世界观将形而上学的超验对象从认识的领域转移到伦理学领域，黑格尔以精神现象学揭示了客观精神的伦理、法权、道德的内在生长逻辑以及相应的伦理自我、教化自我、道德自我，确证了道德世界观与道德自我的超越性价值，唐君毅把道德理性和道德自我作为文化宇宙意识的主宰以及中国传统文化的精髓，冯友兰人生境界说中的道德境界也指向超越性道德自我价值。道德的本真精神在于克己和为他性、理想性、创造性；道德自我是将伦理德性、法权德性有机统一和升华，以良心和义务作为行为动因，体现个体道德自主性、自律性、自由性、同一性、超越性的完善人格精神实体。②

## 五、伦理学基础理论的新论域

除了基本问题研究外，该年度学者们还就一些新的论域问题，如实验伦理学、后现代主义伦理学、道德悖论等问题展开了研究。

### 1. 实验伦理学

当前的实验伦理学用科学的实验理论和方法来探索伦理问题，特别是道德行为的心理机制和对策，这为伦理学研究提供了创新途径。实验伦理学是用科学的实验理论和方法来探索伦理问题，特别是道德行为的心理机制和对策。与以往的道德心理学不同，它不仅研究个体的道德行为，还研

---

① 戴茂堂. 道德自觉·道德自信·道德自强［J］. 道德与文明，2011（4）：24-27.

② 杨伟涛. 道德自我的确证及其价值意蕴［J］. 浙江社会科学，2011（5）：117-123+159.

究情境、社会和文化的制约因素及其影响。它主要关注四个问题：一是人性的善恶问题，我们通过实验方法可以了解人性的本质以及社会大众的人性观；二是道德判断的情与理问题，虽然二者在道德判断中的作用仍然存在争议，但现代心理学的实验方法包括神经科学技术的引入为这一问题提供了新的视角；三是个人特质与情境因素对道德行为的影响，实验研究表明，微小的情境变化就能影响我们的道德行为；四是普遍道德原则与文化差异的问题，虽然可能存在普遍的道德原则，但是道德判断与行为仍存在显著的文化差异。实验伦理学能帮助我们消弭科学与哲学间的壁垒，拉近“是”与“应该”的距离。①②③

与此相关，有学者指出，通常认为，从事哲学研究便是坐而论道。然而，近年来在分析哲学的传统内却出现了一个叫做“实验哲学”的新运动。一群年轻的哲学家开始脱离圈椅，走出书斋，像科学家那样运用真实实验的方法来研究普通人对有意义的哲学问题的日常看法。这一新现象已经在西方哲学界引起了较强烈的反响，也值得我国的哲学工作者关注。尽管这场实验哲学运动目前尚不成熟，对其方法论的合理性也依然存在不少争议，但鉴于传统分析哲学的日益抽象和技术化而变得远离现实社会和人们的生活时，引入一些科学方法来产生新的哲学问题或为问题的求解提供新的证据和思路，不失为是对新的时代发展和繁荣哲学的有益探索。对于我国哲学界和哲学工作者而言，这场运动可以提供一些有用的启示。比如，它给了我们这样的启示：做哲学研究，不见得只是坐在圈椅上论道，也可以像科学家那样做真实的实验，以便让哲学活动与现实世界相接触，让哲学理论在一定程度上接受经验的检验，从而保持哲学的开放性和内在活力。不过，要运用实验方法来研究哲学问题，对哲学工作者的知识结构和实践能力带来了新的挑战，因为做实验需要具备设计和实施实验的技能，通常还要求掌握处理数据的数学方法以及其他相关领域（如心理学）

---

① 金银润. 去恶成性及其内在困境——张载的人性论探析［J］. 河南师范大学学报，2011（5）：15-19.

② 龚重林. 斯宾诺莎之欲力的教育与实践：理性、情感与行动的平行共构［J］. 河南师范大学学报，2011（4）：1-5.

③ 彭凯平，喻丰，柏阳. 实验伦理学：研究贡献与挑战［J］. 中国社会科学，2011（6）：15-25.

的知识。但近年来一些实验哲学家所取得的一系列成功表明，要具备这些知识和能力并非不可能，况且进行实验可以采用团队合作（包括与其他学科的研究者合作）的方式。还有，在一个以信息的生产、变换、传播和消费的新时代中，许多职业要求从业者既具有批判性思维和逻辑推理的能力，又能具备一定的操作技能。如果说传统的哲学训练可以提高哲学专业学生的批判和推理能力，那么哲学实验则可以让他们获得操作技能方面的训练。因此，从哲学教学的角度看，实验哲学的兴起也是值得欢迎。①

### 2. 后现代伦理学

后现代主义也对伦理学产生了深远的影响，如何对其进行评价，学者们的观点不尽相同。如，向玉乔认为，后现代西方伦理学内部存在异常复杂的思想和理论争鸣，但它也有能够反映不同后现代西方伦理思潮之共同志趣的发展主题。试图重建资本主义道德价值体系的理论基础、重构“自我”与“他者”之间的道德关系、拓展人类道德关怀的领域和范围、寻求化解道德分歧的伦理路径、塑造后现代道德文化精神等不仅反映了不同后现代西方伦理思潮在对待西方伦理学传统、关注现实道德问题、追求伦理学理论创新等方面所表现出的相同或相近倾向，而且反映了所有后现代西方伦理思潮共有的发展主题。②

有学者从后现代哲学的伦理转向而进行讨论，认为它使哲学不再纠结于为神的存在提供本体论证明，为自然科学的发展编著科学神话，而是在政治社会学领域对人类生活进行伦理追问。面对现代性危机，现代哲学掀起了理性反叛的旗帜，后现代哲学则展开了对人与人、人与社会、人与自然的关系的现代性批判与伦理反思。这些为中国现代化建设提供了宝贵经验，也为中国哲学走向世界提供了新的时代契机。后现代的“后”意味着对现代性的批判与超越，而不是在时间上对现代社会的继起发展，从时间维度看，后现代仍是现代性的一部分；从价值目标看，后现代试图以一种非常激进的、消解性方式解决现代性问题；从活动方式看，后现代虽然倡

---

① 郦全民. 实验哲学的兴起和走向［J］. 哲学分析，2011（1）.

② 向玉乔. 后现代西方伦理学的发展主题［J］. 湖南大学学报（社会科学版），2011（3）：91-96.

导非理性，但它本身并不是非理性的，因为批判活动本身就立足于人类的理性之上。后现代性表现出破坏性与建设性的双重向度：就破坏性而言，后现代必然要以否定的方式对现代性加以彻底消解；就建设性而言，后现代要求在否定的基础之上重新确立现代生活。后现代哲学关注于人与人、人与社会、人与自然的关系问题，与现代哲学不同的是，它转向伦理学来批判由现代性带来的人的异化、集权主义、生态恶化、技术控制。后现代的理论批判与伦理转向对于当代中国建设与发展具有借鉴意义。①

关于后现代文化中的道德教育，有学者指出，道德与人性是一种既契合又冲突的关系，道德教育应以认知和尊重人性为基础，以人性的合理超越和培养为目标。后现代文化思潮崇尚多元、反权威以及重物质的价值观念，促进现实人性后现代化。后现代文化背景下的道德教育必须以凸显主体间性、个体性、现实性、创新性的后现代人性为基础，更加关注人的本真需要。同时，后现代文化时代的人性发展倾向，也使得道德和道德教育的社会性价值目标的实现变得更加艰难。道德教育必须找到道德与后现代人性的结合点，寻求一种既融合内化又相异互促的人类文明发展态势。在道德教育过程中，教育者要提高对于人性的二重性及其内在辩证关系的科学认知，从后现代文化时代人性的现实基础出发，科学评价和甄选符合人性发展方向的道德教育内容和教育方式，为科学地开展人性化道德教育提供指导。后现代文化时代人的个体性、物质性、现实性等品性的进一步发展带来的相对道德主义、极端个人主义和功利主义等道德教育困境，需要以社会制度和社会大众文化为依托，在其符合人性要求的道德化转向中促进后现代文化时代人性的平衡发展，为道德教育人性化原则更加有效的实施提供制度和文化保证。后现代文化所蕴涵的思想价值观是成为社会个体道德发展的助推器，还是成为个体去道德化的催化剂，取决于主体自身的实践的道德体悟。如果受教育者能够在自身的社会实践中领悟人本身的道德精神需求，并将之上升为自身的价值追求和信仰，那么，道德主体就会在道德实践中实现自身德性和人性的良性互动。②

---

① 张伟. 现代哲学的理性反叛与后现代哲学的伦理转向 [J]. 云南社会科学，2011 (1).

② 葛巧玉. 道德教育人性化的后现代文化境遇与觉解 [J]. 中央社会主义学院学报，2011 (5).

### 3. 道德悖论研究

“道德悖论”是伦理学研究的新领域，是中外学界数十年来持续关注的重要课题。王习胜认为，中外学界在“道德悖论”的指称对象、解决路径和研究价值等方面持有共识，但在研究风格和志趣方面存在差异。国外学者偏重“道德悖论”的现象揭示及其内在结构的逻辑分析，而国内学者更关注“道德悖论”的内涵界定、矛盾性质和类型特征的探究。从中外“道德悖论”研究情况看，学界对这项工作的意义总体上是肯定的。作者认为，“道德悖论”有理论与实践两种类型。理论型道德悖论是指悖性的道德理论事实或状态，实践型道德悖论是在道德价值实现中出现的悖性事态；理论型道德悖论的“矛盾”是逻辑矛盾，其逻辑基础是形式逻辑，实践型道德悖论的“矛盾”是具有辩证性质的现实矛盾，其逻辑基础是尚待探索和创立的实践逻辑。①

钱广荣认为，当代逻辑研究的实践转向与道德悖论研究的兴起，源于人类社会实践提出的客观要求，两者“不谋而合”地共同走上了理论创新之路。道德悖论的实践转向应立足于道德实践，以建构道德实践逻辑为目标，明确其逻辑的自在属性、改变和调整逻辑语言的抽象形式，厘清实践转向的主要视阈。道德悖论研究的实践转向的立足点不能是道德悖论，更不能是逻辑悖论，而只能是道德实践；转向的视点不是要从“把人的实践作为它自己的异在”出发去探讨“属于道德悖论的实践”问题，而是要从道德实践出发探究“关于实践的道德悖论”问题。需要明确两个前提性的逻辑问题，道德悖论研究的实践转向不是要将道德悖论作为一种特殊的逻辑悖论加以修剪和装饰，以使之更符合逻辑悖论的要求，或更像逻辑悖论，而是要使之转向实践，走进实践，最终构建道德实践逻辑，推动和引导社会和人在“合乎逻辑”的意义上开展道德实践活动，需要明确两个前提性的逻辑问题，一是运用唯物辩证法的方法界说逻辑的自在属性，视逻辑为规则又为规律，为主观范畴又为客观范畴，这无疑是科学的，符合逻辑的本义。二是调整逻辑语言。道德悖论研究的实践转向，不应照搬照用

① 王习胜. 中外“道德悖论”比较研究［J］. 道德与文明，2011（5）：145-151.

传统逻辑的形式语言（尤其是符号逻辑），而应广泛运用大众可以理解的自然语言。①

有些学者也认为，基于普通逻辑的悖论研究既不能准确把握道德理论悖论的辩证特性，更不能为道德实践悖论提供令人信服的逻辑支撑。只有诉诸辩证思维和辩证逻辑，才能真正揭示悖论本质，并就道德悖论逻辑作出恰当定位。道德理论悖论应当归属纯粹理性逻辑范畴，而道德实践悖论因具有与之不同却又相似相通的形成原因和解悖路径，可以划归极具辩证意义的实践理性悖论，从而引发逻辑及其悖论研究的领域突破与学术创新，构建统摄纯粹思维与行为推理、理论理性与实践理性的全新的逻辑学说和悖论学科。从严格逻辑悖论三要素观点，尤其是悖论性结果由以导出的“公认正确的背景知识”考察，道德悖论具有较低的悖论度，应将其定位于一种类悖论困境。尽管如此，道德悖论仍分有逻辑悖论的解悖方法论价值，从而可作为伦理科学创新的杠杆。与逻辑悖论的情况类似，从发现道德悖论到解决道德悖论的整个过程，实际上是改变道德悖论由以导出的“公认”的道德观念和原则（背景知识）中的某些基本概念，建立自身相容的新伦理理论的过程。如果矛盾的结论不可接受，而推理的过程又合乎逻辑要求，那么道德悖论解悖思维的矛头必将指向作为该推理出发点的前提性的道德观念和原则，即对其合理性进行反思，道德悖论研究因而会成为推动伦理科学发展的强大动力。在此意义上，道德悖论是伦理理论和道德哲学创新的“杠杆”。与此同时，“实践层面的道德矛盾的广泛揭示，迫使我们不得不进一步解放思想，在进行道德理论创新的同时，实施社会管理创新、制度创新和文化创新。”②③

① 钱广荣. 道德悖论研究的实践转向问题［J］. 安徽师范大学学报（人文社会科学版），2011（3）.

② 王生加. 道德悖论逻辑归属问题探究及其拓展［J］. 武陵学刊，2011（3）：6-13.

③ 张雅楠，张铁君. 逻辑悖论视角下的道德悖论问题［J］. 燕山大学学报，2011（1）：65-69.

# 马克思主义伦理思想研究

马克思主义伦理学，即建立在马克思主义基本观点、立场和方法上的道德理论。从这个意义上讲，马克思主义伦理学的研究大体涉及如下领域：(1) 马克思主义经典作家的伦理思想或道德观；(2) 马克思主义经典作家道德观的形成与发展；(3) 马克思主义道德理论的结构、内容和方法；(4) 马克思主义道德理论的形成与发展。这四个领域是马克思主义伦理学研究的主要方面，可涵盖大部分相关的研究内容。至于用马克思主义道德理论研究道德现象的问题，严格说来不能算作马克思主义伦理学研究，因为它只涉及对理论的运用，而不关涉这种理论本身。

在这种划界方式下，能列为马克思主义伦理学研究的文献并不多见。从 2011 年的状况来看，研究成果多集中在对马克思主义道德理论的总体性研究（属于前面提到的第二个研究领域）上，其他研究领域虽有涉及，但相比之下较为薄弱。

## 一、马克思主义道德理论的总体性研究

何为芳在《马克思恩格斯的伦理世界究竟是怎样的？——安启念〈马克思恩格斯伦理思想研究〉一书读后》一文中，系统地介绍了安启念在《马克思恩格斯伦理思想研究》一书中的理论成果和主要观点。

文章认为，《马克思恩格斯伦理思想研究》为我们走入马克思恩格斯心中的"伦理世界"提供了一种富有新意的解读路径。传统的伦理学研究社会个体成员应该具备怎样的道德修养、如何"克己复礼"以实现社会秩序良好和国家团结稳定，即通过对人性的改造来满足社会的需要。而马克思恩格斯则立足于人的解放和自由，探讨如何通过对不合理的社会制度和生产关系进行革命和埋葬，以建立适应人的发展的新社会，即通过对社会

的改造来实现人的解放。因此，马克思恩格斯伦理思想是对传统伦理学的颠覆，是真正无愧于人性的社会伦理学。

文章指出，政治哲学的兴起是正确解读马克思恩格斯伦理思想的理论契机。“道德的社会”如何成为现实是马克思恩格斯伦理思想的旨趣。整个马克思主义的实质和核心可以被确定为一种不同于此前伦理学理论的社会伦理学——关注“道德的社会”如何可能——的理论，她是对传统伦理学的颠覆性扭转，是真正意义上的、革命性的政治哲学。其中，“人的解放和自由”是马克思恩格斯伦理思想的出发点，“科学的人道主义伦理理论、社会正义论”是马克思恩格斯伦理思想的理论性质，走向共产主义这种“道德的社会”是马克思恩格斯伦理思想的价值取向。

马克思恩格斯伦理学实现了哲学伦理学研究的诸多转变：立足点上从社会向个人的转变；道德形态上从个体德性伦理向社会伦理的转变；道德理想上从如何将个人培养教化成有道德的人向如何将社会变革为道德的社会关系体的转变，从教育和规范人们不得杀人或偷盗以维护社会稳定和谐向为了实现全人类的真正自由解放，社会不应侮辱人、奴役人、遗弃人、蔑视人的转变。马克思恩格斯揭露和批判了不道德的社会依赖传统的伦理思想对社会成员进行道德教化以维护阶级统治的合法性现实及其秘密，使自己的所有理论都围绕着人的解放、自由、发展和尊严展开，指出社会的道德关系应服从于人的解放与发展。这正是马克思主义哲学伦理学与其他哲学伦理学的本质区别，我们也因此而称之为“哲学革命”、“伦理学革命”，这种革命就是为我们创设了一种前所未有的伦理学——社会伦理学。

刘琳在《卢卡奇对〈资本论〉及手稿的伦理学解读——以卢卡奇〈关于社会存在的本体论〉为分析资源》一文中认为，卢卡奇在其晚年所写的《关于社会存在的本体论》一书中，从劳动作为目的论设定的社会存在初级形式出发，阐发了他所解读的马克思《资本论》及手稿中蕴含的哲学伦理思想，这种解读与其同时代的马克思主义思想家截然不同而又颇具高度。卢卡奇认为本体论是马克思主义伦理学的基础，必须在理解思路上厘清马克思的方法。通过对本体论基础上的价值分析，以及对伦理应该、伦理自由、伦理异化等范畴的马克思主义本体论分析，卢卡奇既批判了形形色色的资产阶级伦理道德意识形态，又分析了斯大林式僵化意识形态错误的历史根源。

杨胜良在《恩格斯对道德绝对主义的批判——兼论“普世价值”》一文中认为，恩格斯拒绝承认凌驾于历史、民族和阶级差别之上的不变的、绝对的道德原则的存在，相反地，他断定，一切道德归根到底都是当时的社会经济状况的产物，人们总是从他们阶级地位所依据的实际生产关系中获得自己的道德观念，道德实际上与人们所处的阶级地位和时代有关，道德原则不是普遍永恒绝对的。

文章指出，恩格斯对道德绝对主义进行了批判，但决不走向道德相对主义。尽管在不同文化、时代中存在着不同的道德体系，但不同民族、不同时代的道德存在共性，不同的道德体系之间有相同的道德原则、道德规范甚至价值标准存在。而其根源，恩格斯认为，不是普遍的人性，而是共同的历史和经济生活。

胡雪萍在《马尔科维奇对马克思伦理思想的探究》一文中认为，东欧新马克思主义理论家、南斯拉夫实践派代表人物马尔科维奇对通过否认事实、道德、规范与价值的内在关系来否定马克思伦理思想的思潮进行了深入批判。在他看来，马克思强调道德作为一种依托事实的规范，彰显特定的价值，蕴含着社会的主流意识形态；普遍的人类道德是以特殊的形式与各种阶级特征相联系的，这些思想集科学性与道德责任于一体。否认马克思伦理思想的本质在于以缺乏历史特征的普世价值遮蔽马克思所提倡的阶级差别。

马尔科维奇始终坚持马克思的“实践”概念蕴含道德标准，实践作为目的本身的人类能力，其作用是使丰富的人类活动依据这一理想得以实现，其方式就是靠消耗最小的力量，在最无愧于和最适合于他们的人类本性的条件下进行物质变换，这里所称的人类本性就是一种道德标准。所以，马克思伦理思想的核心就是：实践是最高的道德标准。在此基础上，马克思伦理思想的特征主要表现在两个方面：（1）科学性与道德责任的内在统一；（2）道德是一种意识形态。

文章认为，通过对马克思伦理思想的捍卫，马尔科维奇再次把事实、道德、规范和价值基于人的全面解放联系起来，把道德至于特定的、具有价值偏好的政治社会环境中，从而为进一步的社会批判提供规范和行动指向。否认马克思伦理思想，否认道德与事实、规范和价值的关系，无疑是要把道德哲学与丰富的现实世界和人们普遍的经验相分离，使之为给定的、现存的社会进行辩护。马尔科维奇对马克思伦理思想的探究无疑会推动我们进一步反思哲学与伦理学的内涵，以及积极考量以人类真正关系为主要标志的社会发展问题。

罗秋立在《马克思存在论视域中的道德二元论批判》一文中认为，道德二元论区分了人的原初道德意识结构，并把它作为阐释人们道德生活现象的理论基础，但是，西方道德生活中个人道德与社会道德的激烈冲突，凸现了道德二元论的理论困境。道德二元论的理论症结在于其哲学根基上的形而上学性，马克思基于实践活动开启的道德哲学存在论境域，构成了对道德二元论的批判，对当代西方道德哲学的理论转向也具有重大的启示意义。

道德哲学二元论实质上是一种道德主观主义和道德相对主义的立场，由于它否认了伦理客观价值的存在，从而也就否认了人们的道德价值判断能力；道德二元论由于没有所谓的“伦理事实”的这种可以发现的、不依赖于心灵的实体，道德观念也就被自然地提交到情感性的、规定性的和约定性的东西的领域中，但是它最终又不得不求助于形而上学的范畴。

文章指出，马克思建基于实践基础上而开启的存在论境域揭示了人们道德意识的存在论意义，并且表明了道德二元论主要是西方道德哲学的形而上学诉求。马克思反对这种诉求，在他看来，不论是先天的个人道德还是后天约定的社会道德都是人们实践活动的产物，是人们生活世界的彰显与澄明。马克思把“人的感性活动”即实践原则导入其存在论根基中，从而本真地并切近地描述和说明了人的现实的存在，而人们的伦理道德意识直接关涉着人的存在。在马克思看来，道德意识并非先天存在于人的本性之中，道德观念也不存在二元对立，它们都来自于人们的现实生活过程，具有社会性和历史性。随着人们现实生活的改变，道德意识也不断改变它的形式，首先出现的是家庭伦理的道德意识，后来，随着社会关系的不断扩大，开始出现了社会公德和制度伦理。伦理生活或道德生活是人存在的一种重要方式。

## 二、马克思主义经典作家伦理思想或道德观研究

安启念、罗连祥在《马克思恩格斯伦理思想的当代审视》中认为，马克思主义以人的解放为目标，其理论旨趣在于改造社会关系——消灭人剥削人、人奴役人的旧社会，建立最无愧于人的本性的共产主义社会。马克思恩格斯站在全人类利益的高度思考人的解放和人类的道德问题，他们的社会伦理思想不是为某个社会或社会的某个阶段设定理论框架，其时间跨度是整个人类历史，关注社会实践中的个人的自由而全面的发展。从社会实践出发，思考马克思恩格斯的社会伦理思想及其当代价值，对于实现人类的真正解放具有重要的启示意义。

马克思恩格斯的伦理思想是依据唯物史观体现的科学理性为人类制定未来道德社会的蓝图的，并且努力揭示社会走向共产主义理想道德王国的客观规律。许多哲学家指出，伦理学的基本问题是“应有”和“实有”的关系问题。从这个意义上讲，伦理学的价值就在于告诉人们什么是“应有”，就在于干预生活。马克思恩格斯从他们制定的唯物史观出发是反对道德干预生活的，认为共产主义者不进行任何道德说教。这也是他们不注重研究具体社会结构、社会秩序以及个人道德规范的原因。但如果就此得出结论说，马克思恩格斯不重视道德理想在社会发展中的指导作用，我们上面说的人类面临价值目标重新确定的棘手问题时马克思恩格斯伦理思想应发挥重要作用不符合他们本意，那就错了。在具体的社会问题上，马克思恩格斯一方面反对像算命先生那样预卜未来，另一方面反对想要借道德说教干预生活改变社会，但如果从总体上看，整个马克思主义就是社会伦理学，就是在依据唯物史观体现的科学理性为人类制定未来道德社会的蓝图，并且努力揭示社会走向共产主义理想道德王国的客观规律。道德理想在马克思恩格斯那里是引领人类前进的指路明灯，作用非常重要。

马克思恩格斯伦理思想在今天所能发挥的，正是这样的作用。在重视道德在社会进步中的作用问题上，马克思恩格斯不亚于任何哲学家。但他们是实践唯物主义者，主张把人的能动性与事物的客观规律性结合起来。没有道德理想的指引，人类就没有前进方向；不把人类道德理想建立在客

观规律的基础上，这些理想就是空想。关键是要使二者保持必要的恰当的张力，而这是人类，在当前主要是那些政治家们，应当掌握的一门艺术。

江胜珍、李建华在《经济公平与道德公平：马克思公平思想的两个维度》一文中探讨了马克思的公平观。文章认为，经济公平与道德公平是马克思公平思想的两个重要维度。从生产方式出发，马克思通过揭露资本主义的不公平性展现了其经济公平思想，并从伦理学的角度构建了道德公平体系，提出了道德公平的终极追求——人类自由解放。

马克思的经济公平思想是在批判资本主义的生产方式的基础上产生和发展起来的，是其道德公平思想的基础。马克思经济公平的最终追求是人类的自由解放，而只有到共产主义社会才能真正实现人的自由解放。所以，经济发展水平不仅推动着经济公平的实现。也推动着作为自由解放的人的价值的实现。从经济公平到道德公平，就是通过消灭生产资料私人占有制，最终实现人类自由解放这个公平思想的终极追求。

苏玲在《列宁论共产主义道德》一文中认为，列宁是继马克思和恩格斯后最伟大的革命导师，他对马克思主义进行过细致的研究，在马克思主义伦理思想史上第一次提出了建设“共产主义道德”的观点。列宁的共产主义道德立论是其政治伦理思想中最具特色的思想内容，蕴含着丰富的伦理价值和人文关怀。研究列宁的共产主义道德对建设和谐社会、促进人类社会的可持续发展有着重要的启示意义。

关于共产主义道德，列宁首先论证了共产主义道德的阶级基础和实践基础。列宁认为，共产主义道德的阶级基础是无产阶级；共产主义道德的实践基础是为共产主义事业而奋斗。共产主义道德是无产阶级在为消灭剥削、消灭私有制、建立公有制为基础的共产主义社会而斗争的实践中产生、发展起来的。正是在这实践斗争中，产生了集体主义观念和忠于共产主义事业的行为原则。列宁主张用“人人为我，我为人人”的新道德代替“人人为自己，上帝为大家”的旧道德；提出个人利益要服从集体利益，局部利益要服从整体利益，同时他也关心劳动者的个人利益；重视从实际出发，认为一切在于实践。共产主义道德内容主要是促进人的自由全面发展，实现完全的真正民主和自觉造福社会。无产阶级的最终目的是使全人类摆脱一切剥削。共产主义道德把劳动者团结起来反对一切剥削，反对一切把全社会的劳动所创造的成果交给了个人的小私有制。

在此基础上，列宁认为，共产主义道德教育是使共产主义意识深入广大群众思想意识中的重要手段，它不仅关系到社会主义一代新人的培养，而且关系到共产主义事业能否实现。共产主义道德教育的内容就是宣扬共产主义道德的原则规范，共产主义道德教育的任务是使共产主义道德成为人们自觉遵守的行为准则。

## 三、马克思主义经典作家道德观的形成与发展研究

辛慧丽在《新伦理的逻辑——马克思伦理思想的思维进路分析》一文中认为，马克思对现实的关注是其伦理思想的逻辑起点。在《德意志意识形态》之前，马克思已经开始质疑黑格尔的理性原则，从而对解决理论与现实间的矛盾进行初步思考，认为要对市民社会进行改造，必须争取全人类的解放，哲学应该把无产阶级当作自己的物质武器，在《德意志意识形态》之后，马克思从物质实践出发得出结论：无产阶级是人类解放的真正实现者，实现共产主义社会最终的目的是实现个人的自由全面发展。

文章指出，在撰写博士论文阶段，对人的自由意志和人性的关注是马克思伦理思想现实关怀的起点。在《莱茵报》时期，马克思渐渐形成了物质利益决定理性法则以及现存国家与法律的阶级性的思想，开始了对哲学的现实性思考。在《德法年鉴》时期，马克思开始了对人的现实性与人类解放目标的考量，认为在现实的资本主义社会中，要想取得人类解放，只有诉诸无产阶级。在《1844年经济学哲学手稿》中，马克思对人的本质和无产阶级的历史命运进行了认定，认为共产主义是一种实践的人道主义，是现实的人道主义，通过扬弃私有财产来回归本质的人道主义。虽然这是关于人生哲学和道德哲学不够成熟的论断，但他将无产阶级作为承担现实斗争历史任务的主体，使他的思想逐渐向新的伦理思想过渡。在《德意志意识形态》中，马克思阐释了道德的基本理论与无产阶级夺取政权的问题，认为社会意识的道德受人们的物质活动和物质交往决定，但道德具有相对独立性，对现存的社会关系会产生反作用，甚至有时候会发生矛盾。马克思的道德理论的形成标志着马克思伦理思想开始建立在科学理论的基

础之上。最后，文章认为，在《共产党宣言》和《资本论》中，马克思伦理思想的最终归宿是人的自由全面发展。

## 四、马克思主义道德理论的形成与发展研究

武卉昕在《唯物主义倾向与俄罗斯伦理学的产生》一文中指出，与西方不同，俄罗斯的伦理学在产生之时就具有了明显的唯物主义倾向。唯物主义倾向对正统马克思主义伦理学的产生作用重大。伦理学的唯物主义倾向与社会思潮的世俗化转向、实证主义方法论的影响、社会达尔文主义思潮的作用密切相关；此外，唯心主义道德哲学理论体系的非彻底性也给伦理学唯物主义元素的生长提供了可能。

文章认为，在俄罗斯，当伦理学作为独立的学科产生之时，伦理学就具有了明显的唯物主义倾向，虽然这一倾向与真正的历史唯物主义还有相当的距离，但对正统马克思主义伦理学在俄罗斯的产生而言，却起到了举足轻重的作用。而伦理学的唯物主义影响主要受到下列三种因素的影响：(1) 社会思潮的世俗化转向；(2) 实证主义方法论的影响；(3) 社会达尔文主义的影响。

此外，俄罗斯缺少深厚的伦理学传统。这一缺点对伦理学学科史的发展而言可能是桎梏之一，但对于伦理学唯物主义倾向的形成来说，则应另当别论。宗教道德虽渊源甚久，但并未建立起思辨的唯心主义的强大体系。唯心主义道德哲学理论体系的非彻底性为伦理学唯物主义元素的生长提供了土壤。因为通常而言，一种理论发展得愈完备愈充分，就愈难以被逾越；反过来，一种理论发展得愈不完备愈不充分，也就愈容易被超越。在俄罗斯伦理学内部，唯心主义和唯物主义的较力格局即印证上述道理。随着经典作家道德学说的翻译和研读，伦理学的唯物主义倾向日渐明晰，最终使有强大理论根基和实践力量的道德唯物史观在20世纪20年代的苏联得以确立。

# 中国伦理思想史研究

2011年，在中国伦理思想史的研究领域，学者们仍然延续着传统的问题，既对理论问题进行了深入的研究，如：传统伦理的意义、价值与定位，人性论，义利关系等，也对如何解决实践中的问题进行了探讨，如：从传统中发掘资源来应对教育，以及有关政治伦理、生命伦理和生态伦理中的问题。在对文献的处理中，学者们主要以经典著作为主，有一些非经典文献也被纳入了研究的视野；从研究对象的时间段上看，还是以传统伦理思想史为主，对近现代伦理思想史的研究仍显薄弱。

## 一、整体考察及当代反思

对中国传统伦理进行整体考察与研究、对传统伦理在当代的价值及处境进行反思，这仍然是2011年学者们的重要工作。作为中国传统伦理的主体，儒家伦理依然颇受关注，研究文献也较多，而其他各家的相关研究则相对较少。

### 1. 批判与回应

针对邓晓芒《儒家伦理新批判》的序言“我为什么要批判儒家伦理”，陈乔见进行了反批判，以此为传统儒家伦理进行辩护。他认为邓晓芒的“儒家伦理新批判”是基于个人经历和主观感受，缺乏对儒家义理本身的研究，显得贫困和无意义，邓晓芒采用的是一种简单的文化模式比较而做出对儒家伦理的批判，并没有脱离“五四”和20世纪80年代“新启蒙”的东西文化比较模式的窠臼，在其论证过程中亦存在逻辑谬误。陈乔见并对三年来由儒家“亲亲相隐”问题引发的争论稍作总结。① 郭齐勇把这几年学界批评回应邓晓芒的相关文章汇总结集成《〈儒家伦理新批判〉之批判》一书。②

邓晓芒则认为陈乔见对他的反驳充满着误解和谬见，他指出，陈乔见对儒家与现实生活（包括个人遭遇）的关系的理解存在问题，认为对儒家伦理的批判可以以个人经历为出发点，并加上理性的反思，使之扩展为社会更客观的共同经历。而所谓文化模式的比较是中西两种不同的文化模式之间的结构差异的比较，并非作为研究方法的文化模式，并不存在陈乔见提到的逻辑谬误。从邓晓芒的回应中可以看到他对儒家伦理的立场、传统儒家伦理本身存在问题，在一定程度上导致其在后来发展中出现的诸多问题，需要对儒家伦理进行批判而不是一味弘扬。③ 此外，邓晓芒在他的另一篇与邱文元辩论的文章中指出，近代中国人苦难深重的根源在于思想上的问题，即自我封闭和以奴性为荣的劣习继续在腐蚀人心，这在民智已开的今天，不过是个别儒家的自欺和自娱④——需对传统儒家伦理本身进行批判性反思。

### 2. 当代价值

汉斯·兰克对古代儒学中的道德金律进行了分析，他认为，“道德金律”在东西方道德伦理的所有传统中都十分有名，可以说是一条真正意义上的跨文化的普遍规范，在儒家思想中，关于相互关系的准则（恕）在相当正式的通则中是一个最核心的准则，也是与其他准则和价值观念（仁、忠）紧密联系的一个“元层次”的准则。⑤

中国传统道德思想长期渗透于中华民族社会生活之中，对中华民族影响深远，其基本特征涉及很多方面，赵炎才对中国传统道德理想的基本特征进行了总结和分析，认为以下四个方面是最主要的：外在形式上的大同均平与人格理想并存，历史发展中的追求理想与积极践履递进，基本内涵

① 陈乔见.“儒家伦理新批判”的贫困［J］. 武汉大学学报，2011（5）.
② 郭齐勇.《儒家伦理新批判》之批判［M］. 湖北：武汉大学出版社，2011.
③ 邓晓芒. 大言炎炎却詹詹——又答陈乔见博士［J］. 武汉大学学，2011（5）.
④ 邓晓芒. 儒家的自欺和自娱——再答邱文元先生［J］. 江海学刊，2011（1）.
⑤ ［德］汉斯·兰克. 论儒家思想的道德金律［J］. 西安交通大学学报，2011（5）.

中的政治诉求与道德调适互动，内在实质上的具体合理与目标合理的统一。①

学者们对儒家道德乃至传统伦理面对当今中国社会的价值和出路进行了反思。有学者认为，儒家道德理论缺少论证性少有对道德何以可能的论述，由此导致其在大众身上化为普适道德信念和行为时遇到了障碍；把“天”作为不证自明的逻辑预设使其内容充满了模糊性，无法使人保持清醒状态而从容面对社会复杂的变化。然而，反过来说，正是儒家道德的非论证性和模糊性造就了儒家道德在历史上的生命力——这在多元化、解构化、个性化的今天是无法完成的。② 有些学者将儒家传统分为几个层面，如官方制度层、民间草根层、知识分子层，从总体上说，民间草根层和知识分子层的儒家传统没有消亡，相反，它们正在获得历史性机遇，可以成为现代社会中有价值的伦理力量和教化力量。③ 肖群忠指出我们在当今文化建设中一定要努力弘扬中华传统伦理价值，重铸民族精神，要着力弘扬中华文化的群体和他人价值导向、义以为上的道义追求、义务为本的责任意识、等差礼让的人际伦理、人心自律的主体精神。他提出在当今的文化建设与道德建设中，一定要重视中国文化的心性论传统，注重社会教化，把社会教化与个人修养结合起来，把道德自律与法律保障结合起来，内外标本兼治。④

学者们普遍认为，儒家的实践智慧依旧有其现代价值，应该诉诸相应的道德实践，通过情感化育的方式积极推动现代公民的道德重建和精神的皈依。也有学者指出，儒家必须走出抽象人性论的误区，积极构建最低限度的伦理道德，为现代社会提供切实可行的伦理规范，同时批判继承古今中外的优秀文化，才能实现自身的现代转化。⑤⑥

① 赵炎才. 中国传统道德理想基本特征透视［J］. 河北师范大学学报，2011（2）.

② 李湘云. 儒家道德的非论证性和模糊性［J］. 江淮论坛，2011（3）.

③ 叶飞. 儒家的三种传统及其现代命运［J］. 华东师范大学学报（教育科学版），2011（2）.

④ 肖群忠. “国粹”与“国魂”——弘扬中华伦理价值重铸民族精神［J］. 道德与文明，2011（3）.

⑤ 孙利. 儒家伦理的三条求善之路［J］. 陕西师范大学学报（哲学社会科学版），2011（4）.

⑥ 刘昆笛，刘伟. 儒家伦理现代转化的基本路径［J］. 社会科学战线，2011（12）.

### 3. 具体范畴和问题

学界对“孝”、“义利”、“人性”等问题研究较多，下文重点综述这些问题之外的研究情况。

吴凡明对中国传统“五常”伦理的形成进行梳理并对其内在逻辑进行了详细的分析。他分三个阶段对此进行了分析：从孟子四德说到五常伦理的提出；董仲舒基本沿袭孟子的思路建构五常伦理的内在逻辑，但对于礼与信以及仁、义、礼、智、信之间的内在逻辑未能充分论述；理学家最终完成仁、义、礼、智、信五常伦理内在逻辑的理论建构。[①] 白奚考察了孔子在否定方面对于“仁”的规定，即孔子通过“不仁”和“鲜矣仁”来彰显什么是“仁”，他将仁的内涵和标准表述为三个方面：人不含任何功利的目的、不能仅满足于洁身自好、排斥任何虚饰。从否定的方面探讨孔子对仁的规定，可以为理解仁的思想内涵、指导人们“为仁”、“求仁”提供一个有益的视角。[②] 李建华、冯丕红则认为孔子的仁学中孕育了道德自由，道德自由以仁为伦理根基。他们提出，“仁者，人也”昭彰了孔子到的自由的终极关怀，“仁者，亲也”标识了孔子道德自由的根基所在，“仁者，心也”则恢复了孔子道德自由的发生机制及其由来。他们对孔子道德自由的伦理特质和伦理向度也进行了分析。[③] 温海明提出“儒家实意伦理学”，儒家认为身体是实在的，因“身”而有“意”，人与他人之间的“人缘创生力”的力量来自“意”之“诚”，也就是让人心所发的“意”真诚至极以致进入某种与“事”关联的状态，就是所谓“实意”的状态，儒家传统的“诚意”可以解释为意念的实化。儒家实意伦理学是为了从意识的原发点出发说明人在世界中的生存与运作状态。[④]

此外，李巍对孟荀“知类”观的根本分歧进行了探讨。他认为应当把孟子式的“知类”视为一种道德实践，统言之就是个体以逆觉反证之“思”来洞察和激活自身潜在的道德天赋，“知类”和“知性”其实是孟

---

① 吴凡明. 中国传统“五常”伦理内在逻辑的历史建构［J］. 求索，2011（4）.

② 白奚. 从否定的方面看孔子对“仁”的规定［J］. 孔子研究，2011（4）.

③ 李建华，冯丕红. 论孔子的道德自由［J］. 孔子研究，2011（2）.

④ 温海明. 儒家实意伦理学［J］. 中国人民大学学报，2011（4）.

子对“如何唤醒道德天赋”这同一主题的两种表述。荀子指责孟子“甚避违而无类”实际是指责孟子论“类”而缺乏对清晰性的诉求缺乏可资验证的经验依据，也没有考察应当考察的“类”，即忽略了人成之“伪”的类。李巍认为孟荀“知类”观的根本分歧在于孟子是探究动机性的“内在于”我们自己的“道德来源”的类，荀子则关注正式且公开的以语词和教条展现的“道德来源”的类。① 陈光连从三个层面分析了荀子的道德困境及其实践路径，即义与利：道德世界的冲突与和谐；德与礼：德得相通的悖论与扬弃；知与德：道德困境的实践路径。他指出无论是化解道德世界的冲突还是解决德得相通的悖论，荀子始终在道德的实践中探讨与追溯，以道德实践的知性路径实现了对孟子心性之学的纠偏。②

以上对儒家伦理相关具体问题和范畴的探讨，学者们基本上都是从一个新的角度来进行的，这在整个学界表现地相对较少。

### 4. 对其他各家的研究

相对儒家来说，其他各家伦理思想的相关研究较少。谭维智对庄子言说方式的道德性进行了分析和总结。他指出庄子认为道德问题是无法通过语言进行讨论的，道德具有不可言说的特性，道德不应该是劝说性的。道德说教包含的不道德问题是在言说中存在普遍的自负与固执己见，这是伦理产生的根源，真正的道德语言是非言非默的无心之言，一方面不能从个人偏私出发，一方面不可以对己说之言固执、自负。③ 李巍对墨子的“知类”说进行解读，相对于其他论者将“知类”视为一种逻辑形上学理论，他主张将其解释为一种伦理主张，认为“知类”的重点不是要解析一个类的本质，而是要省察它在实际场合中的用法（用于评价事态或指导言行）。“知类”不是对事实描述的真确性负责，而是对言行规范的正当性负责。④

综观 2011 年，对中国传统伦理尤其是儒家伦理的整体性考察与研究及其在当代的价值与处境的反思仍然是学者们的重要工作，他们试图使传统

---

① 李巍．“甚僻违而无类”：从荀子对孟子的批评看先秦儒家的“知类”观［J］．哲学研究，2011（8）．

② 陈光连．论荀子的道德困境及其实践路径［J］．学术交流，2011（7）．

③ 谭维智．论庄子言说方式的道德性问题［J］．社会科学家，2011（7）．

④ 李巍．作为伦理主张的墨子“知类”说［J］．人文杂志，2011（4）．

伦理在当代中国重新散发生命力，并在传统伦理的资源中找寻当今中国建设的道路（当然，也有与此思想相对的观点的碰撞），而这一工作自然离不开学者们对传统伦理本身及相关伦理范畴的考察。但传统伦理在当代的价值与处境仍然是一个没有解决、尚未达成共识的问题，传统伦理在现代的转换仍然是一个重大问题。

## 二、人性论研究

人性论一直是伦理学研究的重要问题，2011 年，学者们对中国古代伦理学中的人性论问题给予了一定的重视与讨论。研究人性论的相关资料，我们发现，学者们的讨论的大多都集中于先秦时期的孟子、荀子、墨子，唐代的董仲舒和宋明时期朱熹、王夫之，下文就学者们重点讨论的几个人物进行综述。

### 1. 先秦时期人性论

对于孟子的人性论，郭美华以《孟子·告子上》的“杞柳杯棬之辩”为切入点，认为传统诠释中的认知主义倾向忽略了的重要方面，错失了这一争辩的真义。他认为，在对“杞柳杯棬之辩”的既有主流诠释中，有两个倾向，一是把“生之谓性辩”作为理解整个孟子与告子争论，包括“杞柳杯棬之辩”的基础和前提；二是认为孟子反对以杞柳杯棬比喻人性与仁义，对杞柳与杯棬的关系上只看到“戕贼”或“转逆”的一面，而对人性与仁义的关系则只看到“自然”或“顺成”的一面。他分析了讨论这两方面的倾向，认为杞柳与杯棬之间、人性与仁义之间，都不单单是“戕贼”（转逆或否定）的关系，也涵着“顺成”（肯定）的一面，是转逆与顺成的统一。而且，人的道德存在活动是一种内在的自身否定，经过这一内在自身否定而实现自身，即仁义或道德是通过对人性的“转逆”（否定）而完成或实现（肯定）人自身的；如此内在的自身否定，是由内在于道德生存活动的心思来实现的。①

对于荀子的人性论，吴祖刚认为，荀子的“性恶论”是以特定的人性的内容为基础的。事实上他并不关心“性”是否让人成为了人，而只注重这“性”让人产生了怎样的行为。荀子所理解的人性，就其内容来看，包括人的基本能力和欲望；就其发生来看，包括生成意义上的“生之所以然者”和表现意义上的“不事而自然”者。荀子所谓的那种人本身具有的基本能力是无法推动人产生行为的，因而行为产生的原动力就落在人的欲望上，而“恶”也最终落脚在欲望上。因此，荀子对人性所说的人性恶仅仅是针对欲望部分来谈的，并且只是在欲望无节制的情况下才表现为恶，人的弃恶从善也最终转化为如何对待欲望。荀子正是基于自己对人性的这种理解，才提出了节欲和养欲的为善去恶之方，从而也使其性恶论蕴含了自己特有的思想理论价值。② 而卢永凤则从事实与价值二分的角度探讨了荀子的人性论，她认为，荀子持事实与价值两分的立场，事实是客观存在，价值是主观判断，这是两个独立的领域，二者之间不具有逻辑上的推导关系，价值不能由事实演绎出来。他力主“天人之分”，其天人观折射到人性问题上，必然演绎出“性伪之分”，“人之性”属事实领域，“人之道”属价值领域，“人之道”并非源自天命，需要一番艰苦的化性的“伪”的功夫。所以，善恶在“伪”非“性”。从荀子“天人之分”、“性伪之分”到“性伪合”，按照其逻辑脉络，无法得出“性恶”之论。他之所以激烈地反对性善说，屡称“人之性恶”，不在于否定“善”之应当，而在于为“善”之证明寻求新的路径，他力图将孟子式的漂悬于天国的儒家之道拉回现实的人间，为儒家之道的合法性夯筑现实的根基。③

对于墨家有无人性论问题，杨建兵持肯定回答，并结合墨家生命伦理对此问题进行了讨论。他认为，墨家对于人性的基本观点是“人性欲利，无称善恶”。肯定“人性欲利”的现实性和客观性使墨家自然地走向功利论伦理立场。墨家在对于人性的态度上，一方面肯定自然而生的“欲”的

---

① 郭美华. 人性的顺成与转逆——论孟子与告子“杞柳与杯棬”之辨的意蕴［J］. 文史哲，2011（2）.

② 吴祖刚. 荀子人性论新探［J］. 道德与文明，2011（6）.

③ 卢永凤. 荀子性恶论再解析［J］. 社科纵横，2011（2）.

现实性和基础性地位，具有自然主义的色彩；另一方面又希望对人的“欲”的无限扩张的倾向进行抑制，所以，呼唤“知”的理性制约力量，又在不知不觉中使其人性观打上了理性主义的烙印。这样，在功利论的基调上，墨家努力调和理性主义与自然主义，结果使墨家的人性观等伦理思想呈现出斑斓的异彩，同时也为其生命伦理观的多样态生长埋下了伏笔。①

### 2. 汉唐时期人性论

对于董仲舒的人性论，康喆清指出，学界对董仲舒的人性学说的解释不尽相同，但大都认可“性三品”说，这不符合董仲舒关于人性学说的本质。“性三品”说并非董仲舒首创，且其本身指意不明。董仲舒论述的重点在于“中民之性”，即人性总体的善恶，并着眼于论证社会教化对人性发展的作用，从而将政治、教化与人性三者相关联，实践自己的政治理念，这也符合儒家传统的人性论证逻辑。以董仲舒关于人性的意指和目的作为其人性论推演的逻辑起点，通过《春秋》“正名”之法的层层辨析，必然得出人性“待教而善”的结论，怎样才能使人性中潜在的善质变为现实的善，以便成就圣人之性，这是对董仲舒人性学说的合理概括，是其人性学说的精华。② 而黄开国认为，董仲舒人性论的性概念，包含性同一说与性品级说两种不同的性观念，这两种不同含义的性观念只能在各自的人性论中才能够得到合理的解释，而不能混而不分。若站在把握儒家人性论发展逻辑的高度，就可以看出，名性之性与上、中、下三性所言之性，是两个不同的性观念，前者适合于整个人类，后者只适合于人类中的特定人群。但董仲舒的名性以中，不以上、下却将其混淆起来，这一混淆，就使人人皆具的同一人性与特定人群的圣人之性、中民之性、斗筲之性产生了联系：既然人人皆具之性是适合于所有人的人性观念，圣人之性、中民之性、斗筲之性又是特定人群的人性观念，就圣人、中民、斗筲都是人而论，人人皆具之性与圣人之性、中民之性、斗筲之性之间就存在形式逻辑的属种关系，具有一般与个别、普遍与特殊的联系。名性以中，不以上、

---

① 杨建兵. 墨家生命伦理论略［J］. 自然辩证法研究，2011（8）.

② 康喆清. 董仲舒人性学说的重新诠释——对“性三品”说的质疑［J］. 前沿，2011（18）.

下，就会发生逻辑错误，而否认以上、下名性，也割裂了一般与个别、普遍与特殊的联系，名性以中，又混同了一般与个别、普遍与特殊的区别。所以，从形式逻辑说，名性以中、不以上下之说本身是根本站不住脚的。名性以中将性同一说与性品级说混淆不分，是造成董仲舒人性论研究长期异说纷纭的症结所在。①

### 3. 宋明时期人性论

对于朱熹的人性论，张建认为，朱熹的人性论思想是以宇宙论为根据的。朱熹在探讨人性时，重点不在人性的具体内容，而在其来源和根据上。朱熹在讲到人性的起源时，往往以宇宙论作为最后的根据，更是直接从宇宙本体论推演出人性论。朱熹的宇宙论也是道德观，是寻找现实宇宙的来源，其宇宙观乃客观唯心主义的理一元论。朱熹宇宙观中的本体，即“理”，亦可称为太极。他不仅用理来说明宇宙万物的形成，而且用理来说明人性，认为理既是宇宙的本体，又是人性善恶的本源。作为朱熹学说体系中最高范畴的“理”，其主要规定就是对封建道德纲常的抽象化和客观化。② 向世陵指出，朱熹的理本论体系是在对“性之本体”问题的思考中逐步充实和完善起来的。朱熹主张“性之本体”与“性”的“二性”和“继之者善”与“人性善”的“二善”说。性之本体是先天完具的仁义礼智，是实理，性兼理气而善专指理。弄清性之本体为何并由此去构筑其理论，是朱熹理学基本的考虑。③ 此外，也有学者另辟蹊径，以胡宏的人性论为出发点，引出了朱熹对于人性论善恶是否相对的观点。他认为，胡宏的人性论非常接近于性无善恶论或性超善恶论，但他所支持的其实是性善论，其性论的特点之一是认为性善之“善”不与恶对。而朱熹极力批评性善之“善”不与恶对论，又赋予性善以先验性来回应性无善恶论，朱熹认识到善恶一经产生，其各自的意义便不会消失，善恶不须随时相对。④

---

① 黄开国. 析董仲舒人性论的名性以中［J］. 社会科学战线，2011（6）.

② 张建. 浅析朱熹晚年人性论对宇宙论的支持［J］. 湖北经济学院学报（人文社会科学版），2011（2）.

③ 向世陵. “性之本体是如何”——朱熹性论的考究［J］. 孔子研究，2011（3）.

④ 郭畑. 性善论对性无善恶论的一种回应——南宋早期的性善之“善”不与恶对论［J］. 学术论坛，2011（5）.

对于王夫之的人性论，有学者认为，“性气一元论”的人性学说是王夫之伦理思想的逻辑起点，他在批判继承传统“性即理”命题的基础上，提出了“以理导欲”、“以义制利”的道德主张，并将它发展成其伦理思想之内容核心。在人性论上，王夫之主张“继善成性”、“日生日成”、“以理导欲”等观点，该理论成为近代中国人性启蒙的理论先声，在我国伦理思想发展史上具有极其重要的理论意义。① 另外，有学者以王夫之《思问录·内篇》文本为主要依托，阐发其人性论思想。王夫之人性论的逻辑起点，是从肯定天道运行的“继善成性”论出发，进而论及性体诚而实有、性具节文条理、性日生日成，在此基础上承孟子的性善说、融孔子性与习的思想构建其人性论体系。其人性论的逻辑终点则是肯定受大公之理所凝之“我”，“我”的挺立从而能主持天地、崇德广业，以人文化成天下。②

哲学家的人性论观点，不论是先秦时期的性善论、性恶论、无善无恶论，还是唐朝的性三品学说，抑或者是宋明时期性二元论，虽然人性论主张有如此多种，但他们都有一个共同点就是，他们都认为人性可向善，后天可以引导人向善。另外，哲学家的人性观对于其建构他的整个哲学体系时都有着重要影响，这就要求我们必须对其人性论予以足够的重视与关注。在以后的研究讨论中，我们应该从各个角度对哲学家的思想进行综合理解，更深刻地把握哲学家为我们留下的宝贵精神财富。

## 三、孝文化研究

孝文化是中华文化区别于其他文化的一个重要特征，更是中国伦理文化的重要支撑。近年来，随着中国改革步伐的推进，社会结构发生了一系列变化，社会问题层出不穷。在这种现实要求下，许多学者将目光投向了传统文化，试图从传统文化的精髓中寻找救世良道。而作为中华文化精髓的一部分的孝就成为学者关注的重点。2011 年，学者们对孝文化的研究主要集中于对儒家孝文化上，也不乏对孝的基础研究以及相关文本与个案

① 邓然，尹启华. 王夫之伦理思想之逻辑起点与内容核心［J］. 船山学刊，2011（3）.
② 陈屹. 王夫之人性论新解——以《思问录·内篇》为中心［J］. 船山学刊，2011（1）.

研究。

### 1. 孝的起源

在孝文化的起源上学者们观点不一，而杨家友、郭远静又提出了新的见解。他们认为，可以从形而上与形而下两种途径对此进行追问。从形而上来看，“孝”源于“孝道”中的“道”的异化并最终皈依于“道”。从形而下的视角看，“孝”源于长幼之间的自然天伦，这种自然伦常情感在意识中逐渐形式化就积淀为“理”，“理”的践履就是人们所遵循的“道”，行之有“道”就有“得”，并体现为“德”，这种“德”在长幼关系的处理上就体现为“孝”。[①] 周延良则从文献考察的角度对“孝”的涵义作了一番研究，并认为“孝”观念虽然是人类发展到一定文明阶段的产物，但它产生、形成的语义基础却是本于高级动物的“动物依存”关系。[②] 可以看出，不同的学者对孝文化的起源存在着较大的分歧，这与各自的研究角度有关，也显示出研究的深化。

### 2. 总体性研究

鉴于前人从道德哲学层面对“孝”的研究较少，王健崭补前人之缺，提出将“伦”与“孝”进行对比分析。她指出，“伦”与“孝”同为中国传统道德哲学中的重要元素，在发展的过程中二者趋向于同一性。二者不仅都以家庭血缘关系为伦理的源头，且均采用从实体性出发开展伦理内容的思维范式，并都建构了尊卑有等的长幼秩序。[③] 余仕麟认为忠孝伦理是中华民族的根源文化，更是中华民族独具的智慧生存方式。人与人所具有的从天道秉承而来的道德亲缘关系是彼此能够仁爱忠诚而和谐相处的哲学基础。由孝而扩展来的仁爱、忠义以及忠孝伦理中固有的平等观，建构起了中国传统社会超稳机制的道德框架。中国传统文化中的整体意识使得

---

① 杨家友，郭远静．再论孝的起源［J］．孝感学院学报，2011（5）．

② 周延良．“孝”义孝原——兼论先秦儒家“孝”的伦理观［J］．孔子研究，2011（2）．

③ 王健崭．“伦”与“孝”价值同一性的道德哲学解读［J］．华中科技大学（社会科学版），2011（5）．

“忠孝合一”在今天仍有着坚实的基础。① 张再林对中国古代思想中的“元伦理”之争——即父子伦理和夫妇伦理之争进行了一番分析，并认为这一争论使中国古人伦理观较之西人的单维的“男性伦理”或“无性伦理”更具理论的深度和广度。同时，又因其对伦理中的生命纬度的积极，为现代人克服愈演愈烈的身心分裂的“伦理唯心主义”困境和重返人类伦理中固有的“生命对话”精神提供了重要的路引。因此，张再林认为“元伦理”之争是一个伪命题。② 李聪认为“孝”观念从起源到完善都与丧葬文化密切相关，因此对其在中国古代丧葬文化中的演进进行了考就。他认为，“孝”源于从事鬼神到事人的转变过程，经历了从事人之生到事人之死再到事死如事生的演进。而并超越层面之神圣性、精神层面之终极意义与社会生活层面之教化规范三个方面的保证使得“孝”观念在事死方面不流于形式。③ 孝文化不仅对于丧葬文化有所影响，而且更是影响着官员的仕途。梁翠认为正是由于对孝的强调，使得“冒哀求仕”、“冒荣居仕”、“委亲之官”、违反丁忧都要受到处罚，而这正是“移孝作忠”思想的体现。④ 孝文化所具有的积极意义并不能抹杀它所本身所具有的缺陷，晏培玉就对传统“孝子”的人格进行了批判。她认为，传统的“孝子”人格具有非理性的思维、盲人的行为特征以及自我泯灭的特征。因此，她提出在现代社会更应该做一个合格的现代公民，而不是一个“孝子”。⑤

### 3. 儒家孝文化

儒家孝文化是传统社会中占据主导地位，故一度成为学者研究的重要着力点。学者或从总体上对儒家学派的孝文化进行研究，或对儒家学派的代表人物进行研究。

任何思想都有一个产生、发展及嬗变的过程，段江丽对儒家孝道思想

---

① 余仕麟. 忠孝伦理：中国人的一种智慧生存方式［J］. 西南民族大学学报（人文社会科学版），2011（12）.

② 张再林. 父子伦理，还是夫妇伦理——中国古代思想中的“元伦理”之争［J］. 中州学刊，2011（1）.

③ 李聪. “孝”观念在中国古代丧葬文化中的演进［J］. 社会科学战线，2011（6）.

④ 梁翠. 论孝道对中国古代官员仕途的影响［J］. 东南大学学报（哲学社会科学版），2011（1）.

⑤ 晏培玉. 论传统“孝子”人格的先天缺陷［J］. 孝感学院学报，2011（6）.

的形成进行了详细的梳理。她认为儒家的孝道思想是在原始养老、尚齿的传统以及商周孝道的基础上发展起来的，同时她对儒家的代表人物孔子、曾子及孟子的孝道观进行了异同的比较。[①] 对此，王健崭除了追溯了孝的形成历史之外，还对儒家孝伦理体系最终展开为以“孝”为中心的伦理政治秩序的功用进行了辩证分析。[②] 侯润珍等则明确指出先秦儒家孝亲思想所具有的三个特征：即孝亲方式的“养”和“敬”的二重性、孝亲义务的绝对性和至上性及孝亲功能的逻辑推演性[③]。自孔子纳“孝”入其“仁”学体系后，便涵盖了孝顺父母、尊敬兄长之意。陈谷嘉认为这仅足塑造中华民族的孝亲传统。而后孟子对“孝”的进一步论述，打破了“孝”的血亲关系的限制，使“孝”不止于孝亲，同时包括了对非血亲老人的孝顺，赋予了“孝”以普遍意义，儒家孝文化形态得以形成。在此影响下，形成了中华民族敬老、爱老的传统美德。[④] 安晋军则将儒家的忠恕思想与基督教、佛教、伊斯兰教、印度教及道教中具有的类忠恕思想进行对比后指出，儒家的忠恕思想带有强烈的世俗性和人间色彩，突出自己的主动性和自为性及其实践的身体性基础，凸显了道德上的宽容特点。[⑤] 肖群忠创造性地将孝道与养生联系在一起，认为产生于生命崇拜及代际生命呵护和群体互养基础上的孝道延展出来的孝亲责任是中国人养生的终极价值根据。而儒家仁者寿、智者乐的以德、智养心的智慧是由其重视道德所决定的。[⑥] 孔祥安则从孝亲案例出发，对原始儒家孝伦理在汉代的异化作了深入分析。他指出，由于汉代对儒家孝伦理的极力推崇，使其在汉代发生以下异化：“孝敬”发展成为追名求利的手段、“父慈子孝”的双向德行发展成为父权独尊、“以礼奉孝”发展成为“居丧过礼”、“以直报怨”发展成为

---

① 段江丽. 先秦儒家孝道思想的形成及解读［J］. 中国文化研究，2011（3）.

② 王健崭. 儒家的孝伦理：形成与功用［J］. 学海，2011（6）.

③ 侯润珍，安玉英，米叶芳. 先秦儒家孝亲思想的特征［J］. 山西大同大学学报（社会科学版），2011（1）.

④ 陈谷嘉. 孝与中华民族敬老、爱老的传统美德——儒家孝文化软实力研究［J］. 湖南大学学报，2011（2）.

⑤ 安晋军. 比较视野中儒家忠恕思想的特点探究［J］. 道德与文明，2011（2）.

⑥ 肖群忠. 孝道的生命崇拜与儒家的养生之道［J］. 西北师大学报（社会科学版），2011（1）.

"以怨报怨"且谶纬迷信思潮泛滥导致孝伦理神秘化。① 近年来，学界对于"父子相隐"和"窃负而逃"等儒家孝伦理的"合法性"争论仍旧没有停止。在此背景下，王美玲提出应将"子为父隐"等孝行实践放在儒家伦理的大背景以及具体伦理冲突情境中来进行审视。因此，她认为儒家"亲亲相隐"的始点和终点都只是出于对父亲的情感而实现孝道，维护"亲情秩序"。②

学者们对儒家孝伦理代表人物的研究主要集中在孔子与荀子身上。其中，孔祥安对孔子的"孝"论进行了系统的解读。他认为孔子建构了一套完整的孝伦理思想体系，他强调的"孝敬"使孝从外在赡养转身内在心灵关照、主张的"谏诤"使孝从血缘亲情之爱上升为理性自觉的人文关怀、提倡的"父慈子孝"体现了父子间人格的双向对等、倡导的"亲亲感恩"诠释了孝的动机与社会必要性、而宣扬的"仁爱"则揭示了从孝到仁的内存逻辑关系，拓展了孝的社会空间价值。③ 马国华则认为孔子的人伦观涉及君臣、父子、兄弟、夫妻、朋友等五种人际关系，并表现出以下特征：强调人际关系双方双向对等的道德义务、强调建立和谐人伦关系过程中的主动性、心行合一以及父子关系对君臣关系的根本性。④ 刘清平另辟蹊径地从孔子与宰我围绕"三年之丧"的对话中解读出孔子"心安理得"行为准则的血缘亲情根基。他认为，孔子确立的血亲情理精神发展成为儒家的主导精神，构成了炎黄子孙文化精神构造的基准范型。⑤ 目前，学界研究先秦儒家孝道思想大多重孔、孟、曾三人，而张纲则对荀子的孝道思想做了全面的梳理。他认为荀子从"礼"而重"义"，言"以礼义事亲谓之孝"；看重行孝道之过程，珍视父子间的真挚情感，要求孝子不匮、事亲以亲；从社会现实出发，顺之以道义，言"从道不从君，从义不从父"，

---

① 孔祥安．原始儒家孝伦理的汉代异化及其影响—以孝亲案例为中心的探析［J］．理论学刊，2011（9）．

② 王美玲．情感主义的儒家伦理——再论"子为父隐"［J］．华东师范大学学报（哲学社会科学版），2011（2）．

③ 孔祥安．孔子"孝"论的意蕴新探［J］．济南大学学报（社会科学版），2011（6）．

④ 马国华．孔子的人伦观［J］．湖北社会科学，2011（11）．

⑤ 刘清平．论孔子哲学的血亲情理精神—解读关于"三年之丧"的对话［J］．江苏行政学院学报，2011（2）．

以分忠孝之次；虽强调以礼义治国，但非常重要政治对孝道的维系作用。[①] 姜红、吕斌则具体分析了荀子把家庭视为士民的居所与利益共同体伦理思想。他们认为，荀子主张以“礼”治家，家庭成员间恪守森严的等级秩序、各尽其责；以“利”成家，强调家庭成员关系利害实质的工具理性；以“国”胜家，彰显了国之于家的价值超越，凸现了在传统宗法体制日趋崩解的历史条件下重塑家庭伦序、保障生命安存的现实迫切诉求。[②]

可以看出，对儒家孝文化的研究成果较为丰富。从儒家孝文化的演变过程、孝亲文化的特征、意义以及与其他思想的异同到其代表人物孔子、荀子各自的思想特征，学者们均有涉及。

### 4. 个案研究

人们一般认为“孝”道是儒家的“特产”，但历史上许多其他学派的思想家对于“孝”的论述也不在少数。宋玉顺就对管子的“孝”道内容十分广泛，从“九惠之教”到社会教育到选贤任能到会盟诸侯等方面均有涉及，且管子的“孝”道总是与国家大政方针联为一体。[③] 杨振华则将颜之推的孝亲观与先秦儒家的孝亲观作了细致的异同对比。他认为虽然二者在某些方面一致，但有许多相异之处。从孝德的养成来看，先秦儒爱认为是天经地义；颜之推则认为父母威严而慈爱是前提条件。从事亲的内容看，先秦儒爱认为敬亲、顺亲更为重要，强调精神事亲；颜之推则认为养亲最重要，强调物质事亲。从事君的内容看先秦儒家重视以“心”忠君，颜之推则更重以“才”忠君。从事死的规定来看，先秦儒家要求厚葬并祭之以礼；颜之推则反对厚葬之风，并认为不必拘束于繁琐的祭祀之礼。[④] 先秦原始儒家探究了“孝应如何行”的问题，却未能回答“行孝何以可能”的问题。而朱熹以理论孝，对儒家孝道的正当性进行了哲学辩护。曾振宇、张文科认为，朱熹的“理”既是宇宙起源之实然，又是人伦道德应然之本源，人伦道德源于天理，是天理的社会化外观。“理便是性”，仁、义、

---

① 张纲. 论荀子的孝道思想［J］. 河南师范大学学报（哲学社会科学版），2011（6）.

② 姜红，吕斌. 荀子家庭伦理思想简论［J］. 东北师范大学学报（哲学社会科学版），2011（4）.

③ 宋玉顺. 论管子“孝”道［J］. 管子学刊，2011（1）.

④ 杨振华. 颜之推异于先秦儒家的孝亲观［J］. 沈阳工业大学学报（社会科学版），2011（1）.

礼、智、孝等伦理道德观念先验性地包容于理本体之中，并因为“理”之先验存在而获得形而上证明，儒家孝论从而实现了“实质上的系统”。[①]

## 5. 文本研究

古代向来有着文以载道的传统，一般的小说、家训等文体往往是道义阐释的载体，而对一些集中阐述某一学派思想的经典文本更是如此。因此，对文本的研究也是学者的重要着力点。

作为集中阐述以“孝”以中心的儒家伦理经典著作，《孝经》是研究者不可忽视的重头戏。杨志刚、赵楠运用框架图来展现《孝经》的精蕴，体现出十八章层层相扣的逻辑体系。他们认为，统摄全书的《开宗明义章第一》直接阐述了《孝经》内容的三个方面：先王的“至德要道”是“孝”；“孝为道德之根本”以及“孝”始于事亲、中于事君，终于立身的目标，其余章节只是对这三方面内容的具体论述。[②] 后杨志刚、史少博发文对《孝经》的义理进行了辨析。[③] 刘春香则对《孝经》中“庶人之孝”的概念内容、古人践行“庶人之孝”的表现以遵行“庶人之孝”的当下价值作了浅要分析。[④] 张仁玺、孙明霞对《颜氏家训》体现的孝道观作了系统的阐述。他们认为，颜之推在家训中体现出对子女孝伦理的重视，并主张父慈是子孝的重要条件，要求子女既要赡养父母，又要尊敬父母，还要以礼安葬和祭祀父母。[⑤] 鲁红平则是通过对《世说新语》选入的文章性质进行分析，通过以孝行入选十三则文章的事实解读魏晋士人的忠孝观。她认为，在玄学思潮的冲击下，魏晋士人援道入儒，重新建构他们特有的道德观与价值取向。伴随着君权的衰落，门阀制度的确立，他们普遍接受了先亲后君、先孝后忠的思想。同时提出“因时修制”、“缘情制礼”，试图解决名教与自然的冲突，因此魏晋士人在推崇孝时并不只主守礼之孝，而是同样看重出于真情的死孝、心孝。[⑥]

---

① 曾振宇，张文科．以理论孝：儒家孝道正当性的哲学辩护［J］．管子学刊，2011（2）．
② 杨志刚，赵楠．《孝经》内蕴图解［J］．学术交流，2011（4）．
③ 杨志刚，史少博．《孝经》义理辨析［J］．学习与探索，2011（2）．
④ 刘春香．浅析《孝经》中的“庶人之孝”［J］．安阳师范学院学报，2011（1）．
⑤ 张仁玺，孙明霞．《颜氏家训》中的孝道观［J］．临沂大学学报，2011（5）．
⑥ 鲁红平，从《世说新语》看魏晋士人的忠孝观［J］．伦理学研究》2011（1）．

### 6. 孝道教育研究

对孝道教育的研究即对孝渗透到人们心中，成为人们的行为准则与规范的方式的研究。学者们分别对对习俗、艺术、律法以及前文提到的文本进行了探索。

赖萱萱通过揭示儒家孝道伦理与祖宗崇拜的关系为孝道伦理渗入人们心中提供了一个有效的方式。她认为，祖宗崇拜是儒家孝道伦理的源头，围绕祖宗崇拜而形成的祭祖礼是儒家孝道的最初形式。而到春秋时期伦理理性觉醒，使儒家孝道成为具有道德精神的伦理规范，祖宗崇拜则成为儒家孝道的表现形式之一。到后期封建国家"以孝治天下"时，祖宗崇拜则是统治者在全民中推选忠孝教化的重要手段。① 黄宛峰则从美育的角度对汉画像石孝子图的特色进行了分析，认为这种画像彰显孝养之义，以平易动人，以真情感人。这种艺以载道的艺术教育对于当今的孝道教育与精神文明建设具有重要的启示。② 习俗与艺术有助于孝道的培养，作为塑造人的重要外在环境之一的法律当然也不例外。贾旗就分析了唐律孝德培养机制"家国分工，各司其职，互相配合"的特点。他指出，唐律首先由"国法"为"家庭"规定了"服从"的价值导向以及"同居共财"的大家庭的生活环境；其次是"家庭功能"的发挥，在"服从"的价值导向以及传统"礼俗"文化的双重作用下，通过"大家庭"特有的生活环境机制实现对"顺从"习惯的养成；最后当父祖离世时，"国法"再次介入"家庭"，为子孙规定了"过渡期"的家庭生活环境及相应的行为原则。故唐律以"同居共财"的"大家庭"为基础，以"服从"为价值导向，围绕"大家庭"这个媒介为子孙的成长设置了一系列的有针对性的生活环境条件，最终实现了以"顺德"为核心的"孝德"的培养。③

综上观之，学者们的着力点依然在儒家孝文化上，此类研究成果较为丰富。但对于除儒以外的其他学派，如道、墨、法以及佛教和宋以后的孝文化研究亟须深入。在孝的起源问题上，学者们依然没有达成共识，故此

① 赖萱萱. 儒家孝道伦理与祖宗崇拜关系初探 [J]. 宜春学院学报，2011 (3).
② 黄宛峰. 艺术教育贵在情真—论汉画像石孝子图的特色 [J]. 美育学刊，2011 (4).
③ 贾旗. 论唐律对孝德培养的法律化 [J]. 中南大学学报 (社会科学版)，2011 (4).

类研究仍需深化。但可喜的是，部分学者开始关注孝道的教育载体，这将对于探索孝道在现代社会的教育有所裨益。

## 四、传统义利观研究

义利观不仅是我国传统文化的重要组成部分，还是中国伦理学研究的核心问题，更是近年来为国内学界关注的一个热点问题。在过去的2011年，学者们也为义利观研究的继续深化着了不少笔墨，所涉及的内容及角度综述如下：

### 1. 元问题研究

义利元问题的研究主要是指对义利问题之为问题的研究，它涉及对义利含义的理解，义利关系的推演等多个方面。对于这一问题，学者们从不同角度进行了探讨。

其中，毕明良对义利之辨进行了新的解读。他认为，学界普遍认可的义利之辨乃道德与功利间的先后轻重关系之争这一观点存在着一定的偏差与误读。对此，他梳理了孔孟、程朱的义利之辨，并对“利”与“辨”进行了重新解释。他指出，“利”乃行为主体之私利，“辨”乃行为准则之辨。因此，义利之辨的核心是主体行为准则之辨，而非直接在义与利之间进行选择。同时，他将主体分为个人与国家或群体，故义利之辨将在两个不同的层次上展开。①

而陈嘉明则另辟蹊径，从哲学分析的角度对孔子虽提出仁者爱人，但未能追问仁者为何应当爱人进行了研究，指出这一追问的缺失对后世中国传统文化的一些根本问题，包括义利问题的影响，由此而提出哲学的形而上发问意义的重要性。他认为，孔子所具有的经验性思维方式，虽然具有反对坏的形而上学的倾向，但却并不追寻事物的根据。而仁者为什么要爱人这一问题的缺失，使得儒家哲学孕育出的是一种义务论的伦理，表现在义利问题上则为重义轻利，强调的是人的道德伦理义务，而缺乏对人的权

① 毕明良. 儒家义利之辨的核心——行为准则之辨［J］. 贵阳师范学院学报，2011（11）.

利的关注。进而，反映在法律文化上的则是中国民法的缺失，反映在政治文化上的是民众权利的缺失，以及总的社会形态上的专制社会形态。①

王泽应则对义利问题之为伦理学的基本问题进行了一番探索。他认为伦理学的基本问题是道义与功利的问题，其他一切问题都是义利问题的变种或修正，均未跳出这一框架。而道义与功利关系之所以能够成为伦理学的基本问题，从本质上看是由其与人的生活密切关联性所决定的；也由于它是伦理学家不得不回答的问题，是划分伦理学不同流派的主要依据；还在于它反映了人类道德生活领域中最普遍、最根本的事实，规定着伦理学的基本内容。②

关于义利元问题的研究是义利问题研究的前提和基础，学者们虽然在此问题上见仁见智，从各种不同的角度对“义”“利”及“辨”的内涵进行了新释，也对影响义利问题的因素及它的重要性提出了各种不同的见解。但在对义利内涵以及义为利上的关系把握上仍然是没有差别的。

## 2. 总括性研究

义利问题的总括性研究主要是指从总体上、宏观上对义利问题进行把握，这种概括式、梳理式的研究思路在义利研究中时有出现。

陈仕平、龚任界就对调和重义轻利的儒家和重利轻义的法家的义利统一的流派进行了梳理。他们认为，虽然学界一般将墨家、管子、叶适、陈亮、颜元等人归为义利统一派，但对于其内部差异和理论侧重点缺乏辨析。因此，他们对墨家的义利相合论；西汉司马迁、东汉王充和桓潭等人的义以利生论；宋代李觏、陈亮、叶适、王安石、清初颜元等人的义利并重论各自的理论特点进行了一一分析，明晰了义利统一论派的内部异同，并对其进行了价值评估。③

传统义利观发展到近代受到西方经济、伦理的影响后，重义轻利的观

---

① 陈嘉明．仁者为何应当爱人——兼论哲学的形而上发问的意义［J］．哲学分析，2011（3）．

② 王泽应．论义利问题之为伦理学的基本问题［J］．华中科技大学学报（社会科学版），2011（4）．

③ 陈仕平，龚任界．中国传统文化中的义利统一论［J］．集美大学学报（哲学社会科学版），2011（4）．

念开始动摇，呈现“重利”的倾向。对此，赵璐、白俐把近代义利价值观的演变分为四个时期：鸦片战争时期主张以义生利，兴利除弊；洋务运动时期主张重义兴利，利国利民；维新运动时期主张义利并重，义利和谐；辛亥革命时期主张义利统一，建立革命道德。在分析了不同时期的侧重点的基础上，她们指出近代义利价值观的特点在于均是对传统道德的继承与发展，并且呈现多元发展的趋势，贯穿着强烈的救亡意识。①

中国伦理思想史上丰富的义利观资源为学者们进行不同维度的研究提供了便利，冯俊就从义利关系的总体演变的角度分析了经济与伦理的关系。在把义与利界定为宏观整体的公利与微观个人的私利的基础上，他梳理了儒家思想对义利关系的认识演变过程，即从“以义制利”、“重义轻利”、“去利存义”到“义利统一”。冯俊认为儒家的义利观对商业在传统社会经济中的发展产生了重要影响，其中儒商就是在贯彻儒家人文精神的基础上，兼顾义利，结合“儒”与“商”的实践典范。他指出，要实现经济与伦理的统一，需要借鉴儒商这一经济文化现象的经验。②

伦理学史上不乏总括性研究的文章，这些文章或从总体上对不同历史时期的义利演变特点进行梳理，或从宏观上对义利关系的观点进行概括，并指出它对于实现当今的借鉴意义，或对各派别内部的不同点进行分析与阐述。不论角度如何，对义利问题的总括性研究的意义不可忽视。

### 3. 个案研究

个案研究往往是针对某个思想家的义利观进行深入分析，这一类型的研究涉及中国伦理思想史上的众多思想家。但按思想家所处的时代来看，主要集中于先秦和两宋时期，对汉代思想家也少有涉及。

（1）先秦时期

对先秦思想家的研究一直是义利观研究中的热点，而其中又以孔子为甚。其中，裴圣军梳理了孔子是如何在继承西周道德观、突破早期儒家义利思想的基础上回答何为至善的问题，并初步形成儒家的道义论思想。同

---

① 赵璐，白俐. 论中国近代义利价值观的演变及特点［J］. 西北大学学报（哲学社会科学版），2011（1）.

② 冯俊. 从义利关系的演变看经济与伦理的分离与统一［J］. 江汉论坛，2011（8）.

时分析了孔子道义论思想所具有的义利双修、公私兼顾、道义至上的特点。[①] 而张洪江则创新性地指出孔子的“仁”学体系中具有丰富的财富伦理思想。他认为孔子在义利并重思想的基础上提出了“君子爱财要取之有道”的财富创造观、“不患寡而患不均”的财富分配伦理观、“黜奢崇俭”并“合于礼”的财富消费伦理观。并认为孔子对财富伦理的这些思考对于构建社会主义市场经济的伦理道德体系具有现实意义。[②] 王林则从孔子义利观中发展出新的内涵，将之与幸福观联系在一起。认为孔子的“义”内含“仁”与“礼”两大因素，在外延上展开为“义德”、“义政”、“义利”三个方面。从幸福观的一般原则的看，孔子的义利观规定着幸福观的德性基调和现实品格，表现为重公利轻私利、重精神轻物欲的整体倾向，同时也客观地确定了功利的正当性。这种规定和确认是孔子在对现实生活的辩证分析中完成的。孔子的义利观探讨的不仅是道德与利益的关系问题，而且关乎理想人格的成就，“成人”意义上的义利观在内存和深层意义上确立了孔子德性幸福的基本原则。[③] 卢永凤则从社群主义的视角对孔子的后继者荀子的正义观进行了当代阐释，她首先指出社群主义自社群的经验出发，承认个人对其权利的追求，但否认自由主义“权利优先于善”的主张，强调社会公益的优先性。后对荀子的义利观进行分析，指出荀子的义利观是在承认“义利两有”的基础上，主张“以义制利”、“先义后利”，断“义”为经验的养成，而非先验的存有。所以认为荀子正义观有着社群主义的精蕴。[④]

除了对儒家学派的代表人物孔子及其荀子的研究外，先秦时期的道家、法家和墨家也一直是学者研究义利问题的重点学派。道家以其特殊的义利两弃思想吸引着学者对其进行研究。其中胡发贵与张洪江的角度有相似之处，他从老子对道的“生而弗有”、“道恒无欲”以及“天道损有余补不足”的特点描述出发，推导出老子主张寡欲、素朴、知足以及公平与

① 裴圣军. 孔子道义论思想浅析［J］. 湖北经济学院学报（人文社会科学版），2011（2）.

② 张洪江. 孔子财富伦理思想探微［J］. 学术论坛，2011（5）.

③ 王林. 义利·德性·成人——从“义利之辨”看孔子德性幸福观及理想人格的确立［J］. 道德与文明，2011（6）.

④ 卢永凤. 社群主义的视角：荀子正义观的当代阐释［J］. 道德与文明，2011（2）.

共享的财富观。认为老子的财富道德不仅富有“道法自然”的哲学智慧，而且洋溢着强烈的现实关怀，要求改善民生，抨击“朝甚除，田甚芜”的社会不公，展现出“心忧天下”的智者良知与批判精神。[①] 在义利问题上，法家凭借重利轻义的思想主张一直在伦理思想史上占有重要的一席之地。因此，王刚，黄琦对先秦法家的功利幸福论进行了较为系统的分析。他们认为先秦法家基于人的好利恶害的本性，提出人生的幸福就是自我利益的最大化和自我功利的实现。但幸福实现的途径不是个人利益的自由选择，而是要通过为国家建功立业来实现。法家功利幸福观的终极目的是为了维护和加强封建专制政权，使社会归于一统。先秦法家提倡“开公利而塞私门”，鼓吹专制君主可“操名利之柄”进行“牧民”。他们指出，尽管由于时代的局限法家功利幸福观其最终维护的只是封建君主一个人之利与幸福，但若进行扬弃，继承其幸福观所体现出来的积极服务社会的人生态度等思想就能够为创建和谐社会提供有益的借鉴。[②] 儒墨道法同为先秦时的显学，而学界一般将墨家划归为义利统一派，其义利思想自然也不可忽视。翟宇就对墨子贵义尚利的功利观进行了简要的梳理，认为兼相爱，交相利是墨子功利观的出发点，而推非乐，皆因利是墨子功利观因时而导的体现。同时，他指出墨子的功利观对于今天的精神文明建设和伦理道德建设具有重要的参考价值。[③]

对汉代思想家义利观研究的文章较少，其中何丽野借引董仲舒关于义利关系的经典论述“正其谊不谋其利，明其道不谋其功”与“正其道不谋其利，修其理不急其功”指出后人对董仲舒义利观的误解。他认为董仲舒是在两种不同的语境下出于不同的心态与目的而使用的这经典论述，但后人对董仲舒义利观的理解却仅基于字面意思。由此，他提出我们在进行中国哲学的研究过程中应该注重“语境”意识。[④]

（2）两宋时期

一般认为，两宋时期的义利之辨是义利问题讨论的第二次高潮。因

① 胡发贵．道恒无欲——略论老子财富道德［J］．社会科学战线，2011（10）．

② 王刚，黄琦．先秦法家功利幸福观略论［J］．学术交流，2011（1）．

③ 翟宇．贵义尚利：论墨子之功利观［J］．赤峰学院学报（汉文哲学社会科学版），2011（2）．

④ 何丽野．从语境看董仲舒义利观的一段学案——兼论中国思想史研究中的“语境意识”［J］．哲学研究，2011（2）．

此，对义利问题的研究断不可越过这一时期的思想。而在2011年，学者们对宋代义利问题的研究主要集中在对事功学派的关注上。

其中，李雪辰从总体上对宋代功利思潮的演进作了清晰的概括，比较全面地分析了宋代功利思潮初兴，发展以及衰落的原因，并指出其积极影响。他认为，宋代功利思潮伴随着北宋“通经达用”的学风而兴起，一度通过王安石的变法改革付诸实践，然而，王安石变法的失败，使宋代的功利思想没能在政治、经济领域产生更大的影响，荆公新学也逐渐走向衰落。南宋时期的浙东事功学派继而举起了功利思想的大旗，以陈亮、叶适等人为代表的事功学者倡言功利，公开批评空谈道德性命的义理之学，尤其是陈亮与朱熹的“王霸义利之辩”将宋代功利思潮的发展推向了高峰。之后，随着理学上升为官学和事功学派的衰落，宋代功利思潮逐渐式微。① 欧阳辉纯对王安石义利观进行了系统的分析。他指出，王安石对义与利内涵的界定突破了传统的理解，他的“义”，包括理财、富邦和利民三个方面，他的“利”也分为公利与私利。如此一来，既解决了公利和私利的矛盾又强调了先利后义和义利统一。② 而刘玉敏则对处于“元丰九先生”与郑伯熊、郑伯英及薛季宣之间的张九成的事功思想进行了研究。她认为，张九成在“道即日用”和道器不离的哲学基础上提倡的有用之学，惟实是务、不事虚饰博空的思想深深影响着永嘉事功学，在永嘉学派的形成中具有承上启下的开创性作用。③

与此同时，程嫩生、陈海燕则从则从汉语史的角度对中国书院，尤其是宋代书院教育中的义利之辨寄予关注。他们认为，朱熹、陆九渊、张栻等学者所主张并践履的书院应以道义教育为重任，不可堕入利薮的思想对于后代书院教育产生了重大影响，在使崇义抑利的思想在后世书院中薪火相传的同时也造就出了一批批以传播道德学术为职志的士人。④ 冯兵则对理学的集大成者朱熹的义利观进行了揭示，他认为朱熹的“义”与“利”是一种对立统一的辩证关系。因为朱熹的“义”为“心之制，事之宜”，

---

① 李雪辰. 论宋代功利思潮的演进［J］. 兰州学刊，2011（2）.
② 欧阳辉纯. 论王安石义利观的内涵［J］. 国学研究，总第455期.
③ 刘玉敏. 张九成的事功思想及其影响［J］. 浙江工业大学学报（社会科学版），2011（3）.
④ 程嫩生，陈海燕. 论中国书院教育中的义利之辨［J］. 青海社会科学，2011（5）.

并认为“善善恶恶为义”；其“利”则有“自然之利”与“贪欲之私”两个层面的涵义。在利的第一层含义上，义即利，两者是高度统一的；而在第二层含义上，义利的价值诉求存在着尖锐的冲突。①

对义利观的个案研究有助于深入把握某一思想家的思想，而先秦与两宋仍然是学者们的兴趣所在。对此，学者们论述较多，但许多仍停留在对古代思想家思想的简单梳理与介绍上。而对于汉唐思想家的思想研究较少，这一领域有待补充。

### 4. 比较研究

对义利观的比较研究主要是指中西对比以及不同古代思想家或学派的对比，学者们在这方面的研究略显薄弱。其中，简建平运用比较的视角对中西方“义利观”的演变路径进行分析。他指出，中西方“义利观”的起点基本相同，都是“重义轻利”、“整体利益高于个体利益”。但在演进过程中，西方发生了文艺复兴，使“整体主义”转变为“个体主义”、使“重义轻利”转变为“重利”和斯密的“义利统一”。而中国由于一直没有发生过像西方的文艺复兴，于是“整体主义”一直延续至今，官本论一直压抑着人性论，“重义轻利”一直是主流意识，直到新时期邓小平的“义利观”才打破这种约束，出现了“义利皆重”的统一的观点，使义利关系在动态上达到了统一。同时，传统的“整体主义”也向“集体主义与个体主义”相结合转化。② 而张豫从理想人格的角度对儒墨两派义利观进行了对比。他认为，儒家以“圣”为理想人格，而墨家思想则以“贤”为理想人格。这种差异促使两派分别以“义”和“利”为最高价值标准，最终导致儒墨两种思想的冲突。使墨家将“利”放在最高位置。但由于理想人格内在有可以结合的特性，所以在后世的发展中儒家“圣”吸纳墨家的“贤”形象而使得两种思想最终走向合流。③

---

① 冯兵.“义”“利”的对立统一——朱熹的义利观辨析［J］. 北华大学学报（社会科学版），2011（4）.

② 简建平. 凝固与嬗变：中西方“义利观”演变路径比较分析［J］. 贵州财经学院学报，2011（3）.

③ 张豫. 从理想人格角度审视先秦儒墨义利之辨［J］. 社科纵横，2011（8）.

### 5. 义利观的意义

2011年学者们对义利观的研究已不仅仅局限在对义利观本意的层面上，而是别开生面的从义利观中挖掘出新的内涵，并对义利观对于人的意义进行了初步探索。

皮伟兵、焦莹就认为虽然义重利轻、义主导利、重义而兼顾利是先秦儒家义利观的基本内涵与价值追求，但对先秦义利观的正确解读不能停留在重义轻利的传统判断和简单理解上。相反，应该把它放在先秦儒家的伦理思想体系中去理解，尤其应放到先秦儒生所主张的人生目的和政治理想中去考察。因此，他们认为如果从政治伦理的视野来考量，则先秦儒家所倡导的义利观反映的是一种积极的政治伦理追求。① 涂可国则从儒家的义德中看到了促进人道德发展的积极因素。他指出，包含合理适宜、普遍规范和去私从公三大方面的“义”德思想对于人的道德发展具有导向、激励、培育等多方面的作用，有助于培养人的义务感、正义感和道义感。因此，现今应在道德场合大力倡导重义轻利的价值观。② 赵国付则从义利之辨的视角下推导出道德义务与幸福所具有的功利型、义务型、双弃型和兼顾型4种关系，并提出建设和谐社会应用全新的观念去理解道德义务与幸福的关系，促进二者的和谐。③ 朱贻庭更是从超越的意义上阐述了儒道思想的精髓及其对现代人摆脱因被物质主义、拜金主义、享乐主义所役而陷于的精神桎梏所具有的重要人文启迪。他指出，荀子的“重已役物”和庄子的“物物而不物于物”，集中地概括了儒道的“超越”思想和“超越”精神。荀庄认为的人应该正确对待自己的功利追求，“重已役物”、求利而不为功利所役，不应成为功利的“心奴”、“不物于物”的思想包含着相当深刻的哲学智慧和人文精神，于今功利至上的现代社会具有重要意义。④ 重新挖掘儒家义利观内涵的学者甚多，但也不乏批判儒家义利观在现代社会所具有的价值的学者。薛睿就对儒家义利观进行了多纬度的反思，对其

---

① 皮伟兵，焦莹．先秦儒家义利观新探［J］．伦理学研究，2011（6）．

② 涂可国．儒家义德与人的道德发展［J］．中共济南市委党校学报，2011（1）．

③ 赵国付．义利之辨视阈下的道德义务与幸福［J］．河南工业大学学报（社会科学版），2011（1）．

④ 朱贻庭．论儒道对世俗功利的超越精神［J］．道德与文明，2011（1）．

在当代社会的意义进行了质疑。她认为，儒家义利观是在其对天人关系的理解和把握基础上产生的，注重精神生活、道德情操的追求而轻视物质享受；同时儒家把这作为解决政治问题的办法，主张抵制私欲甚至禁欲来消融社会矛盾冲突。这些观点在现代社会秩序的维系上都有着消极和不现实的因素。①

综观 2011 年，学者们或是探讨义利元问题，或是深入梳理思想，或是采用比较视角，或是挖掘义利新内涵，试图从不同纬度对义利观进行研究以取得新的突破。

## 五、近现代伦理思想

就既有的研究文献来看，对中国近现代伦理思想的研究主要包括对近代伦理思想（主要是戊戌维新时期和辛亥革命时期伦理思想）的研究和对现代新儒家的研究。有对某个思想家的某一问题的专门研究，也有从整体上对近现代某个伦理道德问题的专门探讨，这里我们把它们分开总结。由此将 2011 年学者对近现代伦理思想的研究分成四个部分。

### 1. 戊戌维新时期

对戊戌维新时期伦理思想的研究主要集中在康有为、梁启超、谭嗣同、严复等人（尤其是梁启超和严复）上，既有他们的单个研究，也有他们思想中某个问题的联系研究（主要是自由平等），下文分开来考察。

（1）自由平等

高瑞泉指出了近代平等观念嬗变的两条路向，一为梁启超、严复的早期自由主义，一为康有为、谭嗣同的激进的平等主义。而他的两篇文章②分别解读和论述了这两种路向。他指出康有为不仅将儒、释、道和基督教关于平等的玄谈引向现实的规范，而且将农民“均贫富”的诉求转变为具

① 薛睿. 儒家义利观的当代困境及其反思［J］. 思想政治工作研究，2011（7）.

② 高瑞泉. 早期自由主义视域中的平等——以梁启超、严复为中心的考察［J］. 上海师范大学学报（哲学社会科学版），2011（6）；平等主义的纲领及其衍绎：《大同书》《仁学》的一种解读［J］. 社会科学，2011（11）.

有社会主义色彩的经济平等，全面平等不但具有普遍主义的特征，而且明显优先于自由，谭嗣同《仁学》则更多地表达了为平等诉求作哲学论证的尝试，谭嗣同的平等主义在实践上比康有为更加激进，使得一种原本具有抗议性甚至颠覆性的思想呈现为激进主义的典型形态。而梁启超和严复与他们有诸多不同，他们主要依靠外来观念与对现代社会生活的直观体验获得平等意识的觉醒，同时借助传统观念的“变形”来建构新的社会规范，以自由为中心，坚持自由对于平等的优先性，且更多地关注政治平等和机会平等。

魏义霞则探讨了梁启超和严复自由思想中的一个悖论，从强调个人自由不得侵犯国群自由开始到个人为了国群放弃自身的自由权利。她分析指出，梁、严二人是借助社会有机体论来论证自由思想的，二人自由思想中的这个悖论真实再现了中国近代社会的两难选择，而这种两难选择与中国近代民族与民主的双重历史使命相关。①

（2）梁启超

梁启超的新民伦理比较受关注。吴宁宁、许建良总结梁启超理想人格论时提出，“新民”是理想人格的核心思想，关于“新民”的人格论成为思考理想人格问题的出发点。此外，梁启超赋予理想人格以丰富的内涵，指出理想的人格是神格与兽格合一，理想人格所要完成的终极目的是个人人格和社会普遍人格的双重实现，达至个人人格尽性发展和社会人格共同向上的理想境界。② 另外，吴宁宁解读了梁启超由“公德”到“私德”的思想矛盾的困境，指出其由公德到私德前后思想不一致的矛盾主要有两大原因：其一是特定的历史现实和思想冲击，其二是在如何培养公德上，试图以“外推”的方式经由私德培养塑造国民公德，促使梁启超在后来特别强调私德价值和作用，而这一原因是梁启超思想矛盾的根本原因所在。③

（3）严复

徐曼对严复的伦理思想进行了总结介绍，从进化伦理观、自由平等伦

---

① 魏义霞. 中国近代自由的悖论——从严复、梁启超的自由思想谈起［J］. 理论探索，2011（5）.

② 吴宁宁，许建良. 梁启超的理想人格论探析［J］. 求索，2011（1）.

③ 吴宁宁. 梁启超由“公德”到“私德”的思想矛盾困境解［J］. 东南大学学报（哲学社会科学版）2011（2）.

理观、“开明自营”、“背苦趋乐”伦理观三个方面进行了论述，并对其伦理思想进行了高度评价评价。认为他为中国伦理学输入了一套新的世界观、方法论，新的思维方式、价值观念，为正在转化中的传统伦理道德输入了新的血液，对20世纪中国伦理学的建构产生了根本的影响，具有重要的伦理启蒙意义。① 王中江探讨了严复科学、进化视域下的天人观，认为严复过滤掉了中国古代“天”观念的神性，从自然和必然两方面把握“天”，并把其中的“自然性”引向一个新的高度，不仅是中国的“天”高度自然化，而且也将与之相对的人和社会“自然化”了。②

此外，钱善刚探究了谭嗣同在本体维度下对传统纲常的批判和伦理秩序的重构，以及批判背后实践中的对亲情的守护。③

### 2. 辛亥革命时期

2011年学者对这一时期的伦理思想研究较少。首先是学者们对这一时期道德革命的关注。张锡勤论述了近代道德革命在辛亥革命时期的深入，认为这一革命的深入表现在三个方面：提出“三纲革命”，使人们将斗争的矛头更集中地指向三纲；将自由、平等、博爱定为新道德的精神、原则，使近代道德革命的方向更为明确；对利己主义有所批评、矫正，对近代道德革命向健康方向发展起了引领作用，其积极意义值得重视。④ 李育民、龚雅丽则从总体上分析总结了辛亥时期革命伦理观，从它对传统伦理政治的否定、革命的合理性和国民道德的建构三个方面加以论述，并认为它极大地推进了中国的伦理革命，是传统伦理向现代伦理发展历程中的一个重要环节。⑤

陈钧力图从新的角度探究孙中山经济主张的伦理动因和价值导向，分别从生产总过程中的四个领域即生产、分配、交换、消费领域进行了探讨。⑥ 迟云飞介绍了宋教仁的严明学及伦理学研究。指出宋教仁的王学是

---

① 徐曼．严复伦理思想探析［J］．理论月刊，2011（5）．

② 王中江．严复的科学、进化视域与自然化的“天人观”［J］．文史哲，2011（1）．

③ 钱善刚．本体维度下的伦理突破与亲情守护——谭嗣同思想片论［J］．河南师范大学学报，2011（5）．

④ 张锡勤．论近代“道德革命”在辛亥革命时期的深入［J］．伦理学研究，2011（5）．

⑤ 李育民，龚雅丽．辛亥时期的革命伦理观探析［J］．伦理学研究，2011（5）．

⑥ 陈钧．孙中山论经济运行过程中的伦理问题［J］．学习与实践，2011（9）．

彰显、强调和张扬个性、自我，强调主观和个人意志的重要，及“心物”并重与“心物合一”，而宋教仁研究王学的重要着眼点是道德修养，并把推动社会进步、建设现代国家、培育现代国民纳入到他的道德体系中。①

此外，陈芳介绍了民国初年阎锡山的伦理道德观，梳理了阎锡山伦理道德观的主要内涵、践履特点、思想来源及影响，并对其进行了简单评价。②

### 3. 其他研究

潘攀对近代道德生活的新动向进行了考察和总结，认为近代在婚姻目的、婚恋模式、结婚习俗、婚姻形态、夫妻关系等方面都有了新动向，展示出新兴的婚姻道德观念和婚姻道德风貌。③ 王刚、陈彦君分析指出，在中国近代社会背景下，中国人的价值观、幸福观发生改变，一些思想家以批判纲常名教为开端，以提倡自由、平等为前提，逐步形成了带有西方功利主义倾向的求乐免苦思想，进而以自然人性论为理论前提，形成了注重利群且倾向合理利己的求乐免苦幸福观。④ 赵璐、白俐论述了中国近代义利价值观的演变和特点，指出近代义利价值观的演变分为四个时期：鸦片战争时期主张以义生利，兴利除弊；洋务运动时期主张重义兴利，利国利民；维新运动时期主张义利并重，义利和谐；辛亥革命时期主张义利统一，建立革命道德。中国近代义利价值观是对传统道德的继承与发展，呈现多元发展的趋势，贯穿着强烈的救亡意识。⑤

此外，吴争春总结了辜鸿铭女性伦理思想的主要内容，并分析了其合理内涵和局限性。⑥ 王兴国从近代湖湘学者对封建主义伦理思想的批判、西方伦理思想在湖南的传播、近代湘人对传统道德范畴的现代转换等方面对近代湖湘伦理思想的变迁进行了分析和总结。⑦

---

① 迟云飞. 宋教仁的阳明学及伦理学研究［J］. 中国文化研究，2011（冬之卷）.

② 陈芳. 试析民国初年阎锡山的伦理道德观［J］. 晋阳学刊，2011（1）.

③ 潘攀. 近代婚姻道德生活的新动向［J］. 伦理学研究，2011（6）.

④ 王刚，陈彦君. 近代求乐免苦幸福观浅论［J］. 前沿，2011（10）.

⑤ 赵璐，白俐. 论中国近代义利价值观的演变及特点［J］. 西北大学学报（哲学社会科学版），2011（1）.

⑥ 吴争春. 论辜鸿铭的女性伦理思想［J］. 伦理学研究，2011（5）.

⑦ 王兴国. 近代湖湘伦理思想的变迁［J］. 伦理学研究，2011（2）.

### 4. 现代新儒家及其他

学界对现代伦理思想的研究主要集中在现代新儒家。在现代民主社会下重新诠释传统儒家伦理，挖掘其在当代的价值，重建当代社会是现代新儒家的一大课题，学者们选取不同的具体问题对现代新儒家的这一路向进行了研究。

翟奎凤从《乾坤衍》出发，分析了熊十力对孔子“乾元统天”思想的重新解读。他指出，在《乾坤衍》中，熊十力通过对乾坤两卦彖辞的解释进一步阐发了其体用不二、心物一元、心为物主的思想，熊十力认为乾坤两卦的彖辞最集中体现了晚年孔子大道儒学的内圣外王之道，孔子以“乾元统天”的思想颠覆了先民对帝天神道的迷思，把人从神那里解放出来，确立了性命自主、自由独立的人性自觉和以刚健、中正、纯粹、精诚等乾元精神为主导的个体修身原则；导出了中国古代选贤举能、民主大同、天下为公等进步社会理想。[①] 周祥林、沈志荣指出，梁漱溟的乡村建设运动是其道德理想的直接践履，更是其复兴中国、推贤治国政治伦理思想的现实表达，他们分析了梁漱溟乡村建设中的政治伦理思想，指出梁漱溟认为要实现中国政治的复兴与强大，必须建立政教合一的政治体制，并充分发挥知识分子的作用，实现知识分子与农民的结合。[②] 张克政探讨了冯友兰功利境界与道德境界的贯通，认为冯友兰功利境界与道德境界的本质区别在于两种境界中人的义利观与群己观不同，但这并不妨碍两种境界的贯通。从义利观看，“为谁之利”是两种境界相贯通的可能性所在；从群己观看，两种境界中人群己观的不同和对立并不影响人生境界由功利境界向道德境界的提升。功利境界与道德境界是可以贯通的，逾越与贯通的可能就在人性的完善之中。[③]

牟宗三以儒家无限智心来解决康德圆善难题，以存有论解说道德幸福，杨泽波对此提出质疑，他指出道德幸福并非主要来自于存有论的赋

---

① 翟奎凤．乾元统天：孔子对帝天神道的革命——读熊十力《乾坤衍》［J］．江海学刊，2011（5）．

② 周祥林，沈志荣．论梁漱溟乡村建设中的政治伦理思想［J］．伦理学研究，2011（2）．

③ 张克政．论冯友兰功利境界与道德境界之贯通——兼与陈晓平先生商榷［J］．河南科技大学学报，2011（1）．

予，而是成就道德的内在要求得到满足的结果，应该以“满足说”来说明道德幸福的生成机理，这样可以深入道德幸福的内部，找到道德幸福最深刻的原因。① 王守雪则指出，现代新儒学以弘扬中国文化为己任，然而对传统孝道思想的研究较为薄弱，具有一定误解。徐复观对《孝经》成书的考证及其自我纠正，包含了重要的学术思想史信息；但对《孝经》“中于事君”的批评，失之于简单化，没有真正揭示出其积极的历史意义。②

此外，有学者也对张岱年的伦理思想进行了研究。迟成勇对张岱年关于中国传统伦理学说的八个基本问题的研究进行了阐介，③ 并对张岱年早期的新道德观进行了介绍，认为张岱年的新道德观立足于现实生活，是对以儒家伦理为主题的传统道德批判的继承与创造性超越。④ 也有学者对费孝通的《乡土中国》进行了研究，分析了“乡土中国”的内涵及其道德调解原则，并认为“乡土中国”背后的伦理价值体系是以儒家义理为主题的传统社会意识形态，理解“乡土中国”是理解中国传统伦理的钥匙。⑤

综观2011年，学者们对中国近现代伦理思想的研究，主要集中在戊戌维新时期思想家、辛亥革命时期思想家以及现代新儒家，除此之外也有对张岱年等人的思想研究，对近代幸福观义利价值观等的研究。大部分研究仍然属于介绍和概括性的，但仍然打开了我们了解近现代伦理思想的窗口，也在一定程度上为后来研究者开辟了道路。

## 六、传统道德教育与道德修养

分析总结2011年的相关资料，可看到虽然有些学者对于道家等的道德修养功夫也有讨论，但鉴于其影响远不及儒家的道德修养论，故本文主要

① 杨泽波.“赋予说”还是“满足说”——牟宗三以存有论解说道德幸福质疑［J］.河北学刊，2011（1）.

② 王守雪.论徐复观对中国孝道思想的阐释及自我纠正［J］.湖北师范学院学报（哲学社会科学版），2011（5）.

③ 迟成勇.张岱年对中国传统伦理学说基本问题的研究［J］.贵州大学学报（社会科学版），2011（4）.

④ 迟成勇.论张岱年早期的新道德观［J］.理论与现代化，2011（2）.

⑤ 欧阳辉纯.伦理学视野中的“乡土中国”——以费孝通的《乡土中国》为中心［J］.理论月刊，2011（12）.

就儒家的道德教育与道德修养功夫进行总结讨论。

注重个体品德培育是中国古代道德教育的特点，儒家为古代个体品德培育提供的价值目标是理想人格，而理想人格的基本内涵又是由仁、义、礼、智、孝悌等基本道德规范所规定的。理想人格这一价值目标的实现首先基于道德教育所达到的个体道德自觉，同时又离不开道德规范内化为个体的道德意识并外化为惯常道德行为的双向过程。① 学习外在的道德规范就是接受道德教育，把外在道德规范内化为自身的行为准则就是提高道德修养。所以，道德教育和道德修养是相辅相成的，进行道德教育归根结底也是为了提高道德修养。那么，道德教育与道德修养何以可能呢？

### 1. 道德教化的可能性与必要性

学者们从身心和谐的角度探讨了这个问题，有学者指出：儒家认为身是人的欲望的承载者，是一种非道德性存在，是恶之根源；心是人之自然情感的载体，是人的道德的来源，是人之所以为人的本质规定。心作为人之道德性存在，主宰着身，身心是一体不分与相互转化的关系。儒家的身心观论证了道德修养的必要性与可能性。修身的过程就是不断地克服身的非道德性因素对道德之心的遮蔽。通过对“身”的调控与心的涵养使身心趋于一致，实现人之所以为人的自我设定，完成人的自我实现。修身是自我实现的手段和前提，自我实现是修身的最终目的和必然结果。②

另外，有学者指出，两宋士大夫主体精神的崛起，建立了以自我为起点的身心之学。宋儒面临社会关切、个体安顿如何统一的难题，故而其身心之学包含着道德修养与个体生存双重涵义。宋代士大夫努力将个体身心与性理连接，是为了化解必然面临的社会关怀与个体安顿、忧患意识与从容安乐的矛盾，最终达到忧乐圆融之境。③ 道德教育与道德修养成为他们的必然选择。

---

① 陈晓龙，赵兴虎. 古代个体品德培育的价值目标及实现理路［J］. 甘肃社会科学，2011（5）.

② 吴凡明. 先秦儒家身心观及其道德修养论［J］. 江西社会科学，2011（1）.

③ 朱汉民. 宋儒身心之学的双重关怀［J］. 中国哲学史，2011（3）.

## 2. 道德教育与修养功夫

道德原则通过道德教育内化为个人的修养功夫，产生道德意志，从而促使人进行道德实践。道德意志在个体德性的养成中是连接道德内在心理与外在行为的关键环节。道德意志一旦形成，在个体道德行为选择以及人格完善中，就成为道德自律精神的强大动力和调控力量。传统儒家伦理具有较为完备的道德意志理论，提出了志立善道的价值导引、正心诚意的心性修养、躬行践履的实践锻炼、抗危乐道的困境磨砺、持之以恒的习惯养成等修养方法。① 学者们从各个角度对道德教育与修养功夫问题进行了研究讨论。

有不少学者以道德教育的经典书籍为出发点，对道德修养问题进行了阐述。有学者指出，《周易》是一部教人寡过向善之书，充满了实践理性的智慧。它强调主体通过主动的德性修养来获得事业的成功，在“崇德”与“广业”之间建立合理的联系，阐发了成功靠人而不是靠神的唯物主义观点，显发了人的主体性精神。对德性修养要有敬畏之心和尊重之意，并持之以恒，常德长行。“三陈九卦”为德性修养提供了一个以易卦为指导的模型，阐发了德性修养的依据、途径、功用和价值等方面的道理。② 也有学者认为，《易传》是儒家的一部道德形而上学与道德修养方法论的经典，它真正感兴趣的问题是，“如何作为一个真正有智慧和能力的人生活于天地之间?”从这个意义上讲，论者认为《易传》中包含了儒家的一种以伦理化的世界观和道德修养体验为核心的“元教育”思想。这种“元教育”着眼于“人与天地精神相往来”的人生体验，它不同于作为文化内部传承过程的言传身教的“教育”，而是一种指向语言之外的形上之思、道德信仰及其实践智慧的自我修养过程，一种超越了语言的“不言之教”。③ 与此同时，也有学者研究了《大学衍义》。他指出《大学衍义》是南宋名儒真德秀对《大学》义理的发挥之作。全书以提升个人修养为中心，成就

① 沈永福. 论传统儒家道德意志的修养方法 [J]. 道德与文明，2011 (6).

② 张文俊. 德性智慧的开启:《周易》德性修养论探讨 [J]. 南昌航空大学学报（社会科学版），2011 (1).

③ 杨柳新. 不言之教——《易经》中的儒家道德修养思想 [J]. 人文杂志，2011 (2).

理想人格为指向。真德秀将对宇宙和人本质的思考、对修身目标、方法的总结和对修身所达境界的体悟等问题融会贯通，并采用传统儒学的太极、理、性、孝、礼、乐、敬、诚等范畴填充了《大学》的“间架”，经史互证来论证为何修身，如何修身，以及修身所达的境界等问题。《大学衍义》博采众家之长，在此基础上形成了一套完整的修身思想体系。《大学衍义》充实完善了中国传统文化注重个人修养的思想，所以深受统治者和儒者的推崇，而引导了一代学风。①

也有很多学者以某一哲学家的道德教育与修养观为出发点进行研究。有的学者对孔子进行了研究，认为孔子伦理学的体系是以“德行”为主导框架的，体现了古代中国伦理学“心行合一”的立场，不离开行而去谈心，不离开行为去谈德性，不离开行为谈做人，总是倾向于把两者联系起来讨论。其次，他认为孔子关注整体人格的目标，并以“君子”作为理想人格。第三，孔子伦理学中最重要的道德概念“仁”，不仅是一个道德德目，而且是一普遍原则，是道德修养中必须坚持的原则。② 孔子更倾向于道德修养在实践中的提高。

有学者研究了孟子的修养观，指出孟子的道德修养思想以性善的设定为基础，道德修养的目标——理想人格，并提出了许多自我修养方法，如存心、尽心、求放心、养气等，同时还探讨了环境和社会教化在道德修养中的重要作用。孟子的道德修养思想体现了我国先秦时期的基本文化特征和价值标准。经过孟子的发展，儒家道德修养思想得到进一步深化。③ 也有学者试图突破传统上对孟子不动心境界的认知主义解释框架，而在道德-生存论立场上加以重释。指出不动心的意蕴，就是经由自身的切己行动、具体行事，在心物关系与群己关系上，处身整体之中而自为持守。换句话说，即主体经由自身的切己行动，通过成就自身为一个真正的人而为所有人之所以为人进行担当（既是使本然一气的世界成为“人”的世界，也是使相与为群的这个群体成为“人”的群体）。④

① 王连冬.《大学衍义》的修身思想探析［J］. 学习与实践，2011（6）.

② 陈来.《论语》的德行伦理体系［M］. 清华大学学报（哲学社会科学版），2011（1）.

③ 马晓颖. 孟子道德修养思想探析［J］. 国学研究，第451期.

④ 郭美华. 境界的整体性及其展开——孟子“不动心”的意蕴重析［J］. 中国哲学史，2011（3）.

有的学者研究了荀子的道德修养观，认为在荀子的道德世界观中，身与心、欲与礼、德与伦始终处于内在的冲突之中，由于身性所具有的外在的倾向与外在的礼仪的实体分离与紧张，使荀子不同于孟子的心性之养，更不同于庄子以齐致和的成德之维，其修养的价值旨归在于成就德性自我，在礼义规范的认同、体验中确立个体人格的道德主体地位，而把外在的约束转化为内心的道德自觉，其基本原理是以心为知性主体通过辨、分的方式而识人心之蔽，而解蔽的过程意味着心能识道并积累经验不断地改造人的情性，产生正确的道德判断，作出适合的道德抉择，是与行、积、渐相始终的不断矫情化性、复反其初的德性自我迁化，是与外界的圣人人格境界为目标并在伪的道德实践中淬炼情性、化民成德的人格的自我提升和自我完善。① 有的学者认为，荀子之“学”主要为道德之“学”。道德之“学”所遵循的是由知——学——智的路线，“知”通过“学”而成为具有道德价值的“智”。学与思二者之间，学为主；学与行二者之间，行为重；学、积和化三者循序渐进，共同构成达致圣人境界的方法。② 也有学者对孟子与荀子的人生修养论进行了比较，通过比较发现，虽然两者人生修养的理论基础、修养中的方法和侧重点有所不同，但所设立的理想人格、修养的目标和内容都是一致的，这充分显示了儒家重视道德修养并推而广之的人生修养理论共性。③

有的学者研究讨论了杨时的道德修养论，认为杨时的哲学思想核心在“中庸”思想，杨时“中庸”思想以天理为超越的形上根据，认为，天命即性即理且完备于物我，而且是涵盖了一切儒家德目的“德性”之体（也即是“诚”），成就“德性”之过程和行为之道则是“诚意”。他以天人一体的思维模式对儒家道德作形上思辨，不仅确立了儒家道德的必要性、可为性、自律性，而且由此进发凸显儒家道德修养以“诚意”为根本。④ 有的学者认为杨时重视个人修养，他的道德修养观有丰富的内涵。他主张革去“胜心”、循“天理”，求诸自身内心之“诚”，并通过“精一之功”

---

① 陈光连．论荀子德性自我价值实现层次的三重建构［J］．新疆社会科学，2011（2）．
② 陈默，王汉礼．荀子论学［J］．国学研究，2011（2）．
③ 方琳．孟子与荀子人生修养论比较［J］．南都学坛，2011（1）．
④ 包佳道．杨时“中庸”的道德形上论［J］．学习与实践，2011（3）．

来体验道心，遵循天理之善来致养平和之气，通过“居敬”的工夫，在坚守道统的同时不断探索、求疑，最终实现个人道德修养的提高和儒家文化的承传。①

有的学者研究了朱熹的功夫论，认为朱熹“敬论”既继承了程颐主敬说，而又有全面的理论整合及发挥，是其整个理学思想的重要一环。朱熹由其“心是做功夫处”的心论立场出发，极力反对在心的操舍存亡的功夫论问题上预设“另有心之本体”的前提，与此相应，其主敬功夫也就不是道德本心的直接发动，而是对心的知觉意识等各种功能的控制调整，其云“敬只是此心自做主宰处”、“以敬为主而心自存”、“将个敬字收敛个身心”、都是在这个意义上说的。然朱熹主敬自有一套理路，其核心关怀在于如何解决现实人心的障蔽问题，未尝不是儒学功夫论的一种理论形态。②

有的学者研究了张履祥的道德修养论，他指出，作为对晚明王学的反动，清初理学家张履祥的学术侧重于道德修养的具体实践工夫，继承朱子“居敬穷理”而突出“敬”；继承孔子“博文约礼”而突出“礼”；又继承二程“敬义夹持”以强调“主敬”与“约礼”的内外结合。这两者又表现为“从主静到主敬”、“从穷理到约礼”两方面的工夫论转向，“主敬”则以天理为内在修养之依据，“约礼”则以礼义为日常处事之准绳，二者相辅相成，落实于人伦日用，从而凸显其理学的实践性。③

更有学者对自孔子以来直至宋明理学的儒家主要道德思想加以一番梳理，发现了敬畏之于儒家道德传统的重要意义。他认为对于道德的敬畏之情始终贯穿于中国古代儒家的道德传统之中。树立对于道德的敬畏，对于更好地促进道德自我修养、追求完善人格将大有裨益。④

道德修养问题一直以来都是伦理学关注的重要话题，儒家修养论是中华民族精神与信仰的核心，它包括仁、义、礼、智、信、忠的基本品格、“三纲”、“八目”的修养境界和中庸与知行统一的个性培育。儒家通过正心、内省、慎独、博学、养身、礼乐以及外在教化来培养健全的人格。结

① 王治伟，朱人求. 杨时道德修养观探微［J］. 学习与实践，2011（4）.

② 吴震. 略论朱熹“敬论”［J］. 湖南大学学报（社会科学版），2011（1）.

③ 肖永明，张天杰. 清初理学转向与张履祥“敬义夹持”的道德修养工夫［J］. 伦理学研究，2011（6）.

④ 吴凌鸥. 儒家道德传统中的敬畏思想［J］. 牡丹江大学学报，2011（11）.

合社会引导，对儒家的修养方式进行创造性转化，对于道德教育的更好发展和和谐社会的构建都具有积极的意义。① 道德修养的价值就在于成就德性自我，在礼义规范的认同、体验中确立个体的道德主体地位，从而将外在的礼义约束转化为内心的道德自觉，进而成就理想人格，达到道德境界。② 我们在今后的研究中有必要在更高更深的层面上展开对道德修养的审视。

## 七、传统政治伦理

在2011年对中国传统政治伦理丰富而各具特色的研究中，既有学者探究赋税民生问题，也有学者对各家代表人物或代表性著作进行专门研究，时间维度从周朝一直跨越到清朝，囊括儒家、道家、法家、佛教等各家的理论、文献及其代表人物。这些研究反映和折射的都是当时的理论思想，在此按照时代来综述。以下将这些研究按照朝代梳理成周朝、先秦时期、宋明时期和整个中国古代四部分。

### 1. 周朝政治伦理思想

（1）有学者对周朝政治伦理思想的源起进行了专门的研究，可以发现周初统治者所推行的蕴涵伦理道德精神的分封制、宗法制、礼制，是在总结夏、商两代灭亡的历史教训基础上形成的“周人为政之精髓”。“周之制度典礼，乃道德之器械”这一历史定位凸显了西周政治与伦理的有机契合，围绕“帝观”、“政权”、“君德”、“天命”主线而展开的政权革命，缔造了西周政治伦理思想的源头。③

（2）就周朝的政治伦理结构，王兴尚对周人以“德性”为核心的德性伦理结构进行了考察，总结道：周人德性伦理的前提是对“天德”的信仰，主体本质是“明德”，要求的结果是“盛德大业”。宗教中至上神“天”与祖先神的分离，在伦理上表现为公德之“德”与私德之“孝”的分离，使得周人的德性理论突破了血缘关系的范围，成为天下邦国联盟的

---

① 安尊华. 儒家修养论与心态和谐的构建［J］. 贵州社会科学，2011（12）.
② 王苏，傅永聚. “礼”的道德意蕴［J］. 管子学刊，2011（3）.
③ 付传. 西周政治伦理思想源起研究［J］. 黑龙江社会科学，2011（4）.

公共伦理规范。①

（3）周公所作《周易》是周朝的代表性著作，郑万耕在研究《周易》基本理论的基础上发现，《周易》不仅继承和阐发先贤思想，并且提出了“保合太和”的最高价值理想，而且试图将其付诸实践，所提出的许多理论原则和具体要求，仍然具有强烈的现实意义和重要价值。②

综上所述，周人对“天命”与“德”的观念所进行的比较清醒的理性意蕴的思隼，为其治政提供了强大的精神动力，也为其励精图治所依托的以礼乐为精髓的典章制度的理性建构，提供了较为明确的理论支撑。

## 2. 先秦政治伦理思想

相较于周朝政治伦理思想，先秦各家所遗留下来的光辉灿烂、浩如烟海的思想吸引了更多的学者。

（1）在政治伦理这一话语体系下，学者关注到一个重要问题——赋税。针对这个问题，姚轩鸽对整个先秦赋税伦理思想的本质内涵进行了总结，认为其共同特征是：主张国家最高赋税权力应该全部由君主一个人独掌。并批判道：先秦赋税伦理是一种极为片面、主观、恶劣的，背离了赋税道德终极目的的赋税伦理观，其价值取向奠定了中国几千年专制赋税制的伦理价值基础。③ 关健英认为儒家从德治主义的角度主张薄赋敛，他们关于税赋的目的、税率的标准等问题的讨论已经溢出了经济的范畴，而上升到了治国之道的高度，蕴含着浓郁的民生关怀，具有政治道德的意蕴。④

（2）“民生”概念随着十六大、十七大的召开深入人心，民生问题已经成为社会关注的焦点。对于这个词的话语源头，程潮和张金兰对先秦“民生”概念与“民生”思想进行了探索，早在尧舜禹时代，就产生了“政在养民”和“正德、利用、厚生”的观念。他们通过对典籍的分析和解读，探索了“民生”概念的提出、“民生”概念下的民生意识、“民生”

① 王兴尚. 论周人的德性伦理［J］. 伦理学研究，2011（2）.

② 郑万耕.《周易》的“太和”理念及和谐社会建构［J］. 北京师范大学学报（社会科学版），2011（5）

③ 姚轩鸽. 先秦赋税伦理思想的本质内涵及其批判［J］. 阴山学刊，2011（5）.

④ 关健英. 税赋、民生与政治道德［J］. 伦理学研究，2011（6）.

概念外的民生思想和民生意识下的二元民生等四个问题。[①]

（3）在对儒家政治伦理思想的研究中，因内容庞杂，将其分为先秦儒家思想、孔子思想、专著及总论四部分来综述。

①陈宗章对先秦儒家“教化”思想的本质进行了辨析。他认为儒家教化思想反映了道德性与政治性的契合，对于先秦儒家而言，“道德的政治”即“政治道德化”才是其教化思想存在和发展的内在依据。[②] 陈继红探讨了先秦儒家“四民”说，认为先秦儒家以“四民”之等级分殊作为以等级为特征的秩序模式的内在价值支撑，使“四民”说具有了浓重的政治伦理意蕴，对在“四民”之伦理分殊中隐含的共同的伦理义务：“尽分守职”的认同与遵奉不但使“四民”之伦理分殊得以强化，更进一步对政治秩序构建达成支持。[③] 杜崙对儒家“仁学”体系进行了概述，从“仁”产生的历史背景和历史意义、“仁”的本质（爱人、忠、恕）、君子论、性善论和天命观几个方面入手，简述“仁学”体系的基本内容并揭示其相互间的逻辑联系，认为“仁学”既包含心性之学也包含政治儒学，既是价值体系也是信仰体系。[④]

②另有三位学者分别对孔子的“为政之道”、“君子学”、“正名主张”进行了研究。黄琛就《论语》中的“为政之道”进行了研究。“为政以德”成为几千年来中国传统政治的重要特征，她说，孔子认为以道德和礼教来治理这个国家才是最高尚的治国之道。[⑤] 黎红雷对孔子的“君子学”进行了探析。他首先回归“君子”的原初含义，强调“位”与“德”的结合，揭示孔子“君子学”的真实意蕴，进而探讨君子之“德”，并立足于君子之“政”，从仁义礼智信“五常德”的角度，展开儒家的“德政”思想。[⑥] 陈学凯探究了孔子“正名”主张的思想意蕴：政治、伦理、道德的统一。他从孔子“正名”主张的政治初衷，“正名”与修身、齐家、治

---

① 程潮，张金兰．先秦民生概念与民生思想初探［J］．现代哲学，2011（6）．

② 陈宗章．“道德的政治”抑或“政治的道德”［J］．河南师范大学学报（哲学社会科学版）2011（11）．

③ 陈继红．职业分层·伦理分殊·秩序构建——论先秦儒家“四民”说的政治伦理意蕴［J］．伦理学研究，2011（5）．

④ 杜崙．“仁学”体系概述［J］．中国哲学史，2011（2）．

⑤ 黄琛．《论语》中的“为政之道”［J］．中共贵州省委党校学报，2011（2）．

⑥ 黎红雷．孔子“君子学”发微［J］．中山大学学报（社会科学版），2011（1）．

国、平天下的关系，“正名”主张的政治思想意义，三点进行论证。①

③阮航对《大学》“家国同构”思想中“修齐治平”进行了一种政治治理途径的解读。他认为，“齐家在修身”是“家国同构”的道德情感基础；“治国在齐家”表明了“家国同构”的基本内容，即伦理理论上“家国同理”、社会观上“家国一体”、在政治生活中以“大家”为重、以“恕道”为行为指导，是“家国同构”的社会哲学观；“平天下在治国”则突出了“家国同构”的文化含义。②

④王易将儒家国家关系伦理思想总结为五点基本精神：主张道义优先，反对唯利是图；主张以和为贵，反对攻战杀戮；主张尊重平等，反对强制压迫；主张以德服人的王道，反对以力服人的霸道；主张诚信立国，反对权谋欺诈。③ 而曾维政对先秦儒家的政治伦理进行了总的概括，认为仁爱万物之心、王道仁政之行、内圣外王之品，是先秦儒家政治伦理理念的核心内涵。④

儒家思想体系是两千多年来养成中华民族价值观和文化的基础之一，其核心价值观念至今仍具有普世意义，随着国家对治国方略重视程度的提高，学者们力图通过探究儒家先贤们留下来的思想，来为社会建设提供权威理论支撑。

（4）在儒家之外，也有不容忽视的关于其他学派的研究。首先是对道家政治伦理的探讨，周山东、吕锡琛研究了《道德经》中“道”与伦理秩序的关系，认为《道德经》之“道”，就伦理秩序的维度而言，是《道德经》理想社会中的合理的秩序，其以精神性的形式内渗于《道德经》所设想的社会秩序之中。⑤

（5）也有学者从先秦法家的政治伦理思想出发，进行了总结与分析。陈文兴认为先秦法家的道德思想具有以下主要特点：将重建社会理想秩序

① 陈学凯. 道德、伦理、政治的合而为——孔子正名主张的思想意义［J］. 西安交通大学学报，2011（6）.

② 阮航. 略论《大学》的“家国同构”思想——对“修齐治平”政治治理途径的一种解读［J］. 井冈山大学学报（社会科学版），2011（4）.

③ 王易. 儒家国家关系伦理思想的现代价值与历史使命［J］. 创新，2011（1）.

④ 曾维政. 先秦儒家的政治伦理［J］. 历史研究，2011（8）.

⑤ 周山东，吕锡琛.《道德经》之道与伦理秩序［J］. 求索，2011（7）.

的希望寄托在国君身上；深知“信”的作用，把“信”作为治国的基础；已经感受到人民的力量；为了高尚的目的，有时可以不择手段等特点。并对先秦法家道德思想进行了反思。① 王皓羲归纳出管子法治思想的伦理基础：“缘法而致道”。他认为，“引道而入法”乃是管子法治思想之伦理根源，“良法与民心”乃是管子法治思想之伦理要义，“至道与宝用”乃是管子法治思想之伦理功效，“严法与教化”乃是管子法治思想之伦理形式。②

### 3. 宋明时期政治伦理思想

周朝及先秦的政治伦理思想影响甚远，对之后各朝代研究比较集中的是宋明时期，有学者对唐、元、清等时期的政治伦理思想进行了研究，如杨晋娟对《帝王略论》中的君德思想进行了探析，③ 曹群勇论述了朱元璋佛教政策的特色，④ 彭定光通过比较，对清代城市公共道德生活进行了阐述和概括，⑤ 因篇幅所限在此不展开评述。

（1）谢晓东基于政治哲学视角考察了朱熹的“新民”理念。他认为以《大学》的“新民”观念为中心，朱熹重构了儒家政治哲学。在其新民学说中，明明德是新民的基础，而新民是明明德的目的。朱熹的新民理念为儒家政治哲学勘定了逻辑边界，相对于中国古代的其他学派具有理论优势。⑥

（2）明朝政治伦理

①肖群忠、李杰对《养正图解》进行了解读，并总结出一套道德政治智慧。《养正图解》通过以事喻理的形式，旨在传达以儒家思想为核心的传统道德与政治智慧，其道德政治思想主要表现在仁孝忠恕、好学修身、循礼节制三个方面。⑦

---

① 陈文兴. 先秦法家的道德思想［J］. 学术探索，2011（12）.

② 王皓羲. 缘法而致道——管子法治思想的伦理基础［J］. 道德与文明，2011（3）.

③ 杨晋娟.《帝王略论》君德思想探析［J］. 哈尔滨学院学报，2011（5）.

④ 曹群勇. 颇好释氏教 隔离僧俗界——论朱元璋佛教政策之特色［J］. 贵州社会科学，2011（4）.

⑤ 彭定光. 论清代城市公共道德生活［J］. 伦理学研究，2011（6）.

⑥ 谢晓东. 朱熹的“新民”理念——基于政治哲学视角的考察［J］. 厦门大学学报（哲学社会科学版），2011（4）.

⑦ 肖群忠，李杰. 领导者的修养——《养正图解》的道德政治智慧［J］. 文化与历史，2011（9）.

②陈明整理了王船山对《中庸》义理的疏解与阐发。王船山认为《中庸》并非如大多宋明儒之理解，只偏重于内在心性的探究，讨论如何“修天德”以“成王道”，从而“示君子内外一贯之学”，才是《中庸》的主旨所在。①

③彭传华探究了王船山法治思想的伦理精神。他认为，王船山的法治思想充分体现了近代的伦理精神，王船山分别从立法、司法、法治理想三个方面彰显了保障人民权利、高扬人道主义、提倡“虚君共和”的近代伦理精神。②

## 4. 整体研究

（1）关健英从传统文化视野审视了中国古代德治主义，试就以下问题进行了探讨：从周代的“明德慎罚”到孔子的“为政以德”，究竟是哪些因素的作用使德治主义成为中国历史中，而且仅仅在中国历史中才出现的独特的文化现象？德治主义与中国的文化传统究竟是怎样的关联？在现代性的视阈下如何看待文化传统？③

（2）在如何看待君心与民心的君民关系上，向世陵以董仲舒、韩愈、王安石、朱熹等人为例来论证孔孟以后儒家在治国理念上的诸多差别。他认为，从董仲舒开始的独尊儒术，为在治国理念上贯彻“正君心”的儒家精神内涵提供了条件。不论汉儒还是宋儒，基于对“明德惟馨”和“为政以德”的北辰效应的信赖，始终坚守“正君心以正百官万民”这条理想的为政之道，以便为德行至上的天下一统铺平道路。④

（3）王贞致力于中国传统政治道德建设研究，结合目前学界有关传统政治道德研究的不足之处，从六大方面探讨了推进研究的主要操作路径及其理据：对民的政治道德规范的研究；制度载体的政治道德属性研究；强化政治道德实践路径研究；注重传统政治道德的多元性特征；研究路径、

---

① 陈明.“修天德”以“成王道”——王船山对《中庸》义理的疏解与阐发［J］. 中国哲学史，2011（4）.

② 彭传华. 王船山法治思想的伦理精神探幽［J］. 南昌大学学报（人文社会科学版），2011（2）

③ 关健英. 文化传统视野下的中国古代德治主义［J］. 道德与文明，2011（1）.

④ 向世陵. 刍议汉儒到宋儒的“正君心”说［J］. 社会科学战线，2011（3）.

史料视野的拓展与更新；批判与继承：避免简单化的评价和盲目性的弘扬。①

（4）甄碧玉对于政府提出的“以德治国”的思想进行了探源，认为这个思想是在对我国古代“德治”思想的继承与发展的基础上提出来的，并分别对中国古代德治思想的起源与发展和中国古代德治的主要措施进行了研究。②

（5）赖换初从传统尊卑观念的内涵，产生根源，历史影响三个方面对传统尊卑观念进行了解读。他认为，传统尊卑观念是一个同政治哲学和传统伦理道德紧密相连的价值观念，它本质上是封建宗法制度（礼制）的产物，其长期流行是封建统治者依靠政令刑罚的强制手段实行“礼治”统治和儒家礼育长期教化双重作用的结果。③

（6）中国古代儒、道、佛三大思想系统关于理想社会构建都有自己的独到见解，邢东风通过罗列、对比，对此进行了简要考察。他认为，人们对于社会抱有各种各样的诉求与期望，而天下太平、生活安定、人间和睦、平等和谐是最基本的追求，也是中国古代社会政治的基本准则。④

古代的政治伦理思想可谓丰富至极，学者们从不同角度进行了研究和探索，有的是梳理、介绍思想，有的是解读文献，有的通过研究先贤思想，为当今社会提供了可供参考的方案和措施，这些都应该引起我们足够的重视，值得我们进一步的学习与研究。

## 八、生命与生态伦理

纵观2011年我国学者对中国古代生命与生态伦理思想的研究，可以发现，文章主要集中于道、儒、墨、佛等显学，虽然也有学者基于《文子》考察生命与生态伦理思想，⑤ 但在吸纳先贤权威理论的向路上，下文以派别划

① 王贞．中国传统政治道德建设研究述论［J］．社会科学战线，2011（11）．

② 甄碧玉．中国古代德治思想的演变历史及实践［J］．太原大学学报，2011（4）．

③ 赖换初．传统尊卑观念的重新审视［J］．云梦学刊，2011（3）．

④ 邢东风．中国传统思想中的理想社会［J］．中国人民大学学报，2011（4）．

⑤ 王国豫，胡立功．浅析《文子》的实践智慧思想［J］．大连理工大学学报（社会科学版），2011（2）．

分，按照总分的结构向读者梳理出2011年生命与生态伦理的研究概况。

### 1. 传统文化中相关思想

在这部分既有学者从早期萌芽思想着眼，也有学者立足人格论述，抑或探析儒道两家生命伦理观的精神实质，[①] 但在对中国传统文化的生命与生态伦理诠释上，却有着异曲同工之妙。

（1）王立云、杨萍、连永新三人阐述了早期生态伦理思想萌芽中的“万物平等”、“惜生爱生”、“天人合一”三个方面，认为后世主要生态伦理思想都是对这三种思想的继承、发展和完善，论证了这三者奠定了中国古代生态伦理思想的基本走向，及其在整个中国生态伦理思想史上起到源流的作用。[②]

（2）对于中国传统伦理文化对人格的论述，彭立威认为在涉及人与自然关系时，儒家提倡“天人合一”，企及了人文的理想境界和自然的生命世界融合无间的审美高度；道家柔弱不争的处世态度，体现了它对现实的批判与超越以及对高尚的精神生活的追求；佛教尊重生命的慈悲佛性、众生平等的生命价值伦理、追求心灵的超然物外等思想，对今天生态人格的塑造不无裨益。[③]

### 2. 道家的思想

在对道家生命与生态伦理思想的研究中，既有对代表人物老庄思想的梳理，也有对其核心概念的阐释或代表性著作《道德经》的解读，在此，将对道家的研究按照人物思想、核心概念和著作分为三部分来综述。

（1）杨小华认为，老庄之道论蕴含着丰富的生态学意蕴：由道本原论所衍生的万物平等观是对狭隘的人类中心主义的超越，由“道法自然”所衍生的“无谓无不为”的实践观体现了对自然规律的充分尊重。[④] 汤丽芳和刘玮玮对道学生命伦理思想予以挖掘和分析，认为道学关注生命的最高

---

① 刘玮玮. 儒家生命伦理观与道家生命伦理观之比较［J］. 长沙理工大学学报，2011（6）.

② 王立云，杨萍，连永新. 论中国传统文化中生态伦理思想萌芽的源流作用［J］. 学理论，2011（13）.

③ 彭立威. 中国传统伦理文化中的生态人格思想［J］. 邵阳学院学报，2011（2）

④ 杨小华. 老庄“道”论的哲学价值预设及其生态学意蕴［J］. 青海社会科学，2011（4）.

价值，注重生命之间的平等关系，主张生命之间和谐共处，以及超越生死，尊重自然规律等。对于生命的价值，道学倡导“生为第一”；对于各个生命之间的关系，道学强调“物无贵贱”；对于自然界其他生命的态度，道学力主“泛爱万众”；对于人与自然的关系，道学主张“天人合一”；对于生命的终结问题，道学宣扬“与‘道’合一”。①

（2）赵国勇从“道”是世界万物的本原、道生万物与万物平等、道法自然、道的规律性意义几个方面，对老子哲学中的核心概念“道”所蕴涵的生态伦理意蕴进行了分析和阐述。②

（3）在对《道德经》的解读中，许启彬将《道德经》放置于生命伦理学的视域之中，旨在为中国语境下的生命伦理学构建提供可能性根基，认为《道德经》中饱含生命的关照，而对全部生命的关照又可以生发出一种复归自然、复归于道的生态伦理精神。③ 张玉琛则从本体论、认识论和价值论三个维度对《道德经》所蕴涵的生态伦理思想作进一步的诠释。他认为“天人合一”是在长期的历史积淀中形成的一种整体有机的思维方式，把人与自然看做是自然整体的有机组成部分，将天地人视为一体，强调了人与自然的和谐统一。④

### 3. 儒家的思想

作为两千多年来养成中华民族价值观和文化的重要基础，儒家思想体系思想璀璨的光辉吸引着众多的学者，如同取之不尽的宝藏，学者们从未间断过对儒家思想的探索，这之中囊括了对其文献巨著、代表人物思想及核心概念三部分的研究。

（1）儒家传世的文献巨著浩如烟海，研究者们集中从《论语》、《中庸》中汲取营养。

①傅德田认为，人的思想在逻辑和道德实践上间接影响人对自然的思想行为，循此思路，《论语》中人的思想具有一定的生态伦理意蕴。在道

---

① 汤丽芳，刘玮玮，道学生命伦理思想意蕴及其现代启示作用［J］．理论月刊，2011（12）．
② 赵国勇．老子哲学中“道”的生态伦理意蕴［J］．世纪桥，2011（23）．
③ 许启彬．《道德经》的生命伦理精神探析［J］．福建论坛（人文社会科学版），2011（4）．
④ 张玉琛．关于《道德经》中生态伦理意蕴的三维透视［J］．武警学院学报，2011（1）．

德实践上，《论语》中人的思想包含丰富的人际伦理资源，而规范人与人关系的道德实践也间接影响人与自然关系的伦理解决。①

②许启彬以《中庸》为基，从中庸之道、中庸之德、中庸之境三个向度探索其中饱含着的生命伦理精神。他认为生命伦理学对于生命的关切与《中庸》有着一致的内在旨归，即何以成人以及安身立命，而在天人合一的境界下又内含着生态伦理精神的因子，并经过超越和转换，纳入了天人合一的境域之下。②

（2）对儒学大师的思想解读，主要集中在荀子的天人和谐和宋明理学所表现的生态伦理意境两部分。

①刘桂荣，钱广荣致力于荀子的天人和谐伦理思想，认为荀子要求人类清醒地认识到自然界是自己生命的载体，面对自然之天，人应在“不与天争职”的基本前提下，合理地利用大自然。作为儒家大师的荀子希望整个社会免于无秩序的争夺，人我之间群居合　，把对天人关系的认识提升到新的水平。③

②洪梅和李建华对于宋明理学中所展现的生命与生态伦理思想颇有心得，他们考察周敦颐建立的以“太极”为本源的系统宇宙论、以“诚”为本体的生态道德论、以“立诚”为核心的生态价值论，认为他在追求圣人境界的同时对天人合一的思想进行了论证，表达了新儒学所追求的生态伦理意境。④ 两人又对程颢的思想从“天人一体”论的生态宇宙观，“天人本无二”的生态伦理观和“生生之仁”的生态价值观三个方面进行了探索，认为程颢的哲学思想中蕴涵着丰富的生态伦理思想，即从人与自然的关系来思考天人之际。⑤

（3）张舜清以对儒家“生命”概念的特定内涵及其言说方式的准确解读来发掘儒家生命伦理思想的精神旨趣。他认为，儒家生命伦理学以一套自成体系的“天人”哲学为基础，这套独具内涵的生命伦理体系，以

① 傅德田．析《论语》中人的思想所含生态伦理意蕴［J］．中共宁波市委党校学报，2011（2）．

② 许启彬．生命伦理学与《中庸》的生命伦理精神［J］．东南大学学报，2011（4）．

③ 刘桂荣，钱广荣．荀子和谐伦理思想探微［J］．齐鲁学刊，2011（6）．

④ 洪梅，李建华．周敦颐的生态伦理思想［J］．西南民族大学学报，2011（11）．

⑤ 李建华，洪梅．论程颢的生态伦理思想［J］．湘潭大学学报，2011（5）．

"生"作为本体范畴或其伦理总纲，以天人关系为逻辑起点，通过天人共"生"的运思模式来探讨生命的意义、价值及实现方式和准则。①

### 4. 墨家的思想

学者们主要通过对墨子的思想和《墨经》的解注两方面来探析墨家的生命与生态伦理思想。

（1）郭智勇认为墨子以"天下莫若身之贵"阐释了生命存在的伦理之义，并从"生，刑与知之处"的知性统一的视角，表达了对人之为人的自在与自为的"生"之内涵的洞察与感悟。墨子对"生"的追求强调在普遍意义上的德性之欲，故而以"兼爱"为机制，在"兼"的社会化过程中来表达对"众之生"的尊重。所以，"兼爱"是墨子实现"贵生"的伦理设计"兼"体现了墨子对人生关系、社会关系应该如何的一种德性之约。②

（2）杨建兵认为，《墨经》中有关"生"与"知"的论述是对墨家人命观的精炼概括；墨家重"生"而不惧"死"的生死观是其功利论道德理性在生命领域的必然体现。承接"重生"和"哀死"的人命观和死亡观，墨家的生态观重在对于"人之生存状态"的妥善安排，主张"生死两利"，其突出的优点就是照顾到了代际利益的均衡。从现代伦理学的角度来观照，墨家的生态伦理观无疑属于典型的人类中心主义的范畴。③

综上所述，大思想家的思想价值不是存在于故纸堆中，而是活跃在当下现实，与生活发生密切的联系，研究先贤们的生态与生命伦理思想，即是关切它的现实意义，从古代思想源泉中汲取智慧。

---

① 张舜清. 儒家生命伦理的原则及其实践方式［J］. 哲学动态，2011（10）.
② 郭智勇. 墨子"贵生"的伦理机制及其现实意义［J］. 管子论坛，2011（2）.
③ 杨建兵. 墨家生命伦理论略［J］. 自然辩证法研究，2011（8）.

# 西方伦理思想史研究

2011年，学者们仍然延续着以往研究的问题域对西方伦理思想史展开了思想史断代研究，但也对某些重点人物的伦理思想进行了侧重研究。

## 一、古希腊至文艺复兴时期

纵观2011年有关古希腊至文艺复兴的伦理学和政治哲学研究，既有非常集中的主题（以柏拉图、亚里士多德和马基雅维利为最），也有广泛的讨论；既有对传统主题的进一步挖掘，也有对新问题的开拓。本文按照年代顺序对2011年发表的有关古希腊至文艺复兴的伦理学和政治哲学加以综述，包括以下六部分：（一）柏拉图以前；（二）柏拉图与色诺芬；（三）亚里士多德；（四）晚期希腊和罗马；（五）中世纪；（六）文艺复兴和宗教改革。

### 1. 前柏拉图时期

有关柏拉图之前的伦理—政治思想，国内学界的讨论相对较少。有限的研究成果集中在希腊史诗、抒情诗，以及希腊喜剧和悲剧中的伦理和政治内涵。

黄瑞成的《盲目的洞见——忒瑞西阿斯先知考》是2011年出版的以该时期为主的唯一专著。作者以丰富的资料详细梳理了忒瑞西阿斯在赫西俄德、荷马、索福克勒斯、欧里庇得斯和柏拉图这五位古典作家笔下的形象，重点讨论了先知（或知识）与僭主的关系这一重要的政治哲学主题。[①]

关于希腊史诗、抒情诗中的伦理和政治维度，是国内学者相对较少涉

---

① 黄瑞成. 盲目的洞见——忒瑞西阿斯先知考［M］. 上海：华东师范大学出版社，2011.

及的主题。程志敏讨论了忒弥斯女神在赫西俄德那里地位的上升，她与宙斯联姻后生下的三位“时光女神”（“秩序”、“正义”与“和平”）对于保障人类的政治生活具有举足轻重的意义，由此讨论了赫西俄德诗作中强烈的政治意涵。① 刘麒麟分析了与赫克托耳死亡有关的各种因素，并强调其中最重要的乃是宙斯计划和宇宙秩序的实现，由此揭示了人在宇宙中的地位。② 谢宝贵简略讨论了荷马史诗中的“血气”（thymos）概念，强调这个词的寻求承认的含义，由此将它与阿基琉斯对尊严和正义的寻求联系了起来。③ 张芳宁考察了国内很少涉及的公元前6世纪的抒情诗人忒奥格尼斯（Theognis）的诉歌（*Elegy*），讨论了诗人对城邦政治（尤其是僭主制带来的堕落）和青年教育问题（尤其是中道、高贵、虔诚等主题）的深切关怀。④

希腊悲剧和喜剧中都有着丰富的伦理和政治内涵，2011年发表的相关论文大多以政治问题为中心，尤其关注人类政治活动的界限问题。魏朝勇发表了一系列论文，讨论了索福克勒斯悲剧中一组相关的政治主题。《俄狄浦斯的命运与城邦的信靠》以俄狄浦斯从理性向虔诚的转变，表明城邦统治者需要明智地处理自然与神圣、理性与虔诚的关系；《一个异邦人身在异邦——对〈俄狄浦斯在科罗诺斯〉“进场歌”的解读》通过分析这部悲剧中非常特殊的“进场歌”，展开了俄狄浦斯需要完成的从理性到虔诚的转变；《人的骄傲与人的限度——索福克勒斯忒拜剧中三组“合唱歌”释义》分别讨论了《安提戈涅》第一合唱歌、《俄狄浦斯王》第二合唱歌和《俄狄浦斯在克洛诺斯》第三合唱歌，认为这三首合唱歌一起构成了一曲对人的完整咏叹，很好地诠释了希腊箴言中“认识你自己”和“勿过度”的伦理智慧；《伊斯墨涅的面纱之后》审查三部“忒拜”剧通常被掩盖在安提戈涅光环之下的伊斯墨涅的形象，力图撩开她的“面纱”，扭转伊斯墨涅通常给读者留下的自私、怯懦和卑微的形象，强调她在面对家庭、城邦的伦理抉择时所经历的斗争和痛苦的心路历程，表明“她以一种

---

① 程志敏. 赫西俄德笔下作为秩序的Themis［J］. 古典研究，2011. 3. 1-21.

② 刘麒麟. 英雄、神明与秩序——理解赫克托耳的死亡［J］. 求是学刊，2011（2）：23-27.

③ 谢宝贵.《伊利亚特》中的血气［J］. 社会科学论坛，2011（10）：61-69.

④ 张芳宁. 诗歌与城邦——忒奥格尼斯诉歌的政治意涵［J］. 海南大学学报，2011（6）：101-106.

在世的承负去面对命运的悲苦、人的骄傲与人的限度”。[①] 孙磊通过黑格尔和海德格尔实践哲学的视角，考察城邦立法与政治智慧，以及如何处理城邦中自然与礼法之间冲突的古老问题，作者强调人在面对自然和神圣时的界限，强调明智（phronēsis）作为政治德性的意义。[②] 肖有志通过索福克勒斯的《俄狄浦斯在克洛诺斯》阐释了君主（忒修斯）与僭主（俄狄浦斯与克瑞翁）在对待礼法问题上的不同态度，并强调了怒气作为悲剧核心元素的意义。[③] 张文涛以重述阿里斯托芬的故事的方式讨论了哲人颠覆传统道德与秩序的危险，落脚于哲人与城邦的永恒冲突。[④] 黄薇薇讨论《阿卡奈人》的两篇论文都讨论了戏剧中言辞或修辞的重要意义：《阿里斯托芬的申辩——〈阿卡奈人〉插曲第628—658行解析》讨论了阿里斯托芬如何利用歌队在城邦面前实现自我辩护的高超技艺；而《个人与城邦的对抗——狄开俄波利斯在〈阿卡奈人〉中的申辩》则讨论了狄开俄波利斯在城邦面前为自己单独与斯巴达议和所做的辩护，展示了他如何以技巧和言辞对抗来自城邦的“叛国”指控，以正义的言辞为自己赢得了和平的果实。[⑤]

## 2. 柏拉图、色诺芬

2011年，学界对柏拉图伦理思想的研究主要集中在对其著作和修辞问题方面的研究。柏拉图的代表作《理想国》（或译《王制》、《国家篇》、《政制》），尤其是其中的正义问题，总是吸引着中外学者的最多目光。与此同时，《法律篇》和《治邦者》也受到一些学者的重视。相比之下，对

---

① 魏朝勇. 俄狄浦斯的命运与城邦的信靠［J］. 浙江学刊，2011（2）：5-12；一个异邦人身在异邦——对《俄狄浦斯在科罗诺斯》“进场歌”的解读［J］. 求实学刊，2011（2）：27-31；人的骄傲与人的限度——索福克勒斯忒拜剧中三组“合唱歌”释义［J］. 学术研究，2011（8）：146-153；伊斯墨涅的面纱之后［J］. 中山大学学报，2011（5）：126-134.

② 孙磊. 城邦中的自然与礼法——《安提戈涅》政治哲学视角的解读［J］. 同济大学学报，2011（2）：80-86.

③ 肖有志. 古希腊悲剧的礼法问题［J］. 兰州大学学报，2011（1）：19-23.

④ 张文涛. 哲人与城邦正义——阿里斯托芬《云》浅析［J］. 现代哲学，2011（5）：63-68.

⑤ 黄薇薇. 阿里斯托芬的申辩——《阿卡奈人》插曲第628-658行解析［J］. 现代哲学，2011（5）：69-74；个人与城邦的对抗——狄开俄波利斯在《阿卡奈人》中的申辩［J］. 古典研究，2011（1）1-13.

色诺芬伦理思想的研究则较为稀少。

学者们对《理想国》的研究集中于其中的正义问题。如申林在有关《理想国》的系列论文基础上出版了专著《柏拉图正义理论新解》，其主体部分比较忠实地再现了柏拉图在城邦和个人两方面的正义理论，但并未充分考虑西方大量有关柏拉图正义理论的研究著作，未能深入到很多细节问题。① 王晓朝与陈越骅在简要讨论古代功利主义正义观的基本形态之后，重点论述了柏拉图对功利主义自由观的批驳，并通过考察麦金泰尔、卡西尔、施特劳斯等当代学者对柏拉图的看法，将柏拉图正义观的基本特征总结为“本质主义”或“整体主义”。② 周玉梅将格劳孔看作《理想国》中柏拉图的一个代言人，他通过古各斯的戒指对苏格拉底提出的重要挑战促使柏拉图更深入地探讨伦理问题的实质，这个挑战甚至可以帮助我们理解包括契约论、功利主义和康德主义等现代伦理学形态。③另外，还有学者关注了《理想国》第十卷中的两个核心问题——柏拉图对诗歌的批判和厄尔的神话。如张文涛细致考察了柏拉图关于诗歌败坏灵魂，让灵魂低俗部分占据上风的指控，强调柏拉图在所谓的“哲学与诗的古老纷争”中隐秘的修辞意图——将哲学塑造成真正古老和权威的事物，指控诗歌是这场纷争的始作俑，由此确立哲学对于政治和教育的“正统”地位，并以区别的方式对待不能接受真理的大众和能够接受真理的少数人。④ 而张新刚从厄尔眼中的神话、苏格拉底眼中的神话和柏拉图写作的神话是三个不同的视角对这个著名的神话进行解读，指出柏拉图通过在政治之外寻求新的基础为政治进行了新的奠基。⑤ 孙经国则讨论了柏拉图笔下教化的政治价值、本质和实施等问题。⑥

---

① 申林．柏拉图正义理论新解［M］．北京：法律出版社，2011.

② 王晓朝，陈越骅．柏拉图对功利主义自由观的批判及其现代理论回响［J］．河北学刊，2011（4）：31-36.

③ 周玉梅．格劳孔与古各斯的戒指——管窥《理想国》第二卷中格劳孔挑战的伦理价值［J］．伦理学研究，2011（5）：123-126.

④ 张文涛．哲学与诗之争的修辞——解读柏拉图《王制》卷十对诗的批评［J］．世界哲学，2011（2）：85-96.

⑤ 张新刚．灵魂不朽与柏拉图的新神话——《理想国》卷十厄尔神话解读［J］．世界哲学，2011（2）：123-137.

⑥ 孙经国．柏拉图的德性教化论思想讨论——基于《理想国》的文本解读［J］．道德与文明，2011（1）：76-80.

柏拉图的《礼法》（又译《法意》、《法律篇》、《法篇》）在被忽视了很长时间之后，近年来不仅得到了西方学者的重视，而且在国内也受到一些学者的关注。我国学者主要集中在《法律篇》第十卷中对神学问题的考察。如，林志猛讨论了雅典异邦人如何反驳克勒尼阿斯利用天体神学和公共意见证明诸神存在的尝试，这两者分别是当时开始流行的自然哲学和传统诗学的代表，它们的共同特征就是缺少思想上的节制或自知——将自己的无知当作有知，由此都会导致教育对象失去虔敬。真正的虔敬只能奠基于关于诸神的真正知识。① 增益康也讨论《法律篇》第十卷的神学问题，也关注真知识为政治奠基的意义，而这种真知识的第一原理在神之中，因此神学为柏拉图的政治哲学提供了“拱顶石”，并成为哲人王缺席之后立法与守法的基础。②

张爽的两篇论文讨论了柏拉图另一部明确讨论政治问题的对话《治邦者》（或《政治家》）。《辨识哲人的亲缘——柏拉图〈治邦者〉开场绎读》考察了这部对话戏剧性的开场，指出这里展现的正是哲人苏格拉底下降到洞穴，考察城邦中的各种意见，由此获得实践智慧或睿智（phronēsis），以中庸之道达至政治和哲学的目的；《划分法中潜藏的睿智——柏拉图〈治邦者〉258b5-261a6释义》则继续讨论开场之后通过划分法考察政治家定义的部分，作者反对将划分法当作柏拉图后期正面的哲学方法，而是认为爱利亚的异邦人引入这个方法乃是为了向作为数学家的小苏格拉底展示它的悖谬，并通过暗中引入睿智（phronēsis），将他引向政治哲学。③ 詹世友则从更整体的视角考察上面提到的三部政治哲学著作，表明柏拉图在三部著作中以不断深化的方式探讨了优良政体必须以整体美德为基础，使公民成为有美德的人。④

修辞问题也是近年研究柏拉图政治哲学时得到很多关注的话题。胡权

---

① 林志猛．无知与不虔敬——柏拉图《法意》卷十885e7-886e2读解［J］．古典研究，2011（4）：23-39．

② 增益康．柏拉图《法律篇》中神学的法治意蕴［J］．贵州社会科学，2011（6）：17-21．

③ 张爽．辨识哲人的亲缘——柏拉图《治邦者》开场绎读［J］．重庆大学学报，2011（3）：12-17；划分法中潜藏的睿智——柏拉图《治邦者》258b5-261a6释义［J］．古典研究，2011（2）：1-21．

④ 詹世友．美德政治学的发轫：柏拉图的政治哲学——以从《理想国》、《政治家》到《法律篇》为展开线索［J］．上饶师范学院学报，2011（2）：1-8．

威梳理了柏拉图在不同作品对修辞学的讨论，在此基础上区分出“政客修辞”和“辩证式修辞”，前者是柏拉图猛烈批判的对象，而后者则可以帮助政治，甚至对当代民主政体中的政治修辞也有借鉴意义。[①] 李致远的三篇论文讨论了以修辞为重要主题的柏拉图对话《高尔吉亚》的不同方面。《苏格拉底论修辞术》处理了苏格拉底与珀洛斯之间关于修辞学并非技艺的对话，讨论了苏格拉底对修辞学本质的界定和对修辞学的批判；《卡利克勒斯论自然正义》讨论了作为《高尔吉亚》卡利克勒斯关于不义的长篇讲词，提出该讲词力图建立一套与苏格拉底不同的自然正义理论，这两种正义观之间的冲突是政治与哲学之争的体现；《〈高尔吉亚〉的灵魂审判神话》讨论了苏格拉底在《高尔吉亚》结尾处的著名神话，论述苏格拉底如何借神话教育卡利克勒斯，并由此论及迷托思（mythos）对逻格思（logos）的补充作用。[②] 余友辉讨论了柏拉图理想意义上的哲学家或政治家需要借助以知识为基础的修辞学塑造民众关于政治的信念或意见，由此为柏拉图实现自己的理想政治提供了可能。[③]

除此之外，学者们对柏拉图伦理思想的研究还涉及德性统一论、爱欲问题以及哲学对政治和社会的危险性问题等。如韩潮结合《普罗泰哥拉》和《拉克斯》两篇对话，讨论了柏拉图著名的德性统一论，认为柏拉图持有的主要是在智慧或知识统摄下的德性统一论，同时也指出勇敢的特殊性，尤其是在政治语境下的特殊性，可能对德性的统一论带来挑战。[④] 樊黎从缺乏爱欲的角度批评了普罗塔戈拉长篇讲词中的政治计划必然存在重大缺陷，因为缺少爱欲也就意味着缺少自知，这个计划需要《会饮》中对爱欲的强调来进行补充，但是爱的阶梯的顶点却具有瓦解政治的力量。[⑤] 哲学对政治和社会的危险性正是陈建洪《论阿波罗多洛斯的疯狂——兼注柏拉图〈会饮〉173d》一文的主题，在文中作者从《会饮》中的叙述者阿

---

① 胡权威．柏拉图论政治修辞［J］．政治思想史，2011（4）：1-28.

② 李致远．苏格拉底论修辞术：柏拉图《高尔吉亚》461b-465e解读［J］．现代哲学，2011（5）：75-80；卡利克勒斯论自然正义［J］．兰州大学学报，2011（1）：24-29；《高尔吉亚》的灵魂审判神话［J］．求是学刊，2011（2）：31-36.

③ 余友辉．论柏拉图理想政治与修辞之关系［J］．西南交通大学学报，2011（2）：124-129.

④ 韩潮．美德的整体与勇敢的殊异——柏拉图《普罗泰哥拉篇》的叙事与论证［J］．世界哲学，2011（2）：113-122.

⑤ 樊黎．柏拉图《普罗塔戈拉》初探［J］．古典研究，2011（2）：22-34.

波罗多洛斯的性格特征入手，通过比较他与阿尔基比亚德在气质上的差别，讨论苏格拉底哲学精神一方面具有神圣的高贵特征，另一方面也由于其狂热给政治社会带来威胁。[①] 包利民和吴广瑞讨论了柏拉图笔下的苏格拉底面对不同对话者（“弱者”和“强者”）提出了不同的对待快乐的态度，以及快乐的不同源泉。[②]

高挪英对色诺芬伦理思想的研究填补了学界在这方面的空白。她尝试从政治哲学的视角理解《上行记》（*Anabasis*，或《远征记》）中记载的希腊军队选举统帅一事中色诺芬的所思所言所行，从这些细节的讨论中我们可以清楚地看到色诺芬洞悉了政治生活限度——机遇与偶然性，展现了哲人在政治事务中的智慧。[③]

### 3. 亚里士多德

亚里士多德的伦理和政治哲学是古典伦理学研究中产出最多的，但很多文章停留在简单重述亚里士多德本人字句的水平上，这里不做概述。就对亚里士多德伦理思想的研究而言，既有对亚氏整体伦理体系的研究，也有对亚氏伦理思想中具体问题的探讨。2011 年，学界关注的热点是：亚氏伦理学中的“幸福”概念，亚氏伦理学中的方法论问题以及一些具体的德性。此外，还有学者对亚氏的《诗学》进行了解读。

2011 年出版了两本专论亚里士多德伦理学的著作，余纪元在《亚里士多德伦理学》中，以他长年在美国教授亚里士多德伦理学的经验和扎实的研究文献功夫，对《尼各马可伦理学》全书做了深入浅出的梳理，是目前汉语学界最好的亚里士多德伦理学导读。[④] 相形之下，香港学者邓文正的《细读〈尼各马可伦理学〉》则有更多作者自己的体悟。[⑤]

亚里士多德伦理学中的“幸福”概念既是核心又是最难以充分理解

① 陈建洪．论阿波罗多洛斯的疯狂——兼注柏拉图《会饮》173d［J］．云南大学学报，2011（2）：13-19，63．

② 包利民，吴广瑞．强者的快乐——古典政治哲学家的一种策略［J］．浙江社会科学，2011（8）：98-104

③ 高挪英．统治者抑或哲人——色诺芬《居鲁士上行记》VI．1．17-33 释读［J］．古典研究，2011（4）：40-53．

④ 余纪元．亚里士多德伦理学［M］．北京：中国人民大学出版社，2011．

⑤ 邓文正．细读《尼各马可伦理学》［M］．北京：三联书店，2011．

的。余纪元讨论了亚里士多德伦理学中最棘手的两种幸福观的问题，颇有新意地提出将亚里士多德界定幸福时使用的“活得好”与“做得好”分开考虑（这两个短语通常被当作同义词处理），试图以此消解包容论与理智论之间的张力。[①] 而肖劲草则分析了亚里士多德处理幸福问题的目的性论证和功能性论证，强调亚里士多德的幸福概念具有个人、社群和人类本质的三个维度。[②]

在讨论亚里士多德伦理学方法的文章中，邓安庆从现代哲学以降形而上学与伦理学的关系成为问题入手，从亚里士多德伦理学的三种方法（经验主义辩证法、自然目的论和功能论证）入手，深入讨论了亚里士多德伦理学“无形而上学”的表象背后的形而上学基础。[③] 刘玮重点关注亚里士多德的辩证法，讨论了亚里士多德伦理理论研究的起点（endoxa 或“有声望的意见”）和伦理教育的起点（良好的教养），并通过伦理学与政治学的结合，将这两个方面统一了起来。[④]

关于亚里士多德的具体的德性，大体上只有正义问题得到了学者们的关注。冯书生指出亚里士多德在柏拉图正义理论的基础上进行修正和发展，得出了更为成熟的公正理论，他区分了公正的人、公正的德性、公正的行为和公正的事，并表明在“公正的人”中表达的公正含义最为“饱满”。[⑤] 刘水静从格劳秀斯、约翰·密尔和亚当·斯密对亚里士多德的继承角度讨论了亚里士多德正义理论具有的现代性特征，而麦金泰尔对亚里士多德的误读限制了我们理解亚里士多德正义理论中的这种现代性因素。[⑥]

近年来中西学界都越来越关注从伦理—政治的视角解读亚里士多德的《诗学》（或《论诗术》）。刘小枫在 2011 年发表了一系列讨论亚里士多

---

① 余纪元.“活得好”与“做得好”：亚里士多德幸福概念的两重含义［J］. 世界哲学，2011（2）：246-260.

② 肖劲草. 对亚里士多德幸福论的当代反思［J］. 道德与文明，2011（5）：56-60.

③ 邓安庆.“无形而上学的伦理学”之意义和限度——以亚里士多德《尼各马可伦理学》的三种论证为例［J］. 哲学动态，2011（1）48-55.

④ 刘玮. 亚里士多德伦理学的两个起点：Endoxa 与良好的教养［J］. 世界哲学，2011（2）：261-273.

⑤ 冯书生. 成熟形态的德性正义论——亚里士多德论公正及其对柏拉图的继承与超越［J］. 天府新论，2011（3）：31-36.

⑥ 刘水静. 论亚里士多德正义论中的现代性因素——以亚里士多德论正义美德的限度为中心［J］. 南昌大学学报，2011（2）：36-40.

德《论诗术》的论文，强调这篇作品并非关于美学或文艺理论，而是一部严格意义上的政治哲学著作，并结合亚里士多德的《尼各马可伦理学》、《政治学》、柏拉图的《王制》等作品疏解《论诗术》开篇的几章，强调亚里士多德利用了技术和政治哲学层面的“双重写作”。《诗术与编故事——亚里士多德〈论诗术〉题解绎读》详细分析了《论诗术》的第1章开篇，强调诗术的作用并非教一般人如何作诗，而是传授哲人如何编故事，是接着苏格拉底或柏拉图对诗人的批判在讲；《诗术与模仿——亚里士多德〈论诗术〉第一章首段绎读》分析了第1章接下来关于模仿载体的讨论，强调亚里士多德对“习性”的关注；《作诗与德性高低——亚里士多德〈论诗术〉第2—3章绎读》指出模仿者与被模仿者之间有着非常复杂的关系，认为诗歌不仅与模仿对象品性上的高低有关，同样与诗人品性的高低有关，而这种好坏高低就是政治哲学处理的问题，需要置于城邦的语境中去考察；《谐剧与政体的德性—— 亚里士多德〈论诗术〉第三章中的题外话试解》论证《论诗术》第3章关于喜剧起源的部分其实意不在此（这段话中的历史内容甚至可能是亚里士多德的虚构），而是强调德性的高低与政治制度的关系；《诗术与人性》考察了《论诗术》第4章开篇关于诗歌自然起源的论述，强调了其中的理性特征，而拥有理智的人应该在政治上居于统治地位。①

除此之外，关于亚里士多德伦理-政治学还有一些讨论得不大集中的主题在这里值得提及。陈玮分析了亚里士多德笔下欲望的不同类型，并且指出一般而论的作为理性对立物的欲望不能为动机提供说明，只有具体的欲望（尤其是想望的概念）才能突破理性与欲望的对立，帮助我们更好地认识人类本性和人类行动的复杂性。② 王云和李丽梳理了亚里士多德关于闲暇的讨论，强调闲暇高于劳作的价值，以及闲暇中蕴含的自由选择以及正确引导和德性教育的观念，最后讨论了亚里士多德闲暇观念的当代意

---

① 刘小枫. 诗术与编故事——亚里士多德《论诗术》题解绎读［J］. 兰州大学学报，2011（1）：14-18；诗术与模仿——亚里士多德《论诗术》第一章首段绎读［J］. 求是学刊，2011（1）：25-30；作诗与德性高低——亚里士多德《论诗术》第2-3章绎读［J］. 中山大学学报，2011（3）：126-132；谐剧与政体的德性——亚里士多德《论诗术》第三章中的题外话试解［J］. 重庆大学学报，2011（3）：1-5；诗术与人性［J］. 现代学术，2011（5）：56-62.

② 陈玮. 亚里士多德论人类欲望的三种形式及其统一［J］. 道德与文明，2011（3）：68-73.

义。[1] 吴秀莲强调了亚里士多德与苏格拉底认为德性即知识的观念相反，在德性的获得中强调实践的优先性，这种优先性来自亚里士多德对具体情境的关注。[2] 魏治勋指出亚里士多德虽然对现代以后的法治思想虽然产生了巨大影响，但是这些影响其实是建立在误解亚里士多德“法治”观的基础上的，因为亚里士多德所谓的“法治”其本质乃是“德治”。[3] 梁臣和刘水静分析了伽达默尔从解释学进路对亚里士多德伦理学进行的解读，尤其强调了道德知识与技艺知识之间的异同，开辟了亚里士多德伦理学研究的新路径。[4] 邵华也强调了实践智慧与科学和技艺的差别，对我们批判科学主义具有重要的借鉴意义。[5]

### 4. 希腊晚期、罗马

晚期希腊哲学的各个流派都是以作为生活艺术的伦理学为最终导向的，并且对于伦理思想的转变，甚至现代性的开启都有至关重要的地位。学者们对这一时期伦理思想的探讨主要有以下几个方面：（1）希腊化哲学转变的背景，（2）伊壁鸠鲁和斯多亚派的具体伦理思想，（3）晚期希腊伦理思想与早期希腊伦理思想的关联。而罗马的伦理-政治思想则围绕古典共和主义思想展开，主要是对西塞罗伦理思想的探讨。

章雪富与石敏敏从宏观的视角考察了这个转变的发生，从历史背景和哲学发展的角度论述了希腊化哲学三个主要流派如何重估理性、自然和自我的价值，将第一哲学从对纯粹知识的追求拉回到带有实践性和治疗性的生活方式上。[6] 褚潇白和章雪富分析了希腊化哲学各学派以克服对死亡的恐惧为指向的伦理特征，力求通过战胜各种由死亡掌控的各种激情来探寻自我的意义、幸福的意义和自由的意义。[7] 王文华具体考察了爱比克泰德

---

① 王云，李丽．亚里士多德闲暇思想论析［J］．海南大学学报，2011（4）：33-37．

② 吴秀莲．实践性——亚里士多德德性伦理的主要特征［J］．兰州学刊，2011（6）：33-36．

③ 魏治勋．亚里士多德“法治”概念之“谬误”［J］．苏州大学学报，2011（2）：87-93．

④ 梁臣，刘水静．论伽达默尔对亚里士多德道德知识的解读［J］．武汉科技大学学报，2011（1）：14-18．

⑤ 邵华．亚里士多德论实践智慧的内涵［J］．华中科技大学学报》2011．1．1-8。

⑥ 章雪富，石敏敏．伦理学作为第一哲学——希腊化哲学的范式转移［J］．中国社会科学，2011（1）：47-57．

⑦ 褚潇白，章雪富．终末的哲学与美好生活——论希腊化哲学的终末论［J］．现代哲学，2011（3）：67-72．

这位斯多亚派代表人物如何重估理性、自然和自我的价值，从他的《论说集》中寻找斯多亚派伦理学的自然哲学基础，将自然哲学、神学、逻辑学与作为最终归宿的伦理学打通，给了我们一幅完整的斯多亚伦理学图景。[①]包利民与吴广瑞考察了柏拉图与伊壁鸠鲁主义者在快乐问题上截然不同的进路——作者称之为“加法”和“减法”的进路，重点讨论柏拉图和西塞罗对快乐主义的批评，并将这两种进路之间的差别引向古今之中客观价值与主观价值的差别。[②]

古典共和主义思想是讨论罗马伦理—政治思想的重要主题，这其中学者们的主要关注以西塞罗为重，对撒卢斯特和塔西陀也有所讨论。林金南从整体上讨论了西塞罗政治哲学承上启下的特征，尤其关注在他那里的几组张力：个人与人类整体之间的张力、政治叙事中历史与哲学在个别与普遍之间的张力、哲学与政治之间的张力、政治事务在人间的奖赏和在神那里的奖赏之间的张力，而这最后一点堪称中世纪政治神学的萌芽。[③] 王双洪通过西塞罗笔下菲卢斯与莱利乌斯关于正义的辩论，以及核心对话者斯基比奥的退场，表明西塞罗眼中的正义必然具有权益色彩，必然是约定与自然的混合。[④] 贺五一则分析了西塞罗如何在继承前人政体理论的基础上发展出自己的混合政体理论。[⑤] 蔡丽娟通过分析罗马共和晚期史家撒卢斯特的两部主要著作《喀提林阴谋》和《朱古达战争》，讨论了撒卢斯特对共和晚期腐败的批评和对古典美德的重视，但同时他的史学也带有浓厚的派系色彩，是名副其实的“恺撒派史学”。[⑥] 曹为讨论塔西陀如何利用日耳曼人以完全顺遂自然的方式（也就是无需立法者的方式）获得和失去自由的历史教育罗马人，讨论自然、自由与人为的关系，并开启了另一种结合古典与日耳曼式风尚观的可能性。[⑦]

---

① 王文华. 逻各斯与自由：爱比克泰德人性论思想探源［M］北京：北京大学出版社，2011.

② 包利民，吴广瑞. 柏拉图与“快乐论者”：盟友还是敌手［J］. 浙江学刊，2011（4）：29-35.

③ 林金南. 哲学、历史与神学——西塞罗政治观分析［J］. 南京社会科学，2011（1）：39-44.

④ 王双洪. 自然与约定——西塞罗《论共和国》卷三中的正义观［J］. 古典研究，2011（4）：54-67.

⑤ 贺五一. 略论西塞罗的政体理论［J］. 襄樊学院学报，2011（10）：45-48.

⑥ 蔡丽娟. 论撒卢斯特史学及其政治倾向［J］. 世界历史，2011（6）：84-94.

⑦ 曹为. 自由的得与失——塔西陀《日耳曼尼亚志》小识［J］. 古典研究，2011（4）：68-83.

## 5. 中世纪

国内学界对中世纪哲学研究起步较晚，整体水平相对较低，讨论中世纪伦理学和政治哲学的高水平的研究也相对较少，尽管如此，2011 年学者们还是从不同角度对中世纪的伦理思想做了一些探索性的研究。主要表现在以下几个方面的趋势：（1）对中世纪伦理思想的整体思想倾向的研究；（2）对中世纪伦理思想的代表人物如奥古斯丁和阿奎那的研究；（3）关于中世纪伦理思想对后期伦理思想的影响。此外，还有学者对奥卡姆和伊本·图斐利等哲学家进行了一定的研究。

张荣揭示了中世纪哲学的核心特征是要将信仰与理性融合，这一融合在道德上有着清晰的表现，并通过与自由意志理论密切相关的“正当生活”观念得以落实，因此从实践上为中世纪哲学的合法性提供了支持。[①] 吴天岳通过奥古斯丁早期的《论自由决断》考察了基督教伦理学中的一个核心问题——神意与自由之间的张力，并通过指出当前学界的几个误区（尤其是将意愿的自由等同于选择的自由），论证这部早期著作在处理自由意愿问题上的不足。[②] 梁卫霞和丛连军分别探讨了阿奎那的伦理思想。前者综述了当代阿奎那伦理学研究中给予伦理学发展史、立足于神学背景和形而上学架构，以及当代德性伦理学复兴的三种研究视阈。[③] 后者重点讨论了阿奎那思想中两种幸福/两种德性、神恩成全自然和哲学是神学的婢女三个著名论题及其相互关联。[④] 张笑宇分析了美国法学家哈罗德·伯尔曼的主张，即欧洲近代政治思想的基础可以在索尔兹伯里的约翰那里找到。约翰丰富的君主理论、约束君主的法治论、人文主义式的自由论，以及看待共和国的有机方式，都为我们理解欧洲近代思想的中世纪渊源提供了重要的理论视角。[⑤]

---

① 张荣. 中世纪哲学的合法性及其道德向度［J］. 江苏行政学院学报，2011（5）：14-22.

② 吴天岳. 奥古斯丁《论自由决断》第三卷中的神圣预知与自由意愿［J］. 社会科学战线，2011（4）：47-52.

③ 梁卫霞. 当代托马斯·阿奎那德性伦理研究的视阈［J］. 道德与文明，2011（4）：151-154.

④ 丛连军. 托马斯·阿奎那神学伦理学三题［J］. 吉林师范大学学报，2011（3）：70-73.

⑤ 张笑宇. 索尔兹伯里的约翰与近代西方政治思想的中世纪渊源［J］. 政治思想史，2011（2）：104-117.

魏治勋考察了奥卡姆是如何解决伊壁鸠鲁对个人意志的挑战的，进而得出了意志主义的神学结论。伊壁鸠鲁思想中具有自由意志的原子式个人为现代自然权利理论奠定了基础，开启了公权有限论和民主理论的先声，并成为启蒙主义的逻辑起点，因而奥卡姆可以被看作第一个“现代人”。[①]马俊峰则讨论了学者们很少涉及的中世纪阿拉伯哲学家伊本·图斐利的《哈义·本·叶格赞》中的政治哲学思想。图斐利融合了柏拉图、新柏拉图主义与《古兰经》的教义，将自然与人世融为一体；他洞悉了政治生活的局限，力图以个人性的哲学沉思超越群体性的和腐败的政治。[②]

### 6. 文艺复兴与宗教改革

我国学界对文艺复兴时期政治以及政治伦理的研究焦点始终是马基雅维利。学者们从不同的角度、不同的视野对马基雅维利的政治伦理思想进行研究，主要包括对马基雅维利的政治与道德关系的问题、马基雅维利与古典共和主义的关系、马基雅维利与更广泛意义上的古典政治哲学传统的关系、马基雅维利与基督教的关系以及马基雅维利与现代性的问题等。国内对宗教改革的研究整体而言非常薄弱，近年来随着路德和加尔文两位宗教改革大师作品的翻译，对他们的研究也有所增加，主要关注马丁·路德的伦理政治思想以及宗教改革对后世的影响。

谢惠媛在关于马基雅维利的系列论文基础上出版了了专著《善恶抉择：马基雅维里政治道德思想研究》。该书结合施特劳斯学派与剑桥学派的研究方法，从解读马基雅维利的文本和分析其历史语境这两个视角出发，通过研读马基雅维利笔下的“命运”、“德性”等核心概念，讨论了马基雅维利将古典政治哲学的自然目的论转化为以命运为核心的自然观，将实然与应然、政治与道德分开，让政治本身成为终极价值，道德从属于政治。作者还指出马基雅维利开创的现代性之路在他身后得到了极大的发展，在权力分配、法律、宗教、国家主权、外交模式等诸多方面对现代政治起到了巨大的影响。最后全书以“政治脏手”问题为结，体现了马基雅

---

① 魏治勋. 奥卡姆的自由意志思想及其启蒙价值［J］. 社会科学研究，2011（6）：108-113.
② 马俊峰. 论图斐利的政治哲学思想［J］. 阿拉伯世界研究，2011（1）：69-74.

维里思想的当代意涵。另外，叶娟丽和邓研华等学者也对马基雅维利哲学中政治与道德的关系做了类似的研究。[①] 而李黄骏则讨论了道德与政治这两种终极价值在马基雅维利思想中的张力，同时强调马基雅维利在将道德从神圣的高处拉回到人间，建立在理性、欲望和需要基础之上的过程中做出的决定性贡献。[②] 王立峰讨论了马基雅维利从政治自由的角度为政治正当性奠定的基础。就政治与道德的关系而言，作者强调马基雅维利并非不关心道德，而是关注道德运用的环境和道德的实践目的，作者指出马基雅维利在政治道德与社会道德之间的区分，就统治者而言，应该遵循政治道德而非社会道德。[③]

马基雅维利与古典共和主义的关系一直是马基雅维利学界关注的重点。刘训练讨论了马基雅维利对古典共和主义做出的回应和发展，尤其是强调了积极参与意义上的自由对共和政体和公共利益的特殊意义、派系斗争在保持混合政体不受腐败侵害中的作用，以及公民美德的重要性及其培养方式，在此基础上讨论文艺复兴历史境遇中马基雅维利思想的张力以及留给后人的绝对主义和共和主义的双重遗产。[④] 章永乐则讨论了李维、普鲁塔克和马基雅维利假想的罗马共和国与亚历山大大帝的对抗，论述马基雅维利对普鲁塔克片面强调罗马共和依赖命运的批评，以及对李维式的罗马共和思想的发展。[⑤] 姜曦和李守利强调马基雅维利对古罗马护民官制度的推崇，认为该制度保障了公民的权利，为混合政体各部分的平衡作出了重要的贡献，为统治者和被统治者之间的对话协商提供制度保障。[⑥]

马基雅维利与更广泛意义上的古典政治哲学传统的关系也非常重要。刘玮比较了亚里士多德在《政治学》第五卷中为僭主维持统治提出的建议和马基雅维利在《君主论》中为君主维持统治提出的建议，认为在政治现实主义的方面马基雅维利依然是古典政治哲学的继承者，因此并未在反对

---

① 叶娟丽，邓研华. 政治与道德之间的马基雅维里——政治、道德与国家理想［J］. 学习论坛，2011（7）：57-60.

② 李黄骏. 马基雅维里的价值观［J］. 学术论坛，2011（3）：43-45。

③ 王立峰. 马基雅维里论政治正当性［J］. 政治学研究，2011（3）：101-110.

④ 刘训练. 马基雅维利与古典共和主义［J］. 政治学研究，2011（4）：77-84.

⑤ 章永乐. 亚历山大的威胁与共和政体的优越性［J］. 北大法学评论，2011（1）：132-148.

⑥ 姜曦，李守利. 马基雅维里的共和主义权利观［J］. 学术论坛，2011（12）：52-54，58.

古典道德方面开启现代性。① 张觅在分析《君主论》论证结构的基础上，从“知识、技艺与实践”、“如何面对意见”、“德性”、“自足—自由的问题”四个角度考察了马基雅维利与古典政治哲学之间的密切关系。② 卢少鹏则强调了马基雅维里对古典政治哲学的背叛，对君主的德性和国家的技艺的重构，马基雅维里的革新适应了近代民族国家兴起的要求，也为宪政共和主义提供了思考的路径。另外，作者还讨论了马基雅维利反对古典政治哲学中基于自然创建国家的观念，强调国家建立的人为性、技艺性。③

马基雅维利与基督教的关系也在中西学界引发了很多争论，2011 年有两篇论文与这一主题有关。谢惠媛在《信仰的政治性——论马基雅维里对基督教的改造》一文中认为马基雅维利并非反对基督教本身，更不反对基督教的政治作用，他通过批评基督教真正想要做的是重新阐释基督教教义，使其更符合现实政治的需要，从而发挥其巨大的政治效用。④ 马威则主张马基雅维利完全反对基督教，作者认为，《君主论》中对基督教教会、基督教上帝和基督教道德的全面反叛，为现代政治哲学开辟了道路。⑤

关于马基雅维利研究的另一个比较集中的话题就是马基雅维利与现代性的关系。周春生从历史的视角考察了马基雅维利政治外交生涯给我们带来的宝贵财富、及“马基雅维利主义”的产生过程、马基雅维利与现代性的产生问题，强调了这份遗产的基础在于马基雅维利“人性—政治说”中体现的世俗性特征，并强调这份遗产在全球化的时代依然有它的意义。⑥ 冯克利则强调了马基雅维利自称的“历史学家”的身份，认为该身份对于马基雅维利政治思想传统的继承和决裂都起到了至关重要的作用，并将其政治思想的特点概括为“史学人本主义”，这种史学方法对于现代政治哲

① 刘玮. 为僭主出谋与为君主献策［J］. 政治思想史，2011（4）：64-86.

② 张觅.《君主论》各主题可能的古典形态［J］. 古典研究，2011（3）：59-83.

③ 卢少鹏. 从“城邦技艺”到“国家技艺”——马基雅维里对古典政治学的超越［J］. 历史教学问题，2011（3）：108-112；马基雅维里创建共和国的方法论释义［J］. 前沿，2011（13）：76-79.

④ 谢惠媛. 信仰的政治性——论马基雅维里对基督教的改造［J］. 云南社会科学，2011（3）：28-32.

⑤ 马威. 马基雅维利对基督教传统的反对——以《君主论》为分析基础［J］. 山西高等学校社会科学学报，2011（9）：51-54.

⑥ 周春生. 近代以来西方国家政治理论与实践的路径——马基雅维里遗产评说［J］. 政治思想史，2011（3）：78-99.

学的开启意义重大，作者甚至称之为“史学转向”。[①]

关于马基雅维利还有一些讨论得不那么集中的问题也值得关注。如萧高彦对马基雅维利政治思想中的两对范畴——形式与质料，超越常态与常态秩序的考察。前一对范畴界定了政治作为技艺的观念，而后一对范畴则为政治变革提供了可能。[②] 章永乐针对马基雅维利《君主论》中的一个疑似的盲点——新君主的继承，提出了解决之道：以罗马共和为典范的扩张性共和主义能够层出不穷地产生具有德性的“新君主”，从而继承和加强由单个新君主开辟的基业。[③] 陈华文试图从马基雅维利的喜剧《曼陀罗》入手解决马基雅维利解释中的纷乱局面，作者认为“马基雅维利学说的核心并不是共和主义，也不是爱国主义，而是关于一个人应该如何生活的普遍性教诲”，强调在必然性支配下的审慎行动，在这个意义上他的伦理进路与古代和现代均有着显著的差别。[④] 阮思余和凌新力图区分马基雅维利与“马基雅维利主义”。[⑤] 张弛等人讨论了自中世纪到马基雅维里“国家”观念的演变，并强调马基雅维里国家观念的三个特征——独立强盛、权力机制和法律秩序，是一种现代的国家观。[⑥]

关于文艺复兴伦理—政治哲学其他方面的讨论相对较少。朱兵的《论弗朗西斯科·圭恰迪尼的政治思想》力图补充国内学界过分关注马基雅维利而对同为文艺复兴重要政治思想家的圭恰迪尼少有问津的现状。强调圭恰迪尼对理解共和主义思想中的贵族主义倾向具有重要意义，他的分权制衡思想和政治现实主义都对后世政治思想产生了重要的影响。[⑦] 朱振宇的《尤利西斯的喜剧之死——〈地狱篇〉26 解读》讨论了但丁如何通过拉丁作家和基督教传统继承和改造荷马笔下足智多谋的奥德修斯（尤利西斯），

---

① 冯克利. 政治学的史学转向——马基雅维里［J］. 政治思想史，2011（3）：100-120.

② 萧高彦. 马基雅维利论政治秩序［J］. 政治思想史，2011（4）：29-50.

③ 章永乐. 马基雅维利与“新君主”的继承问题［J］. 政治思想史，2011（4）：51-63.

④ 陈华文. 对马基雅维利的重释——基于《曼陀罗》的文本分析［J］. 中国人民大学学报，2011（1）：94-101.

⑤ 阮思余. 马基雅维利主义批判［J］. 中共天津市委党校学报，2011（1）：53-59；凌新. 马基雅维里：隐匿的政治实践［J］. 江汉论坛，2011（11）：46-51.

⑥ 张弛. 历史变革中的政治概念——马基雅维里国家观念初探［J］. 学理论，2011（11）：199-201；廖君湘，彭军红. 历史情境主义视野下马基雅维里爱国主义思想探析［J］. 江西社会科学，2011（12）：124-127.

⑦ 朱兵. 论弗朗西斯科·圭恰迪尼的政治思想［J］. 上海行政学院学报，2011（2）：40-48.

他的死和惩罚体现了基督教对世界的看法，体现了“喜剧正义”的要求，达到了净化读者灵魂的作用。① 姜岳斌的《但丁〈天国篇〉的美德伦理思想》讨论了但丁如何在《神曲》继承并发展从古希腊到中世纪的德性伦理思想，尤其强调了“四枢德”和“三超德”两个德性体系的关系。②

王艾明将之前发表过的有关路德的论文进行了修订，并集为一册，出版了《马丁·路德及新教伦理研究》，其中第一篇长文《论马丁·路德的神学伦理学遗产》从基督教会内部的视角出发解读路德的新教伦理思想，历史和全面地呈现了路德伦理思想的不同侧面，作者之后讨论了慈温利的改教思想，后面的五章集中讨论由路德开创的新教思想的不同方面，包括新教的信仰形态、教会结构、教会的伦理基础、公共神学和创世问题，作者在讨论理论问题的同时也有着非常强的现实关切。③ 邓安庆的《“以现代精神为妻的鳏夫”——从德国宗教改革运动看宗教现代性与现代伦理问题》深刻剖析了宗教改革如何以新的、更加精神性的方式面对天主教传统面对世俗化时的无力，由此背离西方伦理传统，为现代伦理奠基，这种在世俗性与精神性之间的张力也为之后德国伦理学在莱布尼茨、康德、施莱尔马赫、黑格尔和谢林之中的新发展提供了不竭的动力。④

## 二、近代西方伦理思想研究

就既有的研究文献来看，近代西方伦理思想研究主要包括近代英国伦理思想研究和近代德国伦理思想研究。近代英国伦理思想研究又可以区分为三部分内容，即霍布斯与洛克的社会契约思想研究，从沙夫茨伯里到斯密的道德感学派研究，边沁和密尔的功利主义研究。近代德国伦理思想研究则主要围绕康德和黑格尔展开。此外，卢梭的伦理思想也备受关注。考虑到卢梭从属于契约论思想的脉络，且经常被拿来与霍布斯和洛克的思想

① 朱振宇. 尤利西斯的喜剧之死——《地狱篇》26 解读［J］. 古典研究，2011（1）：55-74.

② 姜岳斌. 但丁《天国篇》的美德伦理思想［J］. 外国文学研究，2011（6）：58-66.

③ 王艾明. 马丁·路德及新教伦理研究［M］. 南京：译林出版社，2011.

④ 邓安庆. “以现代精神为妻的鳏夫”——从德国宗教改革运动看宗教现代性与现代伦理问题［J］. 道德与文明，2010（5）：31-40，2011（1）：70-75.

比较，我们可以把这三个人放在一起处理。如此一来，近代西方伦理思想研究就有四大块组成，即霍布斯、洛克与卢梭的社会契约思想研究，沙夫茨伯里到斯密的道德感学派研究，边沁和密尔的功利主义研究，康德和黑格尔伦理思想研究。

### 1. 霍布斯、洛克与卢梭

这一部分既有对这三位思想家的单个研究，也有对他们的比较研究。但就已阅读的资料来说，比较研究大多流于表面，主要是对三者不同观点的简单复述，故在此不论。我们主要考察对霍布斯、洛克和卢梭的单独研究。

（1）关于霍布斯伦理思想的研究

考察霍布斯的研究资料，我们会发现，研究者们比较集中关注的一个问题是，霍布斯是一个极权主义者吗？如何理解霍布斯为主权者绝对权力的论证？在霍布斯的思想体系中，自由有自己的位置吗？自由又意味着什么？黄其松通过分析霍布斯的生存处境以探寻他写作《利维坦》的主要目的。他指出，身处内战环境的霍布斯希望找到内战的原因并提出解决之道，以期走出战争获得和平。《利维坦》呈现了霍布斯的解决之路。① 武贤芳也指出，如把霍布斯的论证放到他的时代背景和社会问题里去理解，其可接受程度要大得多。后来霍布斯的理论所招致的来自自由主义的批评，源于世移时变，源于所面对的社会问题的不同。她认为，霍布斯意义上的Absolutism不同于中国传统社会的专制主义。② 吴恒威认为，霍布斯的自由是伯林意义上的消极自由。他考察了自然状态下的自由与国家状态下的自由，探讨了自由与强权、自由与民主以及自由与法律的关联。③ 伍俊斌则指出，在霍布斯那里，国家的起源和合法性源于体现个体意志的社会契约，但为了保障政治秩序和社会稳定，又要赋予主权者绝对权力。但同时他也为个人的自由留下了空间，即法律沉默下的自由和自我防卫的自由，

① 黄其松. 霍布斯的“问答逻辑”：理解《利维坦》的一个视角［J］. 前沿，2011（13）：8-11.

② 武贤芳. 中国语境与霍布斯的主权理论［J］. 辽宁大学学报，2011（2）：17-22.

③ 吴恒威. 论霍布斯的自由观与共和主义［J］. 重庆科技学院学报，2011（20）：33-35.

而且规定了主权者的根本义务乃保卫人民的安全。如此一来，霍布斯的思想便游弋于极权与自由之间。①

有些学者认为，霍布斯思想中的一些核心概念是理解其重要论著和论证逻辑的关键。张君认为，理性概念与激情概念一起构成霍布斯探讨公民哲学的基石，因而在霍布斯的思想体系中占有重要的位置。在霍布斯那里，理性概念属于自然哲学的范畴，但却与公民哲学非常接近。他梳理了霍布斯著作中出现的各类理性概念，如自然理性、技艺理性、私有理性、正确理性、公共理性和最高理性等，认为所有的理性概念都相关于个体的自然理性，围绕着自然理性从不同的角度分别揭示出自然理性的不同侧面。总体来说，霍布斯的理性概念是以自然理性为主干、以语词理性和工具理性为“知”、“行”机能的有机体，它追求的是自我保存的最终实现。② 孔新峰则强调，恐惧既是形容霍布斯其人的关键词，又堪称霍布斯政治哲学论著中出现频率最高的激情。霍布斯极为重视恐惧之于公民社会产生及其维系的决定性作用。恐惧内在于人性之中，塑造了人类生活的面貌，并弥漫在其笔下的自然状态里，既是公民社会得以建立的唯一源泉，又是公民社会得以维续的唯一途径，既是战争爆发的重要原因之一，又是获致和平的重要因素，既是人们苦难的渊源，又是人们唯一的吁解之道。根据霍布斯的诸种著述，恐惧是最有力乃至唯一的正义激情和建国立法的根基，它既是理解霍布斯公民科学的枢轴，也为我们理解古今之争和政治现代性提供了重要的视角。在文中，他首先考察了霍布斯恐惧论说思想史上的理论渊源，继而具体分析了霍布斯的恐惧论述的不同侧面，如恐惧的定义问题，恐惧的政治功效，恐惧的过与不及，恐惧的分类，恐惧与主权者的关系，恐惧与自由的关系等。③

也有学者认为，霍布斯的神学思想与其政治思想存在密切关联，应引起重视。黄其松指出，国内政治学学者较为忽视霍布斯的神学思想，往往以它是对罗马教会和天主教的批判为由草草了断，而且据此认为霍布斯是一个无神论的唯物主义者。但事实上，霍布斯的神学思想为他的政治哲学

---

① 伍俊斌. 霍布斯政治合法性思想探析［J］. 西南交通大学学报，2011（9）：130-135.
② 张君. 霍布斯的理性概念［J］. 政治思想史，2011（1）：128-143.
③ 孔新峰. 霍布斯论恐惧：由自然之人走向公民［J］. 政治思想史，2011（1）：80-116.

提供了一个历史维度，具有重要意义。他分析了《论公民》和《利维坦》中对上帝国的论述，区分了原初上帝国和基督上帝国，阐明了两个上帝国中不同的权威与服从关系。基督上帝国中的权威与服从关系是霍布斯的乌托邦，它是一个标准，是用以衡量世俗国家中臣民与君主之间权威与服从关系的标准，也是一个模型，是用以构建理想国家权威与服从关系的理论模型。①

（2）洛克

在洛克的研究中，人们普遍比较关注洛克的政府理论，即洛克对政府权力的来源、性质、目的、合法性基础、构成以及限度的分析，关注洛克与宪政主义以及现代民主理论的关联。王涛认为，洛克分析政治权力的起点是享有自由和财产权的个体，这些个体构成了一个前政治的自由秩序。洛克通过社会契约解释了政治权力的生成逻辑，并在这一论证过程中赋予政治权力以特定的道德属性。洛克阐释政治权力内涵的另一特点是赋予政治权力以一种特殊的存在形态，即“立法权力”。洛克阐述的这一政治权力有效地在理论上对抗了当时的父权理论和绝对主权理论，为他设计一个宪政国家奠定了基础。② 他指出，洛克是开创近代宪政主义的著名理论家。他在《政府论》下篇中对人的自由、法制、权力分立等诸多宪政理念进行了阐述。洛克的宪政设计方案的内容分为前后相连的三部分内容：首先是根据多数人原则和委托理论来阐述宪制的创生；其次是根据社会同意原则对立法权和执行权进行双重规制以形成宪制的内部构造；最后为人民的反抗权和品格对守护宪制的作用。从整体来看，洛克的宪政设计方案可以被归结为一种以保证权力和政治自由共存为目的的动态多元的最高权力体系。③ 霍伟岸指出，洛克是否明确提出了一种现代民主理论，在西方学术界一直是一个有争议的问题。作者从现代民主理论的五要素出发，依次考察了洛克的人民主权观念、同意学说、代表观念、多数统治学说和反抗权理论。他认为，洛克虽然有一种比较明确的人民主权观念，并且主张一种比较彻底的反抗权理论，但他的同意学说主要在于阐明每个人对政府和法

---

① 黄其松．霍布斯政治哲学中的两个上帝国［J］．政治思想史，2011（1）：117-127.

② 王涛．洛克对政治权力内涵的分析［J］．北京行政学院学报，2011（2）：99-102.

③ 王涛．洛克的宪政设计方案辨析［J］．政治与法律，2011（3）：147-160.

律的义务之来源，而不是指向民主权利，他的代表观念中虚拟代表扮演了更重要的角色，而实际代表凸显的是选区的选举权而非个人的选举权，他的多数人同意学说主要是一种信奉多数人应该拥有权力的抽象政治理论，而没有落实在政府的组织形式上，因此，不能说洛克提出了一种现代的民主理论。①

洛克的自然法和自然权利学说也受到关注。洛克的自然法究竟是神意法还是理性法，他的自然权利是天赋权利吗？天赋权利说是否会引发洛克思想体系的矛盾？肖红春等对洛克自然法的性质进行了详细的阐述，得出了自然法具有神意法和理性法双重属性的结论。这种界定看似模糊，而且存在内在冲突，易受诟病。但洛克自然法理论中的这种模糊性源自于他对理性开启的现代性进程持谨慎态度。尽管洛克在一定程度上似乎更重视理性的作用，但理性也存在诸多问题，如自然法是人类理性无法独证的，自然法在政治上的应用及其说服力仅仅靠理性推演不足。这就使得洛克最终走向一种谨慎的平衡策略，即自然法既是神意法，也是理性法。② 就洛克的权利理论而言，肖红春认为，由于洛克对自然权利的运用及其论证过程中所采用的特殊方式和路径，其自然权利一直被当作一种天赋权利。对自然权利的这种解读，又被当作了洛克哲学体系自身存在矛盾的证据之一。但这种解读却忽视了一个非常重要的问题，即历史性或经验性因素在洛克对自然权利的论证中始终存在，在某种程度上甚至是一种对自然权利非常重要的隐形论证。如果意识到这一点，就不会轻率地认为洛克的哲学体系内部不一致。③

洛克关于政治权威的证成和政治义务来源问题也引发讨论。人们关注的是，洛克提出“默示同意”的目的是什么？它相关于政治义务的确证吗？王涛明确指出，洛克使用默示同意这一概念是为了论证领土主权。④默示同意指的是任何与国家领土有关的行为都受制于这个国家的法律管辖权。由默示同意支撑的义务不是明示同意支撑的政治义务，而是一种狭义

① 霍伟岸．洛克与现代民主理论［J］．中国人民大学学报，2011（1）：84-93.

② 肖红春，龚群．神意、理性与权利：一种关于洛克自然法理论的解读［J］．现代哲学，2011（3）：49-54.

③ 肖红春．洛克自然权利理论的历史性意蕴［J］．哲学动态，2011（2）：78-83.

④ 王涛．洛克思想中的“默示同意”概念［J］．华东政法大学学报，2011（2）：83-90.

的法律义务。前者对应的是政治主权这一“拟制性空间”，后者对应的是领土主权这一“准物理性空间”。洛克的这一区分又进一步带来了不同公民身份的区分。这些问题反映了洛克的自由主义国家理论中鲜为人知的一面。

此外，在洛克那里，道德的基础是自然法还是功利也有所争议。詹世友指出，洛克认可自然法作为道德价值的根基。自然法是上帝意志的体现，可以绝对普遍地约束我们的行为，我们的感觉和理解力虽然薄弱，但可以认识到它；另一方面，洛克通过美德把自然法和功利或幸福连结起来，认为只有遵循自然法才能带来真正的功利或幸福。但功利并非道德的基础，而是道德的结果。①

(3) 卢梭

就卢梭而言，最受研究者关注的是他所提出的公意理论。人们聚焦于公意理论的确切含义，公意理论与民主的关系，公意理论所可能引发的问题等。钱福臣认为，卢梭立法思想是其社会契约思想的核心。他的社会契约思想的主要脉络是：人们通过社会公约结成国家，国家行为的最高依据是公意，而公意的形成和确定必须通过立法，反过来，立法必须发现和确立公意，因而，公意既是立法的内容，也是立法的最高标准。卢梭所主张的公意不是众意，不是主观的意志，是客观的，以公共利益、人民幸福为依归，需经理性和超然的态度去发现。② 蓝剑平指出，从博弈论的角度看，卢梭公意理论的分析逻辑在于：公意来源于人类捍卫自由的共同需要，确立于集体签订的合约，执行于一种设计精巧的政治机制，实现于外在的强制性法律，延续于可操作的选举权利，异化于走火入魔的人类理性。公意理论在当代世界有双重效应，一方面可以维护政治公平，推进自由民主，另一方面却又导致诸多恶行，如多数人暴政。③ 李雪峰强调，卢梭人民主权理论的休谟问题在于，将价值应然性的公意、人民主权简单归结为事实

---

① 詹世友. 启蒙运动早期洛克对道德的奠基：谋划与证成［J］. 南昌大学学报，2011（6）：122-133.

② 钱福臣. 作为“公意”的正义：卢梭的立法思想及其启示［J］. 黑龙江社会科学，2011（1）：157-163.

③ 蓝剑平. 卢梭公意理论的模型建构与当代应用：基于博弈分析的视角［J］. 福建省委党校学报，2011（9）：94-99.

实然性的多数意志，将人民主权极为复杂的实现路径简单归结为多数人意志这一路径。事实上，人民主权的实然表现不是多数人意志而是公民权利，现代民主宪政的核心问题就是要解决如何将抽象的人民主权回复到现实的公民权利。正是由于卢梭的这种逻辑错误，导致了一系列民主灾难的发生。① 双艳珍认为，卢梭式民主的最大问题是它反对多元社会结构，以公意对抗特殊意志，甚至否定特殊意志和利益，排除了各种政治力量之间妥协的可能性，这实际上是取消了多元利益、差异性，因而是一种不宽容的政治。这样他不但不能实现民主，反而为民主政府里的极权铺平了道路，以至于最终取消了民主。②

与卢梭的公意理论密切相关的是他的自由观。卢梭持有一种什么样的自由观念？他的自由观念可欲吗？李石认为，在卢梭的政治思想中，自由这一概念贯穿始终，实现个人自由不仅是卢梭政治思想的出发点，也是其整个政治哲学想要实现的最终目标。卢梭通过公意理论发展出一套从自然自由到道德自由的理论，最终得出当人们不服从社会规则所代表的公意时，就可以强迫他们服从的结论。伯林对卢梭的强迫他人自由进行了激烈的批判，认为这是由于卢梭将自由的绝对性与社会规则的绝对性等同而得出的结论，会导致极权主义和自由的沦丧。但李石认为，卢梭使用的自由概念不同于伯林，伯林对卢梭思想的重构也不合卢梭本意，卢梭的自由理论不会导致奴役制度，强迫他人自由并不构成悖论。③

卢梭的世界主义和普世道德的思想也引发关注。崇明指出，卢梭认同普遍人性和普世道德的存在，但他认为由于人类社会并不构成具有道德人格的共同体，所以人类的普遍意志不能成为政治和道德生活的准则。卢梭也拒绝构想具有统一主权的世界城邦，因为世界城邦会削弱公民责任。卢梭认为应当通过政治共同体的普遍意志来实现普遍道德，因为政治共同体会促成道德意识的形成，普遍意志通过对利己自爱和依附关系的抑制实现了自由、平等和正义。普遍意志必须和共同体的特性以及爱国主义结合才

---

① 李雪峰．论卢梭人民主权理论的“休谟问题”：卢梭人民主权与民主的关系解读［J］．求是学刊，2011（2）：80-86.

② 双艳珍．“卢梭困境”与多元主义民主的解决方案［J］．天津行政学院学报，2011（6）：29-34.

③ 李石．卢梭的自由理论：批评与辩护［J］．政治思想史，2011（2）：118-126.

能成为一种有效的道德和政治力量。①

综合来说，国内学界对霍布斯和洛克的研究已经比较深入，但对卢梭的研究仍显薄弱，有待强化。

### 2. 道德感学派

道德感学派的代表人物有沙夫茨伯里、哈奇森、巴特勒、休谟、斯密等。在这些人中，休谟和斯密最受关注。但伴随着沙夫茨伯里和哈奇森的一些著作被译成中文，两人也受到一定程度的研究。巴特勒则较少被探讨。

（1）沙夫茨伯里、哈奇森

冀艳丽认为，沙夫茨伯里是英国伦理思想中道德情感主义的创始人，首次提出了道德源于情感的论断。他的道德情感伦理思想既走出了道德感觉论的局限，又反驳了道德理性主义。他的思想呈现出一种渐进、调和、稳健的社会启蒙特征，是近代启蒙运动中不可忽视的理论资源。② 李家莲等指出，在培根倡导并实践的归纳法和观察法的指导下，并通过对洛克的感官说的继承和改造，哈奇森提出了道德感官说。道德感官说不仅使道德找到了植根于人性自身的基础，而且使得经验主义的底盘从认识论领域扩展到了伦理学领域。③ 陈晓曦探讨了哈奇森的“整体主义生机论”思想的渊源。他认为，哈奇森主要继承了斯多亚的整体主义思想，尤其是深受马可·奥勒留的影响。④

（2）休谟

在休谟的伦理思想中有一些核心概念，如同情、效用、旁观者立场、普遍观点、理性。这些概念之间是什么样的关系？是相互补充，还是彼此矛盾？该如何为休谟的伦理思想定位？研究者们围绕这些问题展开了讨论。胡军方分析了同情说和旁观者立场以及旁观者立场与普遍观点之间的

---

① 崇明．卢梭思想中的世界主义与普遍意志［J］．中国人民大学学报，2011（4）：60-68.

② 冀艳丽．沙夫茨伯里道德情感主义述评［J］．宜春学院学报，2011（11）：15-17.

③ 李家莲，戴茂堂．弗兰西斯·哈奇森“道德感官”的缘起［J］．黄冈师范学院学报，2011（4）：89-99.

④ 陈晓曦．整体主义生机论：理解哈奇森道德哲学的一个视角［J］．伦理学研究，2011（3）：112-117.

关系，并考察了对旁观者立场的一些批评。① 孙海霞则考察了同情、旁观者与效用之间的关联。她认为，休谟的同情是基于旁观者立场的同情，而同情的运用需要考虑效用问题。② 罗伟玲等认为，休谟道德哲学的主要贡献在于凸显了道德结构的三个要素，即自爱、同情和理性。其不足之处是没有讲清三者之间的关系，因而摇摆于情感主义、功利主义和道义论之间。如果把道德理论划分为情感功利主义、理性功利主义、情感道义论和理性道义论，则休谟的道德理论基本上属于情感功利主义。③

休谟的正义理论也备受学界关注。在休谟的正义理论中，理性与情感分别扮演什么样的角色？就正义感来说，利益原则和同情原则各自的作用是什么？何者起主导作用？这些问题构成了讨论的热点。王彩波等考察了正义的起源，正义理论与功利主义的关系，以及休谟正义理论的影响。④ 冯书生指出，“自然”、“人为”、“财产权”是理解休谟正义思想的三个关键词，同时认为，在休谟的正义思想中，存在一种张力，即自然与人为之间的张力。⑤ 汤剑波等人分析了正义感的来源问题，即正义究竟源于同情，还是源于利益或私利？两者各自的作用如何？两者是否彼此不相容？⑥ 夏纪森全面考察了休谟的正义理论。他把休谟的伦理思想置于近代道德哲学的整体背景中，分析了休谟的德行概念及其判断标准，自然之德与人为之德的区分，考察了休谟正义理论的主要内容，即正义规则是如何由人类人为地确立起来的，以及人们有什么理由要把德行的观念附到正义的上面，服从正义的规则。⑦

休谟的自由理论也有所探讨。胡好认为，休谟关于自由有三种表述：自发自由、中立自由和自由。其中自发自由就是自由，两者都与强制对立，与必然一致，而中立自由则是必然的缺无。休谟采取相容论的立场，

---

① 胡军方. 观察者理论与休谟的伦理思想 [J]. 玉溪师范学院学报，2011 (10)：14-20.

② 孙海霞. 休谟“旁观者”的同情理论探微 [J]. 中南大学学报，2011 (3)：58-62.

③ 罗伟玲，陈晓平. 论休谟道德愉悦感及其理论定位 [J]. 现代哲学，2011 (6)：72-77.

④ 王彩波，关晓铭. 正义与德行：休谟政治哲学探析 [J]. 社会科学战线，2011 (4)：161-165。

⑤ 冯书生. 在“自然”与“人为”之间：休谟的正义理论及其内在张力 [J]. 天津行政学院学报，2011 (5)：26-33.

⑥ 汤剑波，高恒天. 正义的两重性：互利与同情 [J]. 伦理学研究，2011 (3)：42-46.

⑦ 夏纪森. 休谟的正义理论 [J]. 比较法研究，2011 (2)：111-127.

认为一个行动既是有原因的，又是自由的。他一方面通过批驳中立自由巩固心理决定论，另一方面通过反驳彻底决定论在宗教上的运用以巩固自由学说，最终让心理决定论和自由学说为责任奠基。然而，他所肯定的不受强制反而模糊了自由的含义，并且他的调和论策略由于避开了相容论的关键问题，因而也值得商榷。①

（3）斯密

就斯密而言，学界比较关注他的伦理思想中的一些核心概念，如效用和自然这两个概念。通过分析这些概念，人们希望可以为斯密的伦理思想定位。张正萍等指出，对斯密来说，无论是审美还是道德赞同，效用都不是主要的原则。我们对物的赞美、对道德的赞同，不是因为它们有用，而是因为它们是合宜的，符合事实的。合宜性是审美赞同和道德赞同的主要原则。审美与道德合宜性的标准来源于无偏的、全知全能的旁观者的同情。在效用论的问题上，合宜性不完全是经验的观察，还体现了一种确定的意图，它就像一种看不见的手，引导着我们对美和道德的赞同。② 吴红列认为，“自然”一词是《道德情操论》中的一个核心概念，然而斯密对“nature”的区分和思考是多重的，研究者就“nature”的含义也有着不同的理解。他区分了三个不同层次的有关“nature”的概念，即“the Author of nature”，大写的“Nature”以及小写的“nature”。他认为，the Author of nature 和 Nature 具有很强的设计论和目的论色彩，它们是为社会而创设和构造了人。但 the Author of nature 和 Nature 也有细微的差别，前者更倾向于自然理性的一面，后者更倾向于感性的一面。如果说 the Author of nature 和 Nature 是外在于人的，那 nature 则是内在于人的。斯密更为关注的 Nature 和 nature 之间的关系。③ 渠敬东也探讨了斯密的自然概念。他指出，斯密的自然概念可从三个层次上理解。在造物主的概念（the Author of nature）中，斯密通过对神的预定论的假设，将报应论纳入道德情感秩序的确立之中，将最高的善理解为一种宗教性的目的，将斯多亚主义的观念重

① 胡好. 简析休谟的自由观［J］. 现代哲学，2011（3）：55-61.

② 张正萍，罗卫东. 亚当·斯密《道德情操论》中的效用论辨析［J］. 浙江大学学报，2011（5）：10-17.

③ 吴红列. 亚当·斯密的自然观：对《道德情操论》中“nature”的解读［J］. 浙江大学学报，2011（5）：18-26.

新置入神学之中。在大写的自然概念中，斯密提出了自然的本原性解释，明确了人在自然意义上的存在论含义，确立了人的情感能力的自然基础。在从人出发的自然概念的讨论中，斯密通过对同情的论证，提出了基于人性基础而实现社会秩序的道德机制。正是通过这三个层次的自然概念，斯密最终确立了神学、自然哲学和道德哲学三重维度的理论体系。①

此外，也有学者考察了斯密的正义理论。聂文军认为，斯密既把正义作为一种具体的行为规范，又看作一种德行，但他主要是把正义作为行为规范来运用的。斯密的正义伦理呈现出一种价值上的错位，它首先表现在主要作为行为规范的正义本来只具有底线的价值，但斯密却赋予其德行的价值与性质；其次，正义作为德行总是消极的，其德行价值的程度很低，但这与正义的社会作用极不相称。要解决这种价值错位，必须重建立足于人的统一性的新德行伦理，倡导做一个具有正义德行的人。②

### 3. 功利主义

近代英国功利主义的代表人物为边沁、密尔和西季威克。在这三人之中，密尔最受关注，边沁次之，西季威克则几乎不被注意。就边沁而言，相关的研究文献之数量也并不多，且多为对边沁观点的简单复述，故在此略过不提。我们主要考察对密尔的研究。

考查密尔的研究资料，我们会发现，密尔的思想中比较受学界关注的有三块内容，即自由理论，民主理论，以及功利主义思想。

先来看密尔的自由理论。周建明指出，密尔自由观的逻辑基础乃是功利。他讨论了密尔自由观的内涵，如自由的障碍为多数的暴虐，自由的内涵如言论自由、思想自由与个性自由，自由的界限，密尔的自由思想在西方自由主义历史中的位置，密尔与霍布斯、洛克以及卢梭等人在自由观上的异同等。③ 余艳红分析了个性的内容与价值，个性的限度和压制个性的力量，并指出，密尔对个性的阐述深受个人的生活阅历、托克维尔《论美

① 渠敬东. 亚当·斯密的三重自然观［J］. 浙江大学学报，2011（5）：5-9.

② 聂文军. 论亚当·斯密正义伦理的价值错位［J］. 伦理学研究，2011（2）：42-48.

③ 周建明. 继承与超越：论 J. S. 密尔的功利主义自由观［J］. 学理论，2011（2）：113-115.

国的民主》一书，以及洪堡的著述之影响。① 庄晓平认为，密尔和罗尔斯代表了两种不同的自由观。他分析了两种自由观的内容，然后讨论了两种自由观的不同论证路径，如密尔的功利主义论证，罗尔斯的契约式论证，最后谈到两种自由观之间的传承。② 朱坚章通过“自由与舆论”、“自由与进步”以及“自由与强制”三部分内容详细分析了密尔的自由思想。他指出，密尔的自由观念完全建立在进步哲学的基础之上。社会的进步必须有新观念的冲击，而新观念的产生则以自由为条件。而穆勒所感受到的当时英国社会，威胁自由、阻碍进步的，不是政治权力，而是社会舆论习俗，且民主平等化的发展更有使舆论习俗与政治权力结合的趋势，所以密尔特别强调公民或社会自由的重要性，甚至鼓励标新立异，以对抗平庸多数的习俗专制力量，而达进步之目的，并且为自由与强制之间订立一简单准则，作为社会国家的强制力量干涉个人自由的准则。但其主要论证主要诉诸人心而欠缺逻辑系统，至于内容不过是19世纪英国中产阶级自由主义者褊狭的自由观而已。③

再来说密尔的民主理论。辛向阳分析了密尔民主理论的思想渊源，如密尔与詹姆斯·密尔的代议制政府理论，与斯密、李嘉图的政府职能理论，与圣西门的空想社会主义，与托克维尔的民主理论的关联。④ 李黄骏指出，密尔在论证民主制度时，主要诉诸功利主义的考虑，即民主制度所可能带来的有益结果。这就使得密尔没有给程序正义或过程民主以足够的考虑，将权能原则置于平等原则之上，提出了复数投票制度，引起了后来的民主思想家的批评。⑤ 闫飞飞认为，在民主理论史上，密尔的地位存有很大争议。参与民主理论家认为密尔着重强调政治参与的积极意义，而精英主义民主理论认为密尔倡导复数投票制度，强调精英在政治过程中的作用。但这两种解读都有其片面性，未能把握密尔民主思想的主旨。事实上，密尔的民主思想有着一贯的宗旨：在民主即将成为社会的趋势，选民

① 余艳红. 密尔论个性 [J]. 中共中央党校学报，2011 (1)：105-109.
② 庄晓平. 密尔和罗尔斯的两种自由观之比较 [J]. 社会科学家，2011 (3)：138-141.
③ 朱坚章. 穆勒的自由观念之分析 [J]. 政治思想史，2011 (1)：163-183.
④ 辛向阳. 折衷的民主：密尔的代议制民主理论 [J]. 国外社会科学，2011 (6)：75-81.
⑤ 李黄骏. 过程与实质的冲突：密尔民主思想述评 [J]. 前沿，2011 (5)：53-55.

的力量必将增强的情况下，通过强调作为代表的精英的作用，以此来抗衡多数大众的力量，并通过精英代表引导民主的走向，达到培养公民美德、提升民主质量的目的。①

密尔的功利主义思想研究或分析密尔与边沁功利思想的异同，或讨论密尔的快乐主义，或论述密尔的正义理论，但多止于简单的归纳和概括，缺乏有水准的研究。冯书生认为，虽然密尔的正义论建立在功利原则的基础上，因而一般被称作功利主义的正义理论，但密尔正义论的真正意义或许不在于强调功利优先的原则，而在于他对正义问题的思考逻辑和各种洞见。密尔正义论最基本的特征体现为以惩罚作为分析正义问题的关键词，以不伤害作为正义的主要原则。②

### 4. 康德与黑格尔

康德与黑格尔的伦理思想颇受我国学界重视，研究文献数量众多，尤以康德为甚。德国古典哲学其他思想家的伦理思想则很少被关注和讨论，故在此不作论述。

（1）康德

就康德的伦理思想而言，不仅研究资料多，而且涉及的面也广。康德伦理思想中的很多重要论题都有所探讨。康德的自由理论、道德与宗教的关系、定言命令、幸福观念、道德教育问题等都被研究者注意。

我们首先来考察对康德自由理论的研究。人们都认为，自由问题是康德哲学的核心问题，是理解康德哲学的关键，但在康德的哲学中，应如何区分自由的层次，不同层次的自由是何种关系，康德的自由论证是否成功，围绕这些问题，学者们意见不一。苏娅认为，康德自由概念可分为三个不同的层次，即先验的自由、实践的自由以及法权自由。法权自由是康德法哲学的核心概念，是对康德道德哲学的一个必要补充，增强了其道德哲学的完善性。③ 白文君则认为，康德的自由应区分为先验自由、实践自

---

① 闫飞飞．代表与选民：密尔民主思想探析［J］．西安建筑科技大学学报，2011（6）：9-13.

② 冯书生．惩罚与不伤害：密尔正义论的逻辑进路与基本特征［J］．天津市委党校学报，2011（5）：76-84.

③ 苏娅．论康德的“第三种自由”［J］．深圳大学学报，2011（2）：29-33.

由以及至善自由，且三者之间存在逻辑跃进的关系。至善的自由体现出康德自由理论的神学维度。① 胡万年等指出，学界对康德自由概念的理解聚讼纷纭，有二分法，有三层次说，有三部曲说。但这只是停留在对康德自由概念的分类和梳理层面上，并没有解释康德自由概念的完整内涵和内在逻辑。事实上，康德有一个有机的自由理论体系，我们可以从自由的可能性、实在性、现实性、实际性四个存在论维度考察康德的自由概念，而且，康德的自由概念呈现出从形而上到形而下，从本体到现象，从先验到经验的逻辑特征。② 朱会晖指出，在康德的道德哲学中，对自由的现实性论证引起了很多诟病。他通过区分自由理念的理论的实在性和实践的实在性，进而指出，自由的现实性并不是因为自由理念符合自在存在的本体之属性，而是由于它能决定感官世界的实践活动。人必然把自由理念思考为现实的，进而根据这种设想去行动，因而自由理念必定能现实地决定人的意志，使人独立于感性的爱好和冲动而行动。他指出，尽管人们不断批判康德关于本体的形而上学的独断，但康德却建构了去本体论化的形而上学，康德采取的是在通常的意志自由观与决定论、在独断的形而上学和主观主义之间的第三条道路。③ 谭杰对康德和伯林的自由观作了比较。他认为，康德对两种自由的区分完全不同于伯林对两种自由的界定。伯林的自由概念是经验性的，而康德则是先验的。④

道德与宗教的关系也是学者们讨论的热点。在康德那里，道德与宗教到底是什么样的关系？道德必然导致宗教？宗教可以完全还原为道德吗？宗教与康德的道德思想能相容吗？高明指出，在康德那里，道德是自足的，不需要宗教作为其存在基础，但考虑到德福一致的重要性，道德必定会导致宗教。但宗教并不能完全消解为道德。⑤ 张会永认为，康德哲学中道德与宗教关系有两种常见观点：一种观点认为康德对道德必然导向宗教

① 白文君. 论康德自由的层次性及其逻辑跃进：兼论康德自由论的神学维度［J］. 理论月刊，2011（8）：59-61.

② 胡万年，张荣. 康德自由概念的四个存在论维度［J］. 现代哲学，2011（4）：58-64.

③ 朱会晖. 自由的现实性与定言命令的可能性：对康德《道德形而上学奠基》的新理解［J］. 哲学研究，2011（12）：78-86.

④ 谭杰. 论康德的消极自由与积极自由：兼与伯林两种自由概念的比较［J］. 道德与文明，2011（4）：59-64.

⑤ 高明. 康德论道德与宗教之关系［J］. 东方论坛，2011（3）：42-47.

的论述会破坏道德法则的纯粹性和自主性，也与他的道德不需要宗教的命题冲突；另一种观点认为，康德把宗教奠基在道德之上，是在以道德解构宗教，最终使宗教成为道德的附录。但他认为，这两种观点都是错误的。对康德来说，宗教与道德既相互独立又相互需要，康德的目标是要实现两者的共契。① 张俊以圆善（至善）这一概念为出发点，分析了康德实践哲学的三大悬设，探讨了康德那里道德与宗教的特殊关系。他认为康德道德神学中充分体现了理性与信仰、世俗与神圣的深刻矛盾，而这实质上是启蒙时代神义论向人义论转变过程中，康德乃至所有的启蒙哲学家都不得不面对的问题。②

康德的幸福观念也被一些研究者所注意。苏娅指出，康德通常被认为持有幸福没有价值的观点，并且在其伦理学中忽视了它。但这是一个严重的错误。将康德的伦理思想简化为义务论的观点是错误的。事实上，幸福问题在康德的道德哲学中有重要地位。③ 杨秀香认为，以往的学者在研究康德的幸福观念时，往往注重从道德与幸福的关联，实践理性的三大悬善，以及至善等观念出发，认为康德意义上的幸福的实现只能在彼岸。但这不能构成康德幸福观的全部，它完全忽略了康德的法权思想与幸福的关联。④

有些研究者也将康德的伦理思想与中国伦理思想传统作比照研究。谢文郁认为，康德的道德哲学和中国的儒家伦理有着某种相通性。通过分析《中庸》中的君子论和康德在《仅论理性界限内的宗教》一书中提出的“善人”概念，可以发现君子和善人的相通性：在概念上是相似的，在生存上是相通的。君子和善人是理想人格的两种表达式，两者处理的都是人的自我完善问题。而且，这种相似性是一种跨文化的传承关系，也就是说，康德是在儒家的影响下，提出善人这一概念的。康德的善人概念是儒家的君子这一概念的西方表达式。⑤ 文碧芳认为，尽管康德与张载的道德形而上学因历史文化背景的不同而有相当大的差别，但他们对道德的看法

① 张会永. 康德哲学中的道德与宗教之辩［J］. 社会科学辑刊，2011（2）：11-15.
② 张俊. 康德圆善的两维精神结构：世俗性与神圣性［J］. 伦理学研究，2010（6）：64-70.
③ 苏娅. 康德哲学中的幸福观念［J］. 甘肃高师学报，2011（1）：10-13.
④ 杨秀香. 论康德幸福观的嬗变［J］. 哲学研究，2011（2）：85-92.
⑤ 谢文郁. 康德的“善人”与儒家的“君子”［J］. 云南大学学报，2011（3）：65-77.

以及所欲达成的目标却有惊人的一致。张载视人自身本具的天地之性所发的道德律令与天道、天理为一，康德视人之实践理性的自我立法即神的命令，上帝之立法；他们都既肯定道德法则的神圣性、绝对性和普遍性，又坚持人之实践理性自我立法、自我服从的道德自律立场。东西方两大先哲对道德的见解可谓殊途同归。①

此外，康德的道德教育思想、康德的第二条定言命令也被人们所探讨。肖会舜考察了康德的道德教育思想。他指出，康德在《实践理性批判》的导言中指出了一般实践理性批判的责任和任务，而如何使这项任务真正落到实处，除了在理念上有所揭示和澄清之外，还必须有具体方法的提出，即道德教养和训练的方法。这种方法被称作是“心灵的颠倒”，即打破把自爱动机当作遵循道德法则的条件。道德秩序重建的具体方法包括道德判断力的练习，一定程度的榜样激励，以及精神的生产术。② 俞吾金探讨了康德的第二条定言命令。他认为，应从人与物的关系和人与人的关系两个角度来理解“人是目的”。在人与物的关系中，人是目的，物是手段；在人与人的关系中，人在实际生活中常为手段，但从理想状态而言，人应作为目的。康德的这一思想虽然提升了人的价值，弘扬了人的尊严，但作者认为，康德的论述过于片面。首先，在人与物的关系中，目的与手段并不存在绝对不变的界限，他完全忽视了实际生活中普遍存在的物的主体化和目的化，人的手段化和客体化的现象。在人与人的关系中，他也没有对实际生活中进行深入的探索，没有认识到现实生活中手段和目的的彼此交织，因而人是目的的观念永远是一个缺乏操作性的幻念。此外，在后启蒙时代，这个观念已暴露出致命的缺陷，即人类中心主义的思维定势。现在不能单纯以赞扬的口吻来谈论康德的这一观念了。③

（2）黑格尔

对黑格尔伦理思想的研究大多围绕其《法哲学原理》展开。黑格尔与现代性问题和困境、市民社会理论、自由理论、国家理论、道德与伦理关

① 文碧芳. 张载、康德与道德形而上学［J］. 哲学研究，2011（12）：57-63.

② 肖会舜. 道德秩序重建及其方法：康德论道德教育［J］. 绍兴文理学院学报，2011（1）：41-46.

③ 俞吾金. 如何理解康德关于“人是目的”的观念［J］. 哲学动态，2011（5）：25-28.

系等问题受到密切关注。

很多研究者在现代社会的语境中重新估量黑格尔的伦理思想，考察他对现代性困境的诊断以及治疗方案。李红文认为，在《法哲学原理》中，黑格尔发展了关于现代社会的解释。在他的理论中，家庭和市民社会的对立占据着中心地位，而国家的出现则调和了这种对立。市民社会作为一种制度是理解现代社会的关键。家庭、市民社会与国家是构成现代社会的三重架构，三者各有其独特的性质和功能，现代社会的动力机制运行于这三者之间。[①] 苗贵山从现代社会的困境，即启蒙运动造成的个体与共同体的分裂入手来解读黑格尔的伦理思想。他指出，在面对这一困境时，黑格尔以其特有的伦理原则致力于实现主观自由与客观自由，即市民社会与政治国家之间的和解。这种和解需要伦理的内在支撑，即市民社会的成员为了促进和维持基于理念建立起来的社会，必须恪守一套义务，参与共同体的生活，而共同体也致力于充分实现个体的自主性。在此基础上，达到个体与共同体的和谐共生。[②] 张盾也从现代性问题出发解读黑格尔的法哲学。他认为，黑格尔把现代性批判和拯救的目标定位为“特殊性与普遍性的统一”。黑格尔把这种统一具体标识为“国家”理念。但这个国家不是任何现实的国家，而是一个建构性的理想，性质类似于马克思的“自由人的联合体”。两者的不同在于：马克思的目标是全体个人对社会财富总和的联合占有，其问题意识执著于经济领域和市民社会批判，尤其执著于解决现代社会的最大难题财产权问题，显示了高度的理想主义；黑格尔的目标则是实现私利与公共善的完美统一，其问题意识本乎财产问题而充满现实感，但就其坚持普遍物对特殊利益优先，国家对市民社会优先来说，又超越了市民社会、经济领域和财产权问题，指向更高远的理想，政治气质近于古典共和主义。[③] 汪行福认为，从现代性的视域来看，黑格尔的法哲学不仅是对主观自由引发的生存论和社会学困境的诊断，是为了克服主观自由的非确定性，同时也是对个人自由和公共自由的张力和复杂性的系统思

---

① 李红文. 家庭、市民社会与国家：黑格尔论现代社会制度［J］. 长江论坛，2011（3）：11-17.

② 苗贵山. 黑格尔和谐社会观的伦理意蕴［J］. 道德与文明，2011（2）：58-62.

③ 张盾. 财产权问题与黑格尔法哲学的当代意义［J］. 人文杂志，2011（5）：1-7.

考。黑格尔成功地解释了个人主义自由观及其制度化的缺陷，并解释了从私人自由向公共自由过渡的必要性，但他没有成功地把自己在伦理概念中阐发的交往自由原则贯彻到理性国家概念之中，因而错过了从民主方向解释公共自由的机会。①

黑格尔对市民社会的论述也很受关注。洪岩分析了市民社会的特征：市民社会是由单个人组成的联合体，其中每个人既相互独立又相互依赖；市民社会是物质生活的范畴，是需要的体系；市民社会通过法律和司法制度保障市民社会的所有权，通过警察和同业公会维护市民社会成员的个人生活和特殊福利。黑格尔市民社会概念明确地区分了市民社会与政治国家，赋予市民社会新的含义。② 王集权等将黑格尔的市民社会理论与中国家国一体的伦理传统进行对勘。从价值合理性的逻辑基础，社会运作的伦理秩序，社会结构的伦理关系入手，对它们的伦理内涵作了全方位的比照。更具体地说，是在自然血缘与需要体系，人情主义与契约伦理，以及家国一体与市民社会之间进行对话。③

黑格尔的自由理论也是一个研究的焦点。周德海认为，黑格尔的法哲学理论体系是以“自由思维”为主体，通过自由的意志逐步外化，并在这种外化的过程中不断消除个体意志的特殊性、主观性和任意性，最终达到具有普遍性、必然性以及客观性的自由王国的过程。黑格尔法哲学理论体系中的自由，与爱因斯坦的“内心的自由”与“外在的自由”，在本质上是一致的。④ 阎孟伟讨论了自由意志的三个环节，并认为黑格尔自由意志理论的一个最重要的特征，就是把意志自由或个人自由理解为一个发展过程，即从自在的自由到自在自为的自由的过程，也即意志的特殊化并从特殊化中返归自身的过程。⑤ 黄小洲认为，黑格尔的自由观是一个自由谱系学，它是通过综合扬弃康德和经验派的自由原则而来的。意志是自由的，

---

① 汪行福. 个人权利与公共自由的和解：现代性视域中的黑格尔法哲学［J］. 吉林大学学报，2011（1）：54-63.

② 洪岩. 黑格尔的市民社会理论［J］. 辽宁警专学报，2011（2）：10-13.

③ 王集权，庞俊来. 黑格尔市民社会理论与中国家国一体伦理传统的价值对勘［J］. 江海学刊，2011（3）：223-228.

④ 周德海. 论黑格尔法哲学理论体系中的自由概念［J］. 济南市委党校学报，2011（1）：19-24.

⑤ 阎孟伟. 黑格尔自由意志思想的政治哲学内涵［J］. 学习与探索，2011（5）：35-39.

它是自由的基本规定，但同时又是一种形式的自由、主观的自由和抽象的自由。黑格尔认为自由还要有质料的规定，即它应该包含现实的经验自由。而真正的自由是一种具有普遍必然性的具体自由，它体现为法权的自由和自由的历史理性。①

黑格尔的国家理论以及他对道德与伦理关系的论述也被一些研究者讨论。罗朝慧指出，近代自然法论者所建构的契约式法理国家，相当于黑格尔所说的市民社会层次，即通过强制的和统一的司法体系或公共权威为所有个人的各种特殊需要和主观自由，提供一个不受阻碍的、和平安全的外部秩序。而黑格尔的现代伦理国家，则主张在保护所有个人的特殊性和主观自由无阻碍实现的同时，关注法律保障或法律禁止之外的偶然性的侵害、压迫与危险，实现权利、道德和义务的统一，真正将人类自由本质实现为必然意义上的“是”，而不是偶然性和可能意义上的“是”。② 周德海研讨了黑格尔的“伦理”与“道德”概念。他认为，在黑格尔法哲学理论体系的抽象的法、道德和伦理之间，既是一种逻辑的递进关系，也是自由辨证的发展和逐步实现的进程。其中，由每个人所获得的对外在物的所有权所确立和保证的自由，以及这种自由在抽象法中所要求的平等和正义，是黑格尔道德和伦理的逻辑前提和基础。黑格尔法哲学理论体系中的道德既是人的主观性的自由，又是善。善是作为主体的人的主观性自由的定在。而伦理则是自由的理念，是成为现存世界和自我意识本性的那种自由的概念。③

也有学者从黑格尔的其他著作出发去解读他的伦理思想。邓安庆认为，长久以来，人们在研读黑格尔的伦理思想时，比较关注他的《法哲学原理》，而忽视了他的其他伦理著作。他认为，黑格尔耶拿时期的《伦理学体系》手稿也是一部重要的伦理著作。就这部著作而言，西方学术主流大多延续从“承认理论”的框架来解读黑格尔实践哲学的思路，但作者认为，这种解读既不能把握黑格尔《伦理体系》在解决现代社会危机上的独

① 黄小洲．论黑格尔的自由谱系学［J］．武汉大学学报，2011（4）：51-58.

② 罗朝慧．论黑格尔现代伦理国家对契约式法理国家的超越［J］．天津行政学院学报，2011（1）：19-23.

③ 周德海．论黑格尔法哲学理论体系中的道德和伦理概念［J］．济南市委党校学报，2011（4）：36-40.

特视野，也不能从整体上理解黑格尔实践哲学化解现代问题的方法。事实上，黑格尔《伦理体系》的所展开的根本问题，是解决康德后期伦理学留下的问题，即如何从伦理的自然状态过渡到伦理的共同体状态。①

综观近代西方伦理思想的研究，我们会清楚地看到，德国和英国的伦理思想是人们研究的重点所在。德国伦理思想研究几乎完全聚焦于康德和黑格尔身上，研究水平尚可观。就英国伦理思想而言，对霍布斯和洛克的研究已有一定水准，但对以休谟和斯密为代表的道德感学派的研究仍十分不足，对以边沁和密尔为代表的功利主义的研究更为滞后。此外，多数文献仍流于单纯的复述和概括，缺乏深度。不同学者围绕同一问题的交流和碰撞亦不多见。

## 三、现当代西方伦理思想研究

从该时期发表的论文和著作来看，国内对现代②西方伦理学的研究既有对重要人物的集中讨论（如对摩尔、罗尔斯等人观点的研究）也仍不失个性化的思考闪光点（如对20世纪俄罗斯伦理学的讨论）。同时，学者们也十分注重将20世纪西方伦理学的思考与中国的现实问题相结合。本文将这段时期的研究分为五类进行梳理：（1）关于西方元伦理学代表人物及其思想的讨论；（2）关于功利主义哲学家及其思想的讨论；（3）关于美德伦理复兴的讨论；（4）关于政治哲学思想家及其思想的讨论；（5）关于后现代伦理思想的研究；（6）关于其他西方国家现代伦理思想家及其思想的讨论。

### 1. 元伦理学

20年来国内对西方元伦理学研究可分为两个阶段。第一阶段从1989年万俊人在《哲学动态》上发表论文《科学·逻辑·道德——现代西方元

① 邓安庆. 从“自然伦理”的解体到伦理共同体的重建：对黑格尔《伦理体系》的解读［J］. 复旦学报，2011（3）：33-45.

② 学界对于“现代”一词的界定至今还比较模糊，在此，我们以1903年摩尔发表的《伦理学原理》为标志，将这一时期以后的西方伦理思想统称为现当代伦理思想。

伦理学及纵观》及其续篇至整个20世纪90年代。在此期间，出现了一些专门研究西方元伦理学的论文和著作，但仍显单薄。第二阶段为进入21世纪的前10年，对西方元伦理学的研究全面推进，著作翻译、论文专著不断涌现，不少硕士生和博士生也把西方元伦理作为主要研究对象。[①] 2011年，国内学者们在以下几个方面进行了深入的研究：（一）人性观和道德观；（二）"善""幸福""意志自由"等终极问题；（三）伦理学基本概念的辨析；（四）有关情感主义思想的讨论；（五）对直觉主义思想的讨论。

（1）人性观和道德观。2011年，学者们对20世纪以后西方伦理学中出现的人性问题和道德观问题给予了一定关注。就人性问题而言，集中在对弗洛姆人性思想的研究；就道德观问题而言，主要是对恩斯特·迈尔的道德进化思想的探讨。

杜丽燕指出，弗洛姆的人性思想是从询问什么是人性开始的，并由此展开对人性善与人性恶的质询，而这一讨论又是建立在对基督教信仰进行反思的基础上进行的，这是弗洛姆哲学的重要特征。[②] 邓志伟更加关注弗洛姆人道主义宗教思想的分析，主张宗教思想是弗洛姆伦理学体系中的重要内容。他指出，弗洛姆从人的精神需要的角度探讨了宗教的根源和定义，划分了宗教的两种类型，揭露了现代社会宗教异化对人造成的危害，并积极探索建立人道主义宗教的具体对策。作者认为，弗洛姆的这一思想既有独特的理论和现实意义，同时也有明显的局限性。[③]

在道德观问题上，刘海龙对恩斯特·迈尔的道德进化思想进行了研究，主要是对道德的发展和由来这两方面的探讨。他指出，迈尔对生物利他现象与人类道德行为的关系做了辩证的思考。同时，迈尔还从生物进化与文化进化协同的视角研究了道德规范的形成与传递，主张道德规范是后天习得的，但也与遗传下来的倾向和能力有关，道德规范应该具有的适应性与灵活性。[④]

---

① 徐梦秋. 20年来国内西方元伦理学研究的走向、成就与得失［J］. 哲学动态，2011（1）：56-64.

② 杜丽燕. 弗洛姆拷问人性：人健全吗？［J］. 云南大学学报，2011（5）：27-32.

③ 邓志伟. 浅析E. 弗洛姆人道主义宗教思想［J］. 中南林业科技大学学报，2011（4）：12-15.

④ 刘海龙. 进化论视域中的道德：恩斯特·迈尔的道德进化思想研究［J］. 自然辩证法通讯，2011（3）：71-75.

（2）“善”“幸福”“意志自由必然性”。学者们主要针对以下三个方面的问题进行讨论：第一，法兰克福的意志必然性问题；第二，马尔库塞的幸福观和索洛维约夫的善观念；第三，马克斯·舍勒伦理学奠基的策略及其演进。

段素革认为H. G. 法兰克福的“意志必然性”概念延续了法兰克福关于相容性问题的思考，最主要的就是应对与终极来源意义上的自由理解相联系的不相容论论证。意志必然性并非自我赋予的，该概念同时包含了必然性和自主性两方面的内涵，是形成人格同一性不可缺少的前提条件，因此意志必然性的存在证明了意志自由与必然性是相容的。①

刘兴云与石小娇指出马克库赛的幸福观的独特性，即个体幸福并不来自于“真实”的感性满足与对真理标准的“秩序屈从”，而是解放了的人类在与自然的共同斗争中自我确定的自由的实在性，最终以实现个体需求的“全面满足”与爱欲的解放为皈依。② 而陈扬则对索洛维约夫哲学中“善”的观念进行了阐发。她认为善在索洛维约夫这里有三层含义：一是人性之善，二是上帝之善，三是贯穿于人类历史中的善。在人性之中存在着道德的最初源泉，即人性之善。人应当在这一道德本性基础上保持、促进并且发展这种善的因素，通过人在历史中的这种善的创造，最终达到最高的道德理想也是社会理想，这也就是绝对的善的完成。③

钟汉川对马克斯·舍勒伦理学奠基的策略及其演进进行思考，认为舍勒的伦理学奠基旨在寻求对道德标准和道德起源这两个元伦理学问题的一种综合，这种综合促成了一种“目的论的直观主义”立场。舍勒伦理学奠基其实是要在反对道德相对主义和（唯理论的）道德绝对主义的时候，建立起一门既具有质料多样性又具有价值先天性的伦理学。④

（3）基本概念辨析。伦理学概念是伦理学理论的基本构成要素。2011

① 段素革. 必然的，且是自由的——H. G. 法兰克福意志必然性［J］. 社会科学战线，2011（11）：19-23.

② 刘兴云，石小娇. 马尔库塞幸福观的三个维度［J］. 西南民族大学学报，2011（7）：63-66.

③ 陈杨. 善的三重内涵：索洛维约夫哲学中“善”概念初探［J］. 燕山大学学报，2011（2）：71-74.

④ 钟汉川. 马克斯·舍勒伦理学奠基的策略及其演进［J］. 贵州社会科学，2011（4）：14-18.

年学者们对伦理学概念的讨论热点集中在道德行为、道德推理和道德责任三个方面。

陈德中着重分析和讨论了雷尔顿对规范力量和规范自由的见解。陈德中认为，雷尔顿（Peter Railton）不仅关注揭示规范何以具有约束力这一传统问题，同时也特别关注解释在规范面前我们何以仍然能够保持自由的问题。雷尔顿诉诸构成性论证，借助对能动性概念的分析，表明我们的信念指向真而我们的行动指向善，借以证明能动性概念本身就承诺了规范活动的非假然性，正是能动性的开放性本身让我们在规范面前保留了自由选择的可能。同时，他还提出“就高”与“就低”两个标准，认为人类除了满足基本欲求的就低倾向外，还具有择善而从的就高能力。①

王强则着眼行为“合道德理由”的问题。他试图通过对“认同行动”的拓展性分析，在以“行动者（Agent）”为中心的规范伦理学结构框架中统一道德行为动机与辩护理由。他指出：“认同”是指行动者的道德意向行动；而“行动”意味着行动者“个体认同”的伦理性现实。在此基础上，“消极的”与“积极的”两种认同行动的区分，意味着现代世界中“伦理认同”可行性形态的道德哲学基础转变。因而，行动者“认同行动”内涵于规范伦理学的结构之中，拓展了伦理的“规范性”空间，并且一定程度上纠正了德性伦理的传统世界与现代性之间的混淆。②

在道德责任问题上，郑富兴他认为责任概念本身具有一个历史发展的过程。随着西方现代性的发展，西方责任伦理思想产生了“习俗伦理责任”、“类理性责任”与“道德责任”三种责任形态的变迁。③ 徐向东对道德责任的“历史性”的讨论提出了自己的见解。他认为，道德责任通常被认为有一个“历史的”方面。一些理论家就此论证说，如果道德责任缺失有一个历史的方面，那么在决定论的条件下我们就不可能有道德责任，因为道德责任的历史性意味着我们从根本上不能对自己的行为负责。④ 与道

---

① 陈德中. 能动性与规范性——雷尔顿论规范力量与规范自由［J］. 世界哲学，2011（5.）：125-132.

② 王强. 何谓“认同行动”——规范伦理学的一种拓展性分析［J］. 北京师范大学学报，2011（3）：96-102.

③ 郑富兴. 从习俗伦理责任到道德责任：西方哲人伦理思想的现代性变迁［J］. 伦理学研究，2011（3）：91-96.

④ 徐向东. 论道德责任的“历史性”［J］. 哲学门，201（1）：261-294.

德责任密切相关的是道德义务，陈真在翻译斯蒂芬·达沃尔关于道德义务规范性的论文时指出：①达沃尔将道德义务视为行动之必然性的绝对理由；②康德等从第一人称的观点出发的论证无法真正说明道德义务的这种绝对性，只有从第二人称的观点，才能真正理解和解释道德义务的绝对性或规范性，该观点以承认我们作为道德共同体的成员有权向对方提出要求为先决条件。[①]

此外，学者们还对与道德话语相关的其他问题进行了研究。[②] 如强乃社就指出话语伦理学是现代和当代社会有关道德规范进行有效性和适当性话语论证的一种重要理论。在现代和当代道德意识发展的阶段上，只有通过话语才能够形成论证。同时，作者还指出这种论证是有局限的，因为话语伦理学提倡者哈贝马斯将论证放置在生活世界、非暴力领域中，而事实未必如此。[③]

（4）情感主义伦理学。陈真对史蒂文森的情感表达主义中的道德论证问题进行了深入研究，他认为史蒂文森从日常道德论说（moral discourse）的语义分析入手，通过对道德论证中事实信念与道德判断关系的考察，得出结论，即道德分歧与科学分歧、道德论证与科学证明、伦理学与科学、价值问题与事实问题之间有着本质的区别，前者无法还原为后者。尽管如此，道德论证依然具有重要的作用，道德论证中的事实信念依然可以给道德判断提供支持，尽管他将这种支持最终归结为一种非理性的心理上的联系。

史蒂文森这一观点以及他所提出的情感表达主义（emotivism），遭到其他哲学家的猛烈攻击，但由此也推动了英美元伦理学几乎所有方面的重要进展。陈真认为，史蒂文森至少从三个方面推进了人们对伦理学的认识：史蒂文森认为有效的伦理学研究应从人们实际上怎样使用到的语言问题入手，只有这样，伦理学问题的意义才能得到澄清，伦理学的推论才能得到检验；他进一步确认了道德论说的非认知特性；他阐明了沿着非认知主义的道路解决道德分歧、进行道德论证的方法。但也存在三方面的问

① ［美］斯蒂芬·达沃尔. 道德义务的规范性［J］. 陈真译，江海学刊，2011（5）：22-27.
② 张曦. 道德假言推理与准实在论的一个困难［J］. 世界哲学，2011（6）：5-15.
③ 强乃社. 道德规范话语论证的几个主要问题［J］. 伦理学研究，2011（4）：13-19.

题：其心理学意义理论使语言分析十分复杂；他的理论难以解释道德论说的适真性（truth-aptness）特征；他将道德论证中的事实信念与道德判断之间的关系看成是心理的，否认二者之间可以存在有效的逻辑关系。①

（5）对直觉主义思想家及其思想的讨论。对元伦理学家摩尔及其思想的讨论是学者们研究较为集中的领域，既有从正面解读摩尔的直觉主义思想，也有从反面考察直觉主义批判者们的思想。

徐梦秋和杨松主要是正面对摩尔的开放性问题及其后续讨论进行了研究。他们分析道，摩尔以“开放性问题”的论证反对自然主义用自然性质给“善”下定义，主张“善”只能依靠直觉去把握。但因为“直觉”难以言明，所以不能彻底驳倒自然主义。其后的非认知主义者黑尔通过揭示道德语言的用法，强调评价功能是道德语言的特殊性，为“开放性问题”的论证提供新辩护。作为应对，自然主义者既通过“性质综合同一性的定义”的理论继续反驳该论证，同时又揭示了非道德语词也可能具有评价功能，进而回应了非认知主义的批评，以新自然主义的方式再度复兴。② 李西杰则更关注摩尔的常识观。他认为摩尔“捍卫常识”的伦理知识观对传统伦理学规范化倾向的批评，表明了伦理学知识合法性的一种知识社会学标准。理性的尊重道德常识这一立场，为知识分子参与社会生活确立了一种参考。③

除此之外，也有学者关注了直觉主义的批评者。例如，杨松分析了哈贝马斯对直觉主义的批评。哈贝马斯一方面提出规范性陈述具有“类似真理性”的主张，另以方面通过在商谈中引入“普遍化原则”，说明规范陈述的非任意性和主体间性。同时，杨松也认为，尽管哈贝马斯不乏真知灼见，但是也对西方元伦理学存在一定的误解，需要予以澄清。以此使得学界对直觉主义的认识更加全面。④

简言之，2011 年学者们对西方 20 世纪元伦理学思想家和思想的研究

---

① 陈真. 事实与价值之间——论史蒂文森的情感表达主义［J］. 哲学研究，2011（6）98-107.

② 徐梦秋，杨松.“开放性问题”论证：反驳与辩护：当代西方元伦理学的走向［J］. 厦门大学学报，2011（2）：85-92.

③ 李西杰. 道德尝试何以可能？——摩尔常识观的启示［J］. 江苏科技大学学报，2011（1）：8-12.

④ 杨松. 哈贝马斯对西方元伦理学的批评、纠偏与误解［J］. 福建论坛，2011. 2. 261-266

呈现多样化和立体化的倾向，著作颇多。无论是对宏观视域的研究综述，还是对西方学者思想的阐发，都较为深入和全面。

### 2. 功利主义

对20世纪的西方功利主义者及其思想的研究也是2011年学者们关注的重点之一，内容主要集中在对功利主义者如哈特、彼得·辛格、谢利·卡根和诺齐克等人对功利主义所做的辩护和反思上。

程玉刚阐发了对哈特思想的看法。他认为哈特不但能很好地吸收与批判前人对边沁功利主义的补充和进攻，而且哈特1982年为《道德与立法原理导论》一书所作的导言对于边沁功利主义的解读大有裨益。但程玉刚认为，边沁功利主义的谬误实际上源于法律层次的划分问题，哈特的错误在于他模糊了这种划分，局限于法律语境下的权利观。①

罗顺元对彼得·辛格这位功利主义者的动物解放理论进行反思。他认为彼得辛格以功利主义原理为理论基础，要求把用于人类的道德关怀平等地扩展到动物，以实现动物的解放。为了达到这一目标，辛格提出了一系列伦理理论，如以苦乐感知能力为标准对生命进行划界，论证全体人类应该素食，对生命内在价值按意识的发达程度进行划分，等等。但是，辛格的理论和论证过程存在着严重的问题，而且其结果不仅没有保护生态环境的价值，还会对人类造成较大的伤害。②

葛四友则阐发了卡根如何对激进功利主义进行捍卫的。谢利·卡根（Shelly Kagan）在其《道德的限度》一书中选择论证，如果功利主义原则推出的结论不符合我们的道德直觉，那么有问题的不是功利主义。葛四友据此介绍该书的基本论证框架并对卡根的观点做了有益的反思。③

丁雪枫反其道而行之，讨论了诺齐克对边界约束功利主义的颠覆。他认为诺齐克充分认识到了功利主义的一个致命伤：不仅颠覆了正当与善的关系，并且难以尊重每一个人，违背了人人都是目的的康德式原则。因

---

① 程玉刚. 边沁功利主义的谬误和哈特的错误：对哈特评论的评论［J］. 中共郑州市委党校学报，2011（5）：32-35.

② 罗顺元. 对辛格动物解放论的理性反思［J］. 武汉理工大学学报，2011（2）：261-266.

③ 葛四友. 卡根对常识道德的反驳：激进功利主义的间接捍卫［J］. 哲学分析，2011（3）：181-194.

此，他将边界约束作为权利理论基本道德原则，这充分反映了康德式原则，并为道德乌托邦的建构奠定了价值基础。另辟蹊径提高学界对功利主义的理解。①

总体来看，2011 年学者们对 20 世纪功利主义思想的关注仍然比较有限。

### 3. 美德伦理

美德伦理的复兴问题是 20 世纪西方伦理学界讨论的又一热点。2011 年中国学者不仅关注该现象和代表人物自身的伦理思想。同时，学者们也在此基础上，提出了自己对美德伦理复兴问题的许多有价值的见解。

（1）述评。2011 年，学者们主要就以下几个方面对西方伦理学界的美德伦理复兴现象进行总结：第一，当代西方美德伦理诉求与构建问题；第二，美德伦理复兴中的反理论思潮；第三，情感主义美德伦理学。

张国立和赵永刚认为 20 世纪美德伦理在西方学界复兴的动机是对现代道德哲学以及当代社会的道德现实的不满，有着特定的时代诉求。经过许多当代哲学家的理论建构，美德伦理学成为了当代西方伦理学理论中引发众多哲学家的关注与争论的崭新理论。② 同时，还有学者深入理论内部，对当代美德统一论者对美德统一性在历史上的呈现样式及其道德意蕴进行了厘清。③

杨豹对德性伦理复兴中的反理论思潮，如麦金太尔、威廉斯、威廉斯、福特、安妮特·拜尔等人的理论进行了总结。此外，还有学者强调情感和欲望等非理想因素在道德中的重要性，他们就此批判康德的理性和绝对命令，力主伦理反理论的思想，开创了反理论的德性伦理思想的复兴之路。杨豹认为，反理论伦理有其积极意义：它能使我们正确地看待理论，认识到理论的相对性；并使我们认识到道德规范和原则不能脱离其特殊的文化境遇等。当然，反理论伦理也有其不足：如主张反理论的德性伦理学

---

① 丁雪枫. 诺齐克的边界约束功利主义的价值颠覆［J］. 南京社会科学，2011（4）：38-44.

② 张国立，赵永刚. 当代西方美德伦理学的诉求与建构［J］. 湖南科技大学学报，2011（5）：30-33.

③ 黎良华. 当下国外美德统一性问题研究综述［J］. 濮阳职业学院学报，2011（6）：21-26.

家把普遍性的规范理解为理论等。①

王锴通过对情感主义德性伦理学的介绍，丰富了国内学界对复兴思潮多样性的理解。作者指出，当代道德发展心理学的研究印证了休谟的移情观念，而这一移情观念又可以用来对道义论进行一种情感主义的辩护，即一种建基于移情观念的当代情感主义德性伦理学。②

（2）麦金太尔。国内关注麦金太尔思想的学者越来越多且有不断增多的趋势；中国学者对麦金太尔思想的研究已经超越了翻译和介绍的水平，很多学者的研究相当深入。③ 如，张言亮对国内麦金太尔研究现状作了简单述评。李娜则重点研究麦金太尔对西方道德状况是如何进行反思的。在她看来，麦金太尔认为情感主义是当代道德危机的根源所在。而情感主义的泛滥正是启蒙筹划失败的产物，而正是因为后者拒绝了亚里士多德的道德传统，失落了“认识自身真实目的后可能所是的人”这一伦理学中必不可少的因素，才导致了自身的失败。所以，面对时代的道德危机，我们唯一的选择是回到前现代，构建亚里士多德式的德性传统。④

（3）中国美德伦理复兴。对中国美德伦理复兴的研究是许多学者探讨西方美德伦理的最终落脚点。通过对美德伦理复兴的背景、本质、内容、方式等方面的研究来回答美德伦理究竟能否复兴以及如何复兴是学者们力图回答的问题。

万俊人则较为全面阐发了他对美德伦理复兴内容和方式的看法。他认为美德伦理日益成为国内伦理学界讨论的热门话题，直接原因似乎来自国内学者对西方当代美德伦理的关注，但实际上更真实的原因则是中国当代道德生活世界的急剧变化和我们自身文化精神的内在急需。回归和复兴美德伦理，正是现代社会和现代人对既有的现代性规范伦理的理论正当性和实践合理性产生了难以根除的困惑和失望，是现代人和现代社会寻求道德文化救赎和自我救赎的努力。现代性的道德问题不只是中国的问题，也是

---

① 杨豹．论德性伦理复兴中的反理论思想［J］．华中科技大学学报，2011（3）：34-40.

② ［美］迈克尔·斯洛特．情感主义德性伦理学：一种当代的进路［J］．王楷译．道德与文明，2011（2）：28-35.

③ 张言亮．国内麦金太尔研究现状［J］．武汉科技大学学报，2011（1）：9-13.

④ 李娜．追寻美德：麦金太尔对当代道德危机的反思［J］．社会科学辑刊，2011（2）：33-38.

世界性的问题。

对于美德伦理有没有可能真正复兴的问题，万俊人认为必须首先回答美德伦理是何种理论这个问题。他提出美德伦理至少具有的八方面特征：①美德伦理是目的论（teleology）的，它以特定价值目标为旨归；②是“完善主义”（perfectionism）的，她始终以追求目的的完善或完美实现为价值目的；③具有鲜明的个人主体性和自主性，最终落实到个体的道德实践；④具有对文化环境的独特依赖性，她依赖于特定的文化共同体背景或语境；⑤注重叙事表达方式，传承方式形象生动；⑥具有历史主义的向度，她的道德叙事方式需要有历史和传统的连贯性；⑦崇尚多元主义，在坚守一种独特的文化传统的同时，也强调文化传统、道德共同体和美德本身差异的多样性；⑧崇尚道德英雄主义。万俊人还提出美德伦理复兴六大条件，即①连贯的文化传统；②连贯的道德谱系；③相应的文化共同体认同和独特的伦理群体关系网络；④道德情感和道德氛围的支撑；⑤道德情感和道德氛围的支撑；⑥美德典范或道德示范。万俊人认为，就今天的中国而言，已经基本满足连续融贯的文化传统、文化共同体和独特社群伦理关系需要这些条件，但严重的世俗化使得我们道德情感和道德氛围的支撑较缺乏，道德多元竞争条件也还需积极创造。①

此外，还有学者从不同角度对美德伦理复兴的背景和本质进行了分析，这为我们更加全面地理解美德伦理以及思考美德伦理复兴的问题给予更多的启发。总的来说，2011 年国内学者对美德伦理复兴问题投入了较大的兴趣，进行了比较全面的研究。他们似乎更希望借助对西方美德伦理复兴思潮的研究，对中国道德现状进行较有裨益的反思。

### 4. 政治哲学及其伦理

政治哲学不仅是现代伦理学界讨论的重要问题，更对整个哲学界有重要影响。2011 年中国学者们对西方 20 世纪政治哲学的讨论是全方位的，既涉及政治哲学最基本的问题，如何为政治的善、何为自由、何为正义等，也关涉 20 世纪西方政治哲学思想大家有关理论的讨论，如罗尔斯与哈

① 万俊人. 美德伦理如何复兴［J］. 求是学刊，2011（1）：44-49.

贝马斯等。此外，对政治哲学不同流派的比较和辨析也为学者们重视。

（1）基本概念。

善、正义和自由是政治哲学理论的基本概念。2011 年，国内学者们对这些基本概念的关注较多，学者们围绕这些基本概念，区分了政治善和道德善的差异，探讨了西方哲学家们对正义概念以及自由概念的不同理解。

鲁鹏认为，政治的善是利益关系的某种均衡而非追求利益的一致，它以利益差异的存在为前提，以民主法治为核心的相应的制度安排。因此，政治善德着眼点是社会，对象是人民大众；道德善德着眼点是个人，对象是自我内心世界；政治善基于现实，道德基于崇高；政治善的实施以强制性为底蕴，道德的实施以自律为底蕴。基于此，鲁鹏认为，政治的善与道德善不能用同样的标准评判。政治善的评判标准是平等自由、民主法治。道德的评判标准是仁、是义、是诚信等道德规范。换言之，政治的善是天下的善，道德是善是个人之善。①

马晓燕以两位哲学家的对话为视角，剖析当代新马克思主义的正义之争。她认为，当代美国新马克思主义的两位学者艾里斯·扬和南希·弗雷泽关于正义政治哲学论辩，所致力于揭示的是，如何使得正义的理念和实践在反资本主义的斗争中具有深层的颠覆性这样一个共同的议题。② 顾肃则深入发掘西方自由正义理论的道义基础，认为尊重人、永远把人当作目的的观念则是其核心的道德根基，这是民主社会中人们的重叠共识得以形成、发展并遵守的根本所在。因此，人民主权只有在服从最高的道德原则、规定为关注并尊重人这一普遍义务时，才能理解为体现了合乎理性的共识，从而达成正义的基本原则，成为人民普遍遵从的法则。③

2011 年学者们最为关注的是西方哲学家们对“自由”概念提出的不同主张。学者们对此多进行比较式的讨论。学者们主要围绕阿多诺、霍耐特、齐泽克以及伯林等人的自有观进行研究。其中以对伯林自由观的研究最为集中。如胡婧等人对伯林的两种自由概念的内涵、划分以及理论基础

---

① 鲁鹏．政治的善及其与道德的差异［J］．山东大学学报，2011（1）：19-24.

② 马晓燕．当代美国新马克思主义的正义之争：N. 弗雷泽与 I. M. 扬的政治哲学对话［J］．伦理学研究，2011（5）：36-41.

③ 顾肃．论自由正义理论的道义基础［J］．哲学分析 2011（6）：92-102；多元社会的重叠共识、正当与善——晚期罗尔斯政治哲学的核心理念评述［J］．复旦学报，2011（2）：55-62.

进行分析，试图探讨伯林的自由观的内在含义。① 还有学者将柏林的自由观与其他思想进行比较。如余宜斌将贡斯当与柏林的自由观进行比较，认为伯林的两种自由概念与贡斯当的两种自由概念之间存在着相当大的差异。② 陈来则进一步思考了柏林的自由理论与柏林自身民族主义理论的关系。他认为把伯林的民族主义论述表达为自由民族主义并不恰当。因为伯林的主张就他自己所看重和赞同的而言，主要是一种文化的民族主义，共同文化的认同对一切社会政治秩序的维持都是必要的，共同的民族文化是各种社会赖以成立和稳定的条件。③还有学者对西方自由主义思想进行总结式的思考。

（2）罗尔斯思想研究。

2011 年学者对罗尔斯思想的兴趣依旧高涨，讨论也更为深入。对罗尔斯思想的讨论主要集中于四点：第一，罗尔斯正义理论；第二，罗尔斯的契约论；第三，罗尔斯与康德比较；第四，罗尔斯与社群主义比较。

①正义理论

学者们对罗尔斯正义理论的探讨主要包括分配正义、正义感、正义原则与功利主义的相互关系等方面的研究。

杨剑波通过对罗尔斯及其他哲学家的研究，认为现代意义上的“分配正义”若能成立，必须满足三个条件：第一，分配之客观基础是可能的，分配作为一种统一设计的制度安排是可行的。第二，分配之道德基础是可能的，影响人民生活的非可控因素所导致不公平应该被矫正。第三，分配之资源基础是可能的，存在社会成员达成共识的某种分配物品。正是对这三个问题的不同回答，形成了哈耶克、诺齐克等为代表的自由至上主义与罗尔斯的平等自由主义之间的争辩。④ 此外，姚大志分析了罗尔斯“基本善”在正义原则中的两个作用及其面临的批评。⑤

---

① 胡婧. 消极自由与积极自由：解读柏林两种自由概念［J］. 南京理工大学学报，2011（6）：101-105.

② 余宜斌. 贡斯当与柏林的自由观比较［J］. 社科纵横，2011（9）：118-121.

③ 陈来. 归属与创伤：柏林论民族意识与民族主义［J］. 天津社会科学，2011（6）：47-53.

④ 杨剑波. 分配正义的三个前提性条件：罗尔斯、哈耶克与诺齐克的启示［J］. 哲学动态，2011（3）：66-72.

⑤ 姚大志. 罗尔斯的“基本善”：问题及其修正［J］. 中国人民大学学报，2011（4）：54-59.

正义感是罗尔斯政治哲学中的一个重要概念，学者们就此问题进行了广泛的研究。詹世友指出正义感是罗尔斯美德理论的一个关键因素，但正义感必须在正义秩序下经过“权威的道德”、“社团的道德”和“原则的道德”三个阶段逐渐被塑造成正义美德。① 陈江进从罗尔斯谈正义感得到启发，认为正义感是有助于人类合作的道德情感，但它不是一种单一性的概念，而是复合性的，它至少包含了感激、愤怒、负罪与义愤，这些情感具有不同的进化机制，因此，对正义感起源的解释也就并非某种单一的进化论模式可以应付，不同的道德情感可能适用于不同的进化论解释模式，这才是理解正义感起源的科学态度。②

有些学者关注罗尔斯与功利主义的关系。朱琳分析罗尔斯两个正义原则对功利主义的超越，认为罗尔斯力图在完善传统社会契约论的基础上，建立一种道德正义理论，并以此取代传统功利主义伦理。两个正义原则是罗尔斯正义理论的核心内容，罗尔斯正是在对功利主义的批判中，论证了两个正义原则的优越性，从而实现了两个正义原则在承诺的强度、公开性、终极性和稳定性方面对功利主义的超越。③张秀着眼于罗尔斯的反对者——当代功利主义的代表人物金里卡的观点，认为不管是反对还是赞成功利主义，两人在论争中都较好地阐释了关于平等的理论。④姚大志则结合罗尔斯的社会正义理论，将其与社会现实联系起来思考。他认为社会正义与社会最低保障是紧密联系在一起的，继而着重分析了罗尔斯的社会最低保障观念与功利主义的社会最低保障观念的三点差异。⑤ 而郭夏娟认为功利主义和罗尔斯都未能确定无疑地界定谁是真正的“最大多数人”或“最少受惠者”，导致两种分配伦理原则在实践中面临诸多困难。由于两种正义观的理论矛盾并非通过其自身的理论修正可以克服，因而需要在冲突中相

---

① 詹世友．正义原则和良序社会框架下的道德美德观——罗尔斯的美德理论论析［J］．华中科技大学学院，2011（2）：1-8；罗尔斯政治美德观的义理疏解——以《政治自由主义》为文本依据［J］．伦理学研究，2011（4）：66-73.

② 陈江进．正义感及其进化论解释——从罗尔斯的正义感思想谈起［J］．伦理学研究，2011（6）：1-7.

③ 朱琳．论罗尔斯两个正义原则对功利主义的超越［J］．西南科技大学学报，2011（1）：31-35.

④ 张秀．正义、功利与平等：兼论罗尔斯与功利主义的批判［J］．探索，2011（4）：170-173.

⑤ 姚大志．罗尔斯与社会最低保障［J］．华东师范大学学报，2011（3）：62-67.

互吸收与融合才能得以消解。①

此外，还有一些学者关注罗尔斯正义理论的稳定性问题。学者们普遍认为，罗尔斯对稳定性问题的探讨旨在证明公平的正义论不仅可欲而且可行。

②契约论

学者们对罗尔斯契约论的研究既有正面的辩护，也有反面的质疑。问题主要集中在契约论是否与罗尔斯的整体理论一致。

谭安奎认为在罗尔斯的契约论中，作为正常合作成员之基础的两种道德能力应当被理解为是每一个公民所拥有的，而正常能力的假定意在排除能力差异在原则选择过程中的影响，因而它反而是包容性的。在组织有序的社会中，有能力缺陷的人的一些特殊需要确实没有被当作一个基本正义问题来对待，但这一点乃是平等的政治自主性的代价。② 姚大志则更关注罗尔斯契约论的方法论意义。他认为，关于证明道德原则的客观性，反思平衡体现了一种契约主义，而契约主义比其他的观念（如道德实在论或脉络主义）更为合适。因为后者或具有太高的客观性要求，或是将客观性要求降得太低。在契约主义看来，如果一种道德原则得到了所有道德主体的一致赞成，那么它就具有了客观性。而反思平衡能够帮助我们从特殊的道德判断得出普遍的道德原则，而且这种普遍的道德原则也具有足以满足道德要求的客观性。③

崔平和陈喜贵对罗尔斯的契约论进行了质疑。崔平认为“无知之幕”与契约行为的性质不相容。正义契约的利益攸关性使得其参与主体不可能对之采取纯粹思维游戏的态度而任意抽象地选择自己的思维方式，相反，却必然会被真实的自我存在意识所支配。而被作为人的存在前提的现实社会存在地位所决定的人的特殊自我意识，亦会必然卷入契约商谈过程而打

① 郭夏娟.“最大多数人”与“最少受惠者”——两种正正义观的伦理基础及其模糊性［J］. 学术月刊，2011（10）：51-58.

② 谭安奎. 罗尔斯契约论中的正常能力假定与能力缺陷问题［J］. 道德与文明，2011（3）：62-67.

③ 姚大志. 反思平衡与道德哲学的方法［J］. 学术月刊，2011（2）：48-55.

碎“无知之幕”假设的有效性。[①]陈喜贵则认为“罗尔斯式的契约论”这一方法本身有着深刻的逻辑矛盾：反思平衡不是一种证立方法；原初状态各种假定之间存在冲突；无知之幕的假定存在矛盾；最小最大规则的合理性难以保证；选择程序的有效性值得怀疑。因此，罗尔斯的契约论对于他的公正原则来说是没有什么证明效力的，它所暗含的一种自由主义前提使其内在矛盾成为必然。[②]

③罗尔斯与康德

罗尔斯自称其《正义论》从康德哲学中得到诸多启发，因此对康德与罗尔斯哲学内在关系的探讨自然成为学者们的兴趣。高瑞华从正面理解罗、康二人的关系。认为罗尔斯的“社会契约论”策略与康德的“实践理性批判理论”有内在的逻辑关联。康德把理性存在者的意志自律为基点，构设了目的王国的存在，实现了人格是目的的理想；同样，罗尔斯从自由平等的个人出发，构设了原初状态，达成了共识性的正义原则。不了解康德的实践理性批判，很难理解罗尔斯的社会契约论策略。[③]王华则看到二人的联系使得理论上的弱点也承继了下来。康德把政治共同体奠基于先验伦理学之上从而陷入了形式主义，无法使其现实化，政治共同体变成了空中楼阁。罗尔斯承继了康德的问题，其理论意图是要把康德的先验哲学经验化进而把政治共同体建立在现实性的基础之上。但是，由于“作为公平的正义”自身的理论缺陷不仅消解了理性，也消解了道德，其作为“组织良好社会”的政治共同体却终将成为一种沙滩上的建筑。[④]

④罗尔斯与社群主义

学界对罗尔斯与以麦金太尔和桑德尔为代表的社群主义的比较同样给予了较多关注，指出二者理论出发点的不同，以及在诸如权利和善的关系的问题上的分歧。

龚群试图澄清罗尔斯普遍正义内涵的变化和社群主义代表人物对特殊

① 崔平．对罗尔斯“无知之幕”的马克思主义哲学反思［J］．河北学刊，2011（5）：30-34.

② 陈喜贵．论罗尔斯公正理论的方法论困境［J］．马克思主义与现实，2011（1）：89-93.

③ 高瑞华．论罗尔斯“社会契约论”策略与康德“实践理性批判”的理论关联［J］．南华大学学报，2011（5）：34-38.

④ 王华．康德与罗尔斯：从先验道德到经验政治［J］．社会科学辑刊，2011（5）：31-34。

正义的理解。他认为，罗尔斯在《正义论》中的普遍正义理论是一种制度正义论，它诉诸的是个人权利。《正义论》的理论出发点原初状态，实际上是一种抽象掉其他信息的状态。相比之下社群主义者麦金太尔、沃尔泽以及桑德尔提出了特殊正义观。他们强调共同体的优先性，从而主张一切正义观念和原则都具有相对于共同体的从属性。罗尔斯在后期修正了他的普遍正义观念。但他仍然坚持一种普遍主义的正义观，这种普遍主义是从人类文明的成就中提炼出来的，于是，罗尔斯就有条件地回到了普遍主义，它只代表了现代文明的某种共识。①

还有学者从桑德尔哲学的立场出发，分析桑德尔与罗尔斯在权利与善何者优先之争论的实质。通过比较进一步展示桑德尔批评的内在逻辑，主张对社群关系的价值给予一定重视。② 此外，学者们还对青年罗尔斯共同体思想③、罗尔斯的自我论思想④以及《万民法》中的人权观⑤给予关注。

（3）哈贝马斯思想研究。

对哈贝马斯思想的研究也是2011年学者十分关注的领域。这些研究大体可分为以下几个部分：①对哈贝马斯思想的阐发；②对批判哈贝马斯的思想进行研究。从内容上说，二者都十分关注哈贝马斯的商谈伦理和公共领域思想。

①阐发

哈贝马斯的交往行为理论是学者关注的首要热点。学者们主要从以下几个方面对哈贝马斯的交往理论进行阐释：A. 哈氏交往理论的背景、内容以及方法；B. 交往行为理论的公正性和道德性问题；C. 普遍性原则；D. 公共领域的问题。

学者们通过对哈氏交往理论的背景、内容以及方法方面的研究来揭示交往理论的实质，成果较为丰硕。如，刘同舫与韩淑梅认为哈贝马斯是在全面分析和反思现代社会的“多重隐忧”的基础上建构其社会批判理论

① 龚群．罗尔斯与社群主义：普遍正义与特殊正义［J］．哲学研究，2011（3）：115-120．

② 李云霞．桑德尔对罗尔斯主体观的检讨［J］．理论界，2011（2）：127-128．

③ 何怀宏．青年罗尔斯论共同体及对“自我中心主义”的批判［J］．中国人民大学学报，2011（5）：43-48．

④ 林少敏．评罗尔斯的自我论［J］．哲学研究，2011（10）：109-116．

⑤ 向青山．论罗尔斯《万民法》中的人权观［J］．道德与文明，2011（5）：61-65．

的。同时，哈氏对交往理性和工具理性关系的理解恢复了理性的话语力量，为实现人类解放另辟蹊径。① 罗军伟主张哈氏理论的方法论基础在于马克思所开创的对传统哲学的批判性之上。但哈贝马斯却通过对历史唯物主义的解构与重建，走出了另外一条批判性哲学的道路。② 另外，还有学者以理想的商谈环境为切入点进行探讨。③

交往行为理论的道德性与话语的公正性问题也是学者们关注的热点。于馥颖建议从以下几方面来理解哈氏的道德共识：生活世界——道德共识的存在界域；交往理性——道德共识的内核；话语——实现道德共识的沟通中介；可普遍化原则、对话伦理原则——实现道德共识的基本保证。④ 沈云都认为哈氏的理论是对康德道德认知主义的修正和深化，而不是对后者的放弃。⑤ 此外，也有学者将哈贝马斯、阿佩尔和巴赫金的思想进行比较。认为三者都致力于一种对话伦理的构建，拥有共同的道德激情和对德性的追寻，但他们的取向并不全然相同。这种差异表现在：他们分别主张弱的对话形式、强的对话形式和散漫式的对话形式。⑥

普遍性原则作为交往行为理论的要点，也得到了许多学者的关注。李绍伟等学者们都看到了哈贝马斯交往理论在方法上对当今中国的启示，主张中国社会转型期复杂多元的社会矛盾凸显了社会道德规范有效性要求，普遍化原则为有效性规范的产生呈扬了新的伦理致思向度，以人为本和民主协商应成为规范有效性生成的双重维度，共时体现实质普遍化与程序普遍化。⑦同时，炎冰和张晓认为应当以目的理性而非交往理性作为考察方

---

① 刘同舫，韩淑梅. 重置交往理性：哈贝马斯人类解放思想的逻辑主线［J］. 浙江社会科学，2011（8）：93-97.

② 罗军伟. 论哈贝马斯交往行动理论运思路径的超越性［J］. 湖南社会科学，2011（6）：50-52.

③ 姚纪纲，门建石. 论哈贝马斯的商谈环境探析［J］. 山西高等学校社会科学学报，2011（12）：14-15.

④ 于馥颖. 哈贝马斯话语伦理学视界下的道德共识［J］. 中国矿业大学学报，2011（1）：38-42.

⑤ 沈云都. 在认知主义传统内的现代道德整合：论哈贝马斯的道德哲学［J］. 江苏社会科学，2011（6）：91-97.

⑥ 邱戈. 从对话伦理想象传播的德性：哈贝马斯、阿佩尔和巴赫金对话思想比较与思考［J］. 浙江大学学报，2011（1）：63-67.

⑦ 李绍伟，池忠军. 有效性社会道德规范构建的普遍化考量：基于哈贝马斯交往伦理学之普遍化原则［J］. 道德与文明，2011（6）：79-82；吴育林，陈水勇. 交往理性视阈中的价值共识［J］. 学术研究，2011（1）：24-30.

向，批判地解读其理性批判思想，归纳出普遍性的现实价值标准，以寻求对社会普遍性的现实主观化应验，以此来确定社会的普遍化原则。[①]

很多学者对哈贝马斯的“公共领域”进行理解、阐释，并将其与中国现实相结合来思考。王晓升对哈贝马斯“公共领域”概念进行辨析，认为哈贝马斯把公共领域与私人领域、公共权力领域区分开来，并构建了资产阶级公共领域的理想模型。根据哈氏的理想模型，人们按照生活世界中的习俗也能够构建公共领域，这种公共领域也不能完全超越生活世界。[②]陈伟则主张公共领域的最大贡献在于它能够放大问题、突出矛盾以便引起中心政治系统的注意，最终把问题推进到正式的民主程序之中。[③] 此外，沙金等学者认为哈贝马斯公共领域理论的精神内涵与功用对规范制约我国权力机关的权力运行，培育我国公民的公共精神与民主意识，推动我国公共领域的成熟与发展等方面具有深远意义。[④]

②对批判哈贝马斯的思想进行研究

在对哈贝马斯交往理性、交往行为理论以及公共领域等思想的理解基础上，学者也对批判哈贝马斯的思想进行了一定研究。王江涛研究托马斯·麦卡锡对哈贝马斯公共领域思想的批判。在他看来，麦卡锡通过对哈贝马斯“道德”和“价值”的二元区分，对他“公共性”和“私人性”的区分进行了批评。但是，哈贝马斯依然坚持公共性的普遍主义的属性，这是由于哈贝马斯犯了其所批评的“意识哲学”的错误所引起的。[⑤]马金杰对哈贝马斯的规范基础进行个人性地反思，认为这一规范基础在霍内特和后现代的理论者看来并不稳固，因为规范未能给予社会的单个个体以足够的重视，因而有脱离社会的危险，从而也就无法在经验与先验之间保持应有的张力，也就无法为批判奠基。[⑥]丁霞深入利奥塔与哈贝马斯关于话语公

---

① 炎冰，张晓. 哈贝马斯的“普遍性”理念及其考察向度［J］. 淮阴师范学院学报，2011（2）：179-185.

② 王晓升. “公共领域”概念辨析［J］. 吉林大学社会科学版，2011（4）：22-30.

③ 陈伟. 公共领域的交往结构：以哈贝马斯的政治哲学为视角［J］. 上海行政学院学报，2011（4）：65-71.

④ 沙金. 论哈贝马斯公共领域理论及对我国社会构建的启示［J］. 求索，2011（6）：50-52；韩升. 哈贝马斯：公共领域的现代转型及其启示［J］. 社会科学战线，2011（5）：23-26.

⑤ 王江涛. 普遍性还是多元性：托马斯·麦卡锡对哈贝马斯公共领域思想的批判［J］. 浙江学刊，2011（5）：142-146.

⑥ 马金杰. 张力之痛：哈贝马斯规范基础思想批判［J］. 求索：2011（2）：118-120.

正思想的争论内，她对二者的观点进行了比较研究：前者主张对任何一种话语，我们都不能采用统一的标准来作出判断，而必须在单独地、无标准的状态下进行判断；后者主张各种话语在理想的话语情境中进行平等的交流，并不会导致话语的压迫和“暴政”。①

（4）对社群主义及其代表人物思想的研究。

社群主义作为20世纪政治哲学的中一支重要的力量也得到了学者的关注。宁乐峰从宏观上对社群主义与自由主义之争进行思考。他认为社群主义坚守整体论立场，视社会为本原；自由主义固守原子论立场，主张个体为本原。固守于整体论或原子论立场，二者均具有自身无法克服的根本缺陷，并深陷于其无法摆脱的方法论困境之中。缘于此，坚守各自立场的批评与反批评将无休止地持续下去。欲实现对此的真正超越，只有从根本上转变并确立异于整体论和原子论的本体论立场，并确立新的方法论。②

宁乐峰还就社群主义代表人物之一的查尔斯·泰勒思想进行研究。在查尔斯·泰勒看来，道德空间是自我无法逃避的一个框架。居于道德空间内的任何人都需要拥有趋向善的确切方向感，都应过趋向善的生活，方向感的迷失将导致认同危机。任何个体都受其所处道德空间的超善的引导并趋向于这个超善，这是任何人的认同所必不可少的。因此，应当平等地承认与尊重每一个道德空间中的超善。③朱慧玲则就另一个社群主义代表人物桑德尔的思想进行梳理和分析得出，桑德尔政治哲学立场并非像国内学者普遍所界定的“共同体主义”，而是共和主义。在做出此界定之后，她着力于分析共同体主义的理论缺陷以及桑德尔排斥“共同体主义”标签而发展共和主义的理由所在，并指出桑德尔所坚持的现代共和主义本身亦有许多尴尬之处。④

（5）其他政治哲学家思想研究。

2011年学者除了对罗尔斯、哈贝马斯以及社群主义等经典政治哲学家

---

① 丁霞．利奥塔与哈贝马斯关于话语公正思想的争论［J］．理论月刊，2011（5）：47-50.

② 宁乐峰．社群主义与自由主义之争的方法论困境及其趋向［J］．大连大学学报，2011（1）：34-38.

③ 宁乐锋．查尔斯·泰勒的社群主义整体本体论评价：基于道德空间的视角［J］．广西社会科学，2011（3）：42-45.

④ 朱慧玲．共同体主义还是共和主义——桑德尔政治哲学立场评定与剖析［J］．世界哲学，2011（3）：150-159.

（团体）思想持续关注外，部分学者也开始对其他政治哲学家思想进行研究，如汉娜·阿伦特、罗蒂、马克思·韦伯等人的思想。

①汉娜·阿伦特思想研究

学者们对阿伦特政治哲学思想的关注集中在公共领域模式、人学思想、恶的观念与政治哲学的意义。黄金城、马吉芬等人较为关注阿伦特公共领域的思想。黄金城认为阿伦特借助于康德审美判断的理论模式，重构出康德的政治哲学，进而奠定了她的公共领域理论的价值标准：政治判断者优先于政治行动者。但这种非凡的洞见建立在盲视之上：她忽视了崇高判断和目的论判断的理论模式。黄金城试图通过分析布莱希特戏剧观与康德哲学的同构性，对阿伦特的剧场隐喻模式提出批判，以图矫正阿伦特的公共领域模式。① 张云龙、高燕等人较为赞赏阿伦特的人学观，认为阿伦特从现象学的视角出发，以其富有争议的方式对当代的自明之理提出了挑战，反对用固有的理论范畴来解释人类历史的经验，强调采用新的方式朝向实事本身，重新考虑人权的条件，也即共同体的基础性作用。这种对当代自明之理的尖锐挑战，为我们反思人权问题提供了新的可能性。② 还有学者对阿伦特"恶"的观念与其政治哲学的意义产生兴趣，认为汉娜·阿伦特"根本的恶"概念产生于对极权主义本质的理解。③也有学者从方法论角度看待阿伦特的政治哲学，认为她采用的历史叙述方式是对过去的再现，它崇尚创新，通过扩展性思想，在公开自由的论辩中达成对政治的情境式客观之理解。④

②罗蒂思想研究

学者们都对罗蒂哲学思想和现实生活中的政治立场比较感兴趣。在罗骞看来，罗蒂认为自由主义没有也不需要一种哲学本体论证明，这种思想

---

① 黄金城."第四堵墙"上的书写——对阿伦特重构康德政治哲学的一个批判［J］.文艺理论研究，2011（5）：28-34；马吉芬.阿伦特公共领域世界性的存在论视域及其意义初探［J］.求是学刊，2011（4）：.55-58.

② 张云龙.阿伦特人权现象学探微［J］.浙江社会科学，2011（10）：58-61；高燕.阿伦特的现象学人学观［J］.求索，2011（10）：132-133.

③ 王义，罗玲玲.阿伦特"根本的恶"的困境及其政治哲学意义［J］.东北大学学报，2011（4）：318-322.

④ 王志华.历史叙述是政治理解的新途径：汉娜·阿伦特的视角［J］.武汉理工大学学报，2011（1）：95-99.

本质上是反对政治哲学的。但如果政治哲学被理解为关于政治与哲学之相互关系的阐释，罗蒂这种思想显然具有政治哲学性质，它解除了为政治提供哲学基础这一样一种形而上学的动机。[①]关于罗蒂的政治立场，意见比较一致的是，罗蒂是哲学上的左派，其反传统的立场非常彻底。董山民认为，尽管罗蒂一方面认为启蒙的政治谋划远未结束；另一方面，他又坚持认为资本主义制度的市场基础不可动摇，自由民主价值具有普遍价值。但揭开罗蒂的面纱，可以发现其激进的表述背后是保守主义的实质。罗蒂超越了对自由主义和社群主义之争，为政治哲学思考打开一个新的窗口。[②]此外，郑维伟等人通过考察罗蒂证明自由的方法，指出其理论的不足，如夸大了语言之于生活世界的重要性，对残酷的分析描述有余而规范不足等。[③]

③马克思·韦伯思想研究

相比较之下，学者们对马克思·韦伯的研究多带有社会学的色彩。如梁德阔对“韦伯命题”的反思与再研究，用徽商的经验研究检验“韦伯命题”，同时也支持了余英时的观点。[④]唐丰鹤则根据根据马克斯·韦伯的观点讨论社会理性化问题，从而解释人们价值多样化现象。[⑤]

（6）其他政治哲学思想研究。

对其他政治哲学思想，2011年也有少数学者涉猎。相对集中的关注点是实用主义政治哲学、后现代政治哲学以及社会经济方面的政治哲学研究。

袁祖社认为在政治伦理的价值信念问题上，实用主义致力于个体利益与社会利益的实践整合，将社会正义视为社群共同体的最高德性，以此实现对民主共同体之生活模式的构筑以及“民主化了的个人形象”的实践塑造。实用主义有关正确划定“政治国家”和社群共同体边界的思想，对身处现代化进程中的中国社会克服狭隘经验主义与功利主义等的社会伦理

---

① 罗骞.“民主先于哲学”——论罗蒂反讽的政治哲学［J］. 哲学动态，2011（8）：55-60 .

② 董山民. 罗蒂本质上是一位保守主义者吗？［J］. 西南交通大学学报，2011（2）：13-17，22；董山民. 罗蒂对自由主义和社群主义之争的超越：以命题“权利优先于善”为分析焦点［J］. 中南大学学报，2011（5）：79-83.

③ 郑维伟. 理查德·罗蒂自由观析论［J］. 哲学动态，2011（11）：48-53 .

④ 梁德阔. 对“韦伯命题”的反思与再研究［J］. 社会科学家，2011（9）：30-34.

⑤ 唐丰鹤. 现代性之下的正当性——基于韦伯的研究［J］. 理论月刊，2011（9）：41-45.

观，具有重要的启发与借鉴意义。[①]董礼对杜威哲学进行研究，认为“共同体”是杜威哲学中的一种民主社会情境，它已不单单是一种形态，而是一种生活方式。通过考察共同体的情境实质，以及人如何通过教化实现民主来理解共同体与民主的关系，可以澄清杜威共同体之善的道德意蕴。[②]

有学者对后现代政治哲学加以研究。如陈培永对后现代主义政治哲学加以概括，认为后现代主义者认为这种理论的建构是在人类解放的名义下对个人的奴役和压迫，他们因此反对人性的绝对性、永恒性、统一性，主张人性相对性、多元性，追求成为具有丰富感情色彩的、自我创造的、具有独特个性的人。[③]张涵则以德里达为例，挖掘解构主义政治哲学的语言特色。[④]朱刚比较施米特与德里达对“政治本质”的理解，以此探寻后现代政治哲学的基本立场。[⑤]

还有许多学者从社会经济的视角出发进行政治哲学研究。如李风华试图在基本坚持哈丁的模型背景下，对于推理过程加以修正，从而给出一种更为乐观，也更符合现实的理论解释。[⑥] 也有学者从事对个人主义思想的研究，如谢雯萍对麦克弗森政治思想前提——即占有性个人主义的批判进行研究[⑦]；陆劲松对哈耶克经济伦理思想中的个人主义哲学基础进行研究；[⑧]李琼评析美国主流世俗化理论；[⑨]高景柱等对德沃金的市场理论进行了

① 袁祖社．社群共同体之“公共善”何以具有优先性——“实用主义”政治伦理信念的正当性辨析［J］．厦门大学学报，2011（4）：102-109．

② 董礼．论杜威共同体思想的道德意蕴［J］．道德与文明，2011（5）：128-133．

③ 陈培永．后现代主义政治哲学的人性话语［J］．理论界，2011（3）：113-114；政治哲学视域下的后现代主义［J］．社会科学辑刊，2011（3）：42-45．

④ 张涵．解构主义政治哲学的语言特色：解读德里达《马克思主义的幽灵》［J］．同济大学学报，2011（3）：23-38，124．

⑤ 朱刚．敌对的抑或有爱的政治：施米特的“政治的概念”以及德里达对它的结构［J］．哲学门，2011（1）：57-91

⑥ 李风华．我们能否求得共生——对哈丁救生艇理论的逻辑批判［J］．哲学动态，2011（3）：73-80．

⑦ 谢雯萍．占有性个人主义批判：麦克弗森政治思想前提性研究［J］．湖南大学学报，2011（2）：117-121．

⑧ 陆劲松．哈耶克经济伦理思想中的个人主义哲学基础［J］．江西社会科学，2011（9）：24-45．

⑨ 李琼．美国主流世俗化理论评析［J］．学习与实践，2011（11）：129-133．

研究；[1]董良对规则约束力的再证明；[2]王志刚研究约翰·罗默政治哲学的三大新论域即运用 PUNE 模型解释当今全球化时代西方民主国家的政党竞争、种族和移民等现实政治问题，试图找到最简洁的语言来完整地描述民主制度最主要的内容的研究；[3]刘增明对施米特政治哲学的思考[4]以及刘宇和揣森对现代社会主体权利的思考[5]。潘林珍和认为经济与道德不可割裂、相互依存。基于这一点，美国金融危机的发生则必然存在着道德哲学层面的原因，具体表现为：货币拜物教伦理观的盛行、利他主义人性的缺失、缺乏社会责任的人为制度设计以及社会公正的丧失等。[6]

除此之外，吉登斯哲学思想[7]，卡尔·波普尔[8]，密尔[9]以及欧克肖特[10]思想也受到学者关注。简单来说，2011 年学界对 20 世纪及以后西方政治哲学思想的研究范围广、人物多、思考层次多样。上述这些研究成果都在很大程度上拓展了人们的视野，深化了对问题的认识。

### 5. 后现代伦理思想

后现代的伦理思想也是学者们比较关注的一个重点话题，既有综合性的研究，如对精神分析学派和现象学伦理思想的研究；也有针对某个哲学家思想的研究，如尼采和列维纳斯的伦理思想；还有针对问题进行的系统研究，如从不同视角对“责任”概念进行的分析。总体来讲，后现代西方

---

① 高景柱. 平等与市场：德沃金的调和及其限度［J］. 马克思主义与现实，2011（3）：85-89；董玉荣，董磊磊. 德沃金对福利平等的批判及其新发展［J］. 前沿，2011（1）：82-85.

② 董良. 规则的力量：试论约束力的契约式证明［J］. 重庆大学学报，2011（1）：110-115.

③ 王志刚. 平等主义·排外主义·政治竞争：约翰·罗默政治哲学的三大新论域［J］. 自然辩证法研究，2011.（9）：. 69-74.

④ 刘增明. 在现实政治与理想政治之间：透过施密特政治哲学看马克思哲学的当代价值［J］. 人文杂志，2011（2）：6-10.

⑤ 刘宇，揣森. 论现代社会主体权利的哲学基础［J］. 理论与现代化，2011（6）：56-61.

⑥ 潘林珍，胡立法. 道德哲学视野下的美国金融危机［J］. 扬州大学学报，2011（6）：34-39。

⑦ 胡颖峰. 从解放政治到生活政治：吉登斯政治哲学思想新探［J］. 淮海工学院学报，2011（5）：19-21；李聚清. 困境与张力：吉登斯后传统社会中的道德之维［J］. 当代世界与社会主义，2011（4）：130-134.

⑧ 陈庆超. 卡尔·波普尔的反乌托邦思想批判［J］. 温州大学学报：社会科学版，2011（1）：75-80.

⑨ 刘刚，张铃枣. 密尔政治哲学思想浅析［J］. 广东工业大学学报，2011（6）：48-50.

⑩ 郑黎明.“不成功的政治理性主义者”：欧克肖特对霍布斯政治哲学的批判性解读［J］. 理论界，2011（4）：100-101.

伦理学内部存在异常复杂的思想和理论争鸣，但它也有能够反映后现代西方伦理思潮之共同志趣的发展主题：即寻求化解道德分歧的伦理路径、塑造后现代道德文化精神等不仅反映了不同后现代西方伦理思潮在对待西方伦理学传统、关注现实道德问题、追求伦理学理论创新等。①

（1）责任概念。

“责任”概念是后现代伦理学的主题。张成岗认为在后现代伦理学中，责任并非来自他者需要，而是来自内在道德推动力对道德本身的关注，责任具有非互惠性。在宏观上实现作为伦理学崇高目标的正义，需要在微观上承担起对他者的责任。作者认为，责任概念之所以成为后现代伦理学的核心，是因为我们所依靠的日益增长的技术力量的所作所为确实影响着他人，我们行为的伦理意义已经达到了一个空前高度，但我们拥有的承受或者控制行为的道德工具并没有变化。作为微观概念的责任，涉及最初的道德行为问题，是解决宏观道德问题的基础。后现代伦理的实践性根本点在于现代伦理规范如何转换为有效的社会利益和有效的社会力量。此外，作者还尝试着探讨责任为何会成为后现代伦理学的主题，责任对后现代伦理学意味着什么，责任原理有何内涵，在践行过程中面临哪些难题。②

（2）尼采伦理思想研究。

对尼采道德思想的研究是2011年后现代伦理思想研究的重要组成部分。朱彦明指出，尼采的道德视角主义否定了道德的绝对价值和客观标准，认为没有道德事实，只有对现象的道德解释。一方面，解释总是多元的、多视角的，因而道德是多元化的；另一方面，一切道德要求都必然关联着内在根据即生命的本能条件，没有无条件的道德要求。尼采的道德视角主义在我们今天的道德话语（比如“内在理由”的伦理学）中仍有活力。③杨茂明认为尼采对现代性道德的批判，主要是立足于人的生命的原本活力及其能达的美好境界这一生存价值论维度，揭示其倡导舒适平庸而贬抑个性创新。尼采的批判开启了后世对大众精神深入的哲学文化学探究，拒斥了将人的价值完全客体化的现代规训主义，提升了人们对道德价值合

① 向玉乔. 后现代西方伦理学的发展主题［J］. 湖南大学学报，2011（3）：91-96.

② 张成岗. 后现代伦理学中的“责任”［J］. 哲学动态，2011（4）：91-96.

③ 朱彦明. 尼采的道德视角主义［J］. 道德与文明，2011（6）：67-72.

理性的辨析判断能力，维护了个性化创新和超越的价值和意义。尼采的局限在于离开人的社会生产性和交互主体性来理解现代性道德，没有发现其历史合理性。①

（3）列维纳斯思想研究。

对列维纳斯伦理思想的研究是2011年西方后现代伦理思想研究的热点之一。对列维纳斯思想的讨论，主要集中在“他者”思想的阐发之上。李荣认为列维纳斯所要为之辩护的主体不是传统哲学自我中心意义上的主体，而是以他者为基点的伦理主体。与传统现象学将自我与他者的关系理解为意向、公在或注视不同，列维纳斯将其看作是某种伦理性的“相遇”，这种“无关系的关系”揭示了自我与他者之间的责任关系。这样，列维纳斯就赋予了主体以社会的、伦理的意蕴，展现了当代哲学全新的思维原则——他者性原则。②郭菁重点论述了作为自我中心超越者的“他者”。③岳梁认为列维纳斯为人类展示了平等、和平的共存（共在）方式；但又没有否定“自我”的存在，只是质疑“自我”，即自我与他者是一种共在。这是弱者的话语，因为根本不存在真实的、不带偏见的“他者”表述知识：时至今天仍然是丛林的世界。但“他者”的呼吁——和平的“共存”——是对极权性、排斥性、奴役性、唯我论的同一性思维的否定。④卜宝昌认为，列维纳斯指出只有他的他者思想才能拯救生命，面向他者的自我是被动性极致的自我，也是替代所有他者的责任自我，同时也是新生的自我，是世界的支柱，生命的拯救者。⑤

（4）现象学伦理思想。

西方现象学伦理学的发展同样成为学者们讨论的热点之一。倪梁康从尼采的《道德谱系学》入手，认为尼采在该书第一章结尾表达对道德研究的基本理解：一方面，道德研究应当还原为为语言概念发生-发展史的研究；另一方面，道德研究应当还原为价值构成的问题与历史的研究。通过

---

① 杨茂明．尼采对现代性道德的批判及其意义［J］．晋阳学刊，2011（5）：76-80.

② 李荣．列维纳斯他者视阈中的伦理主体［J］．学术研究，2011（8）：20-25，35.

③ 郭菁．给予他者伦理的关怀［J］．哲学动态，2011（1）：65-71.

④ 岳梁．始源“他者”的伦理学：列维纳斯对同者的质疑［J］．青海民族大学学报，2011（1）：6-10；“弱者的话语”：列维纳斯的伦理学逻辑分析［J］．自然辩证法研究，2011（2）：1-7.

⑤ 卜宝昌．生命：抛弃抑或拯救：兼析列维纳斯的他者思想［J］．上饶师范学院学报，2011（1）：54-57，83.

舍勒与哈特曼对尼采这一思想的发展和批判，作者认为尼采的道德谱系学思想与道德现象学有密切关系。尼采的道德谱系学除了包括人们一般认为的道德习性现象学意外，还应当包括道德本性的与道德理性的现象学的研究。作者希望得出道德意识现象学的几个特点：直观的性质、反思的性质、描述与说明的性质、中立的性质以及本质把握的性质。①张任之讨论舍勒对“‘我’‘应当’如何存在和生活”这一问题的基本回答，并在此基础上看他是如何展示一门现象学的规范伦理学的。作者认为，这一问题的“应当”在舍勒处意味着一种“观念的应然”；它一方面为“规范的应然”奠基，另一方面自身也要在“价值”中寻找其自身的基础。就此而言，作者认为舍勒的质料价值伦理学既包含以探寻价值的现象学——存在论本质为主要论题的现象学的“元伦理学”，也包括以回答苏格拉底问题为主要任务的现象学的“规范伦理学”。作者认为这种现象学的规范伦理学的核心是价值人格主义。基于此，舍勒的“规范伦理学”尽管离不开价值问题，但它更多涉及的还是作为价值之“载体”的人格自身的生成问题。②

（5）精神分析学派。

精神分析学派的思想也对后现代伦理思想产生很大影响。2011 年学者们也给予该领域一定的关注。刘雪梅讨论弗洛伊德本能压抑理论对社会文明失态的解读。她认为弗洛伊德的本能压抑理论是从生物学上对人性的一个系统剖析，能够给我们一些建设社会主义文明的启示：我们既要遵循本能的需求，满足某些本能的需要，又要对某些本能加以必要的克制，以保证人类健康地发展，还要对某些本能加以正确的引导，使本能发挥最大的潜能来建设社会主义文明。③吴琼对拉康的“原乐”思想进行解读。在拉康看来，“原乐”不是一般意义上的快感满足，而是欲望主义对快感满足之外的极乐的一种追求，是对不可满足的欲望过程的一种享受。原乐的产生源自法对主体的阉割，但它本身却是主体对发的僭越，是主体对被阉割、处在实在界的原质之物的欲望坚执，故而原乐作为一种求极度享乐的意志

① 倪梁康．道德谱系学与道德意识现象学［J］．哲学研究，2011（9）：55-63.

② 张任之．舍勒对苏格拉底问题的回答——一门现象学的规范伦理学之导引［J］．哲学研究，2011（10）：102-108.

③ 刘雪梅．论弗洛伊德本能压抑理论对社会文明失态的解读［J］．河南理工大学学报，2011（3）：274-278.

是死亡驱力联系在一起的，拉康称之为原乐的悖论，这一悖论表明现代主体作为分裂的主体，其对不可能实现的欲望满足的追求必将导致他孤注一掷，欲以一种伦理意义上的生命僭越完成朝向死亡的原乐式享受。①

## 6. 现当代其他伦理思想

20世纪西方伦理学思想处于百花齐放的状态，因而国内研究者也对诸多领域进行研究。除了对上述主要流派、主要哲学家以及一些重要问题所进行的有价值的研究之外，还有学者在以下几个方面进行了一些探索性的研究：①对俄国伦理思想的研究；②关怀伦理思想；③对伦理学方法的探讨。

（1）俄罗斯伦理思想

20世纪俄罗斯伦理思想发展具有其特点，值得学者们研究。郭丽双谈东正教伦理与俄罗斯的现代化进程，她认为东正教伦理在思想上替代马克思主义伦理成为俄罗斯社会主导伦理思想。然而，目前东正教伦理与现代观念不可避免地产生冲突和碰撞，新的历史形式对东正教的发展提出了严峻的挑战。她认为无论东正教伦理欲将在社会哪个领域发挥积极作用，都必须引进现代意识，实现自身的现代化。这与俄罗斯是否能成功走出一条有自身特色的现代化之路息息相关。② 武卉昕就俄罗斯民粹主义道德发端问题，认为私有化、宗教背景以及社会背景影响了20世纪以后俄罗斯社会思想的变化和发展。③

（2）关怀伦理思想

2011年，学者们对关怀伦理的研究集中在史怀泽与女性伦理两个方面。

陈泽环在一定的历史背景下解读了史怀泽的伦理思想。史怀泽以深刻的思想追求真实的、富有价值的世界观，从而复兴西方的文化和伦理。为

---

① 吴琼．拉康：朝向原乐的伦理学［J］．清华大学学报，2011（3）：113-122.

② 郭丽双．东正教伦理与俄罗斯的现代化进程研究述评［J］．哲学动态，2011（12）：64-72.

③ 武卉昕．20世纪初俄罗斯伦理唯心主义体系的创建与覆灭［J］．理论探讨，2011（2）：66-69；俄国民粹主义的道德发端与伦理学在俄罗斯的产生［J］．学术交流，2011（2）：32-34；私有化与俄罗斯社会道德价值观的嬗变［J］．国外社会科学，2011（5）：89-96.

此，他系统地研究了西方伦理思想史，从基本原则和论证方法两个方面总结了西方自古希腊至20世纪初探寻伦理地肯定世界和生命的世界观及其失败的经验教训。①

屈明珍对波伏瓦的女性主义伦理进行研究。她认为在当今“后现代”、“后结构主义”的背景下，她的女性主义理论也远非过时。若从哲学伦理学的视角重读《第二性》，将会发现波伏娃的女性主义伦理思想对女性解放于实践的卓越贡献及其对当代女性主义的深远影响和积极意义。② 吴秀莲研究伊瑞格瑞女性主义伦理思想。她认为伊瑞格瑞有精神分析的文化背景和深厚的语言学造诣，对女性甚至人类的命运给予了极大的关注。伊瑞格瑞既看到了整个文化中所存在的性别压抑和性别歧视，又正视了性别差异的存在，并在此基础上提出了性别差异的伦理思想。③

纵观2011年，学者们依旧保持着对现代西方伦理学研究的学术热情。他们一方面积极汲取西方伦理学已有的资源，试图对大家们的思想进行更深入的理解，另一方面，他们另辟蹊径，寻求固有理论在中国当今社会背景下的二次创新。

---

① 陈泽环. 西方世界观的悲剧——施韦泽的西方伦理学研究［J］. 上海师范大学学报，2011（5）：24-31.

② 屈明珍. 论波伏瓦女性主义伦理思想的当代价值［J］. 浙江学刊，2011（1）：29-34.

③ 吴秀莲. 性别差异的伦理学：伊瑞格瑞女性主义伦理思想研究［J］. 哲学动态，2011（5）：71-76.

# 应用伦理学研究

2011年，我国应用伦理学研究对自身定位和功用有了更加明确的认识，研究对象和内容也不断深入和展开。诸多应用伦理学问题得到了比较充分的讨论。

## 一、一般问题

应有伦理学领域在本年度对于道德难题的类型、权利冲突与价值排序，全球化背景下的伦理认同与伦理冲突、伦理决策的逻辑与路径等应用伦理学的一般问题进行了更加充分和深入的探讨，为进一步解决现实道德困境提供了理论基础。

### 1. 道德难题

伦理学是一门实践科学，是研究和解决道德难题并致力于行动的伦理学。当代社会的迅猛发展产生了很多具有道德歧义性的社会难题，这给人类存在的各种关系都带来了深刻的变化，也带来了应用伦理学的勃兴。因此，理解应用伦理学的一个关键问题便是究竟什么是道德难题，道德难题的类型有哪些。曹刚在其著作《道德难题与程序正义》中对道德难题进行了详尽的阐述与分类，并提出了可能的解决办法。按照他的理解，道德难题是行为主体依据现有的道德规范，难以做出善恶或正当与否的道德判和选择的困境。对道德难题，曹刚还进行了细致的类型化区分，依据产生问题的原因将道德难题分为三种不同类型，即相关事实不清而导致的事实性道德难题；道德规范缺失和冲突而导致的规范性道德难题；以及道德范畴和道德推理的有效性难以确证而导致的元伦理难题。

事实性道德难题是应用伦理学研究和实践中碰到的最普遍的道德难

题，它指的是由于对重要事实的理解和解释的分歧而导致的道德判断和选择上的困境。例如围绕死刑问题的争论便是一个明显的例子：人们无法精确地判断出死刑的威慑力到底有多强，死刑是否比终身监禁的威力更大。对规范性道德难题，曹刚又区分了三种类型，即规范缺失性道德难题，规范冲突性道德难题，角色冲突性道德难题。这三种道德难题的区分点在于难题发生的根源上：第一种难题是因为无规范可用，如基因伦理问题，第二种难题是因为规范很多，且发出的指令各不相同，如堕胎问题、安乐死问题，第三种难题则源于个体的角色很多，但角色的要求却并非一致，如医生的角色和公民的角色之间的冲突。在这三种规范性道德难题中，最根本的是规范冲突性道德难题，其他两种难题都可以还原或归结于它。这是因为，就规范缺失性道德难题而言，我们很容易找到或提出一些规范来，但麻烦在于人们可能会提出不同的原则或规范来应对，因而问题自然就转换为规范之间的冲突问题。而角色冲突性道德难题也就是与不同角色对应的不同原则或规范之间的冲突问题。第三种道德难题是元伦理难题。所谓元伦理难题，关涉的是道德概念的界定或道德推理的确证方面的问题。曹刚以环境伦理学为例，侧重提到了“内在价值”与“自然权利”这两个概念的界定方面的问题，并指出环境伦理学未能很好地处理事实与价值之间的分野问题。①

解决道德难题有赖于道德推理，为解决上述道德难题，曹刚进一步考察道德推理，又区分了三种不同形式的道德推理，即演绎的道德推理，类比的道德推理，以及辩证的道德推理，并考察了各自的特征。而对于道德推理的主体——伦理委员会，以及推理的伦理要求——程序正义，曹刚也给予了深入的分析和研究。

曹刚关于道德难题的类型化区分反映了我国应用伦理学界对于应用伦理学基础理论研究的深入，因为虽然由夏德威克主编的《应用伦理学百科全书》多达四卷，但似乎仍难以穷尽各种问题，因此，单纯去列举各种各样的道德难题难以产生应有的学术价值，只有揭示道德难题的特征以及可能的类型，才能为进一步解决这些道德难题提供基础和前提。在这方面，

---

① 曹刚. 道德难题与程序正义［M］. 北京：北京大学出版社，2001：52—93.

学者们做出了有益的尝试与贡献。

### 2. 权利冲突与价值排序

权利冲突是当代社会生活中的常见现象，而与此相关的道德规范的价值排序是个复杂的社会现实问题，也是伦理学研究的重要理论问题。尤其在价值多元化和经济全球化的当代，面对经济社会生活中不断出现的道德冲突，加强价值排序与伦理风险问题研究就显得十分紧迫和重要。在伦理学的一般研究视域中，通常以单一的伦理学范式来框定价值原则的序列，比如义利论、责任论、职业道德论等。单一的规范伦理学如果在两种或多种的价值观产生碰撞时，则会遇到道德选择的两难困境。鉴于此，张彦的著作《价值排序与伦理风险》从伦理风险的角度展开对价值排序的研究，从风险的视角探索价值排序问题在伦理学研究中的地位和作用，构建了“伦理风险”研究的理论体系。

根据张彦的分析，目前关于决定价值原则主次先后序列的方法一般有两种。一种是一般方法，这种方法以逻辑优先性或经验优先性为依据。逻辑优先性就是由逻辑性决定原则之先后次序的方法，或者是逻辑思维促使我们为价值原则排序的方法。经验优先性指的是由观察和感觉到的证据所确立的优先性秩序。依照这两个优先性原则，就是在价值排序中以生命原则或善的原则为先。另一种是特殊方法，依据于具体的境遇或情境。因为生活不是可以被完全设计和安排的，我们不是生活在单纯抽象的理念世界当中，而是生活在具体“活泼泼”的日常境遇中，道德与不道德的判断、首先与其次的选择等，甚至很多时候双方或者多方都没有错，结果却变成了错，或者是优中选优的情况，这些都发生在特定的情境中，因此，我们就需要对情境做出具体的分析，才能进行最后的价值排序。以上两种处理价值排序的基本方法为我们研究价值排序问题提供了基本框架。但张彦同时指出以往的研究进路对于优先性的依据和界定的标准比较模糊，使得价值优先性的研究与道德实践中的排序缺乏统一的内在的关联点，因此需要寻找一个具体的关键范畴或研究进路来更贴近价值排序这个研究领域，这一进路便是“伦理风险”。①

伦理风险与政治风险、经济风险等相对应，是风险类型的一种，其基本含义是道德选择的不确定性引起的可能的危害。伦理风险的研究主要涉及的是价值多元和排序问题，其特别强调的就是处于道德现场的道德主体对于具体情境所做出的价值排序、选择、判断和行动，以及由此带来的伦理上的风险问题。提出以伦理风险作为研究伦理学中价值排序和道德选择的基本进路，可以突破原有对该主题缺乏有效研究路径的状况，使得价值排序问题成为一个具有立足点、切入点和拓展点的研究论题。基于考察伦理风险的困境和选择，张彦分析了各种伦理学理论对伦理风险论的质疑和挑战，并从道德实践的角度论述了价值排序和伦理风险的本质意义。以情境主义和透视主义为方法，从背景解读、理论解读、现实解读三个层次展开，论述了相对主义、决定主意、科学主义、企业安全、科技安全、亲子关系等领域的内容，推进了伦理风险的范畴建构和意义对话进程，促进了相关学科进行跨越与整合，加强了“价值排序”相关现实问题的思考，具有很强的现实性和针对性。

曹刚则以伦理学的视角对法律经济学关于权利冲突的解决方案进行了批判，认为法律经济学本身有其内在的道德局限性，我们应反思法律经济学的道德前提，划定经济学帝国的道德边界，并为相关制度设计提供道德指导。曹刚分析了权利冲突的发生所需要具备的三个条件，即权利的相互性、资源的有限性和法律规定的模糊性，而解决权利冲突的首要前提就是要解决权利的优先性问题。对此法律经济学有两个基本主张：一是相互冲突的权利之间是可通约的，即可以找到在不同权利之间进行比较和转换的共同量度。可通约的权利就是可换算的权利，它们之间没有价值上的位阶，只有数量上的多少。二是把社会财富的最大化作为衡量权利优先性的最终标准，这样权利优先性就转换为纯粹的利益衡量问题。在此基础上，法律经济学提出了通过市场交易的方式解决权利冲突的基本思路：第一，通过权利交易来解决权利冲突；第二，通过法律使交易成本最小化；第三，模拟市场交易的权力配置。然而法律经济学的这种主张与进路是有着

① 张彦. 价值排序与伦理风险［M］. 北京：人民出版社，2011：21—48.

巨大的缺陷的：首先法律经济学认为可以为所有的权利定价，可以用货币来量化不同性质的权利，这是有违社会的道德共识的；其次，权利优先性问题不仅仅是或者不主要是社会财富最大化标准下的计量问题，而是在客观的价值秩序基础上，对不可共存的权利进行总体价值权衡的问题，因此，对权利的优先性问题不能只做定量分析，更要做定性分析。从而法律经济也应该有道德的边界，否则必将使自身失去存在的正当性。与此不同，解决权利冲突的伦理学方案则是在客观的价值秩序的基础上，对不同性质的权利进行总体的价值权衡，通过确定一个权利位阶体系来解决权利之间的优先性问题。这个客观的价值秩序是以共同善和人格善为基本标准、以人的幸福生活为最终目的建构起来的。伦理学的解决方案可以兼容法律经济学的方案，同时又超越于法律经济学的方案之上，是一个解决权利冲突的总体的和全面的方案。①

### 3. 全球化背景下的伦理冲突

当今时代是全球化的时代，全球化不仅改变着世界各国经济、政治格局，而且在思想文化领域亦产生了深远影响，这种影响在伦理维度上则表现为伦理认同与伦理冲突，其中尤以伦理冲突最为明显。薛桂波指出，承认全球化中的伦理认同并不意味着否认伦理冲突的客观存在，同样的，全球化并不意味着全球性的完全普遍化、同质化和一体化。相反，它必然包含着特殊化、异质化和多样化。所以，全球化中虽然存在着一定程度的普遍性的伦理认同，但是特殊化、异质化的趋向也意味着多样化伦理认同的合法存在。然而，全球化中由西方国家主导的强制性伦理认同和诱导性伦理认同力图实现的却是全球性的“伦理趋同”，其中隐含的文化霸权企图必然引起其他民族、国家的伦理警惕和价值抵抗，伦理冲突在所难免。

全球化背景下的伦理冲突主要表现出三个问题：一是全球化所高调宣扬的全球实体普遍性往往是个别国家的个体性，将自身的个体性上升为普遍性；二是各个民族国家自身的实体普遍性与所谓全球共同体的实体普遍

---

① 曹刚．权利冲突的伦理学解决方案——以排污权和环境权的冲突为线索［J］．中国人民大学学报，2011（6）．

性的冲突和对立，如若以所谓全球共同体的伦理普遍性取消和代替各个民族国家自身的伦理价值基础，便有导致同质化、殖民化的危险，从而必然引发民族的伦理认同危机和伦理冲突；三是个人对本民族、国家的伦理归属与全球化所宣扬的超越国家界限的所谓“全球治理”在一定程度上相冲突。在这种全球化背景下，一个现实而紧迫的任务便是寻求合理的伦理战略，既和谐融入全球化进程，又保持自身独特的民族个性，使各民族、国家在全球化浪潮中健康有序发展。对此，薛桂波认为基于生态价值观的伦理多元主义是应对这一挑战的有益尝试。

所谓生态价值观，通常指的是旨在实现人与自然和谐发展的价值取向，将人与自然看作相互作用、相互影响的生态整体，实现了对主张人与自然二元对立的传统价值观的超越。它强调伦理价值的具体性和历史性，由此凸显民族性，同时又在一定意义上承认和肯定普适性，追求伦理精神的普遍的文明内涵和文明本质。在基于生态价值观的伦理多元主义的指导下，应肯定以下三个维度：首先是生态整体性框架，即全球化中作为“整个的个体”的民族、国家是全球生态整体中的有机构成，各民族、国家的多样性文化是人类整体文明的重要组成部分，必须跨越狭隘的民族主义、国家主义的樊篱，树立整体性价值观念，在生态整体性框架中寻求多元伦理价值在文明体系中的共生、互动和让渡，才能实现人类文化的和谐发展。其次要承认和重视伦理差异，只有承认和尊重全球化中的伦理差异，才能减少伦理冲突，实现真正意义上的伦理认同，各个民族国家才能发挥文化主体的能动性，担当起本族伦理价值构建和发展的文化责任。最后是冲突中的和谐，在文化交流和融合的基础上，赋予各民族既有的伦理价值内涵以新的世界性和时代精神。①

刘清平则通过分析儒家和基督教的伦理观，对《全球伦理世界宗教议会宣言》（以下简称《宣言》）所阐发的道德原则进行了批判，认为世界各大宗教思潮共同倡导的“全球伦理”不能以“孝敬父母”或者“信仰上帝”这类特殊主义的信念作为至高无上的本根基础，而必须以批判人本主义提倡的“尊重每个人正当权益”、“不可坑人害人、应当爱人助人”的

① 薛桂波．全球化中的伦理认同与伦理冲突［J］．道德与文明，2011（1）．

普遍原则作为至高无上的本根基础，否则就会陷入深度悖论而否定自身。刘清平指出，一方面《宣言》坚持在各大宗教自己的终极本根之上，确立一些“无条件”、“不可取消”的全球伦理原则，由此克服人类生活中的深重苦难和严峻危机；另一方面，这些宗教各自的特殊性终极本根又会在出现冲突时取消这些普遍性的道德原则，直接间接地默许甚至认同那些为了孝道或信仰的目的杀人、偷盗、说谎的举动，从而否定这些普遍性的道德原则，最终导致全球伦理陷入深度悖论。对此，刘清平认为全球伦理要摆脱悖论确立自身，就不应当建立在各大宗教各自坚持的特殊性本根基础之上，甚至也不应当建立在各大宗教有可能共同认定的某种“终极实在”的本根基础之上，而是应当首先建立在普遍人本主义的本根基础之上。将全球伦理置于人本主义的基础之上，实际上就意味着：在人类生活中，只有“尊重每个人的正当权益”这条原理，才能具有“不可取消”的终极意义；它既是第一位的、又是最重要的，既是最低限度的道德底线、又是最高限度的人文目标，在任何情况下都不能出于任何理由予以违反。归根结底，在人类生活中，只有首先符合这条终极性的人本主义原理，人们的一切行为——包括对某种终极实在的宗教信仰行为，才能具有正当的意义。①

### 4. 伦理决策

当今时代同时是变革的时代，对于决策者而言，伦理决策是一种必然选择，即决策者在运用公共权力处理各种事物的过程中正确协调与平衡公共利益与个人利益的关系，并始终以公共利益至上与“以人为本”的理念指导决策的行为过程及其达到的精神境界。所谓伦理决策就是要求决策者在决策过程中，应主动考虑社会公认的伦理道德规范，使其决策理念、决策程序、发展目标、治理权限等符合伦理要求，正确处理好决策主体与客体、社会弱势群体以及决策利益相关者的关系，建立并维系公平与正义、和谐与理性的社会经济秩序。这种以伦理为先的决策，更多是从社会的长远利益出发，致力于一种更高的价值追求，决策不仅仅意味着正确地对待自己，而且还意味着正确地对待他人，将伦理精神寓于决策的现代发展

① 刘清平．试析全球伦理的深度悖论［J］．人文杂志，2011（3）．

之中。

陈翔、路艳娥阐述了伦理决策的理论逻辑、路径选择及其在当今变革时代“如何可能”。对于伦理决策的逻辑起点，陈翔、路艳娥指出：一、伦理决策的“道德感”是其逻辑起点，决策者通过对“道德感”的体认，感受决策的可持续影响，把道德感内化为决策主体的道德信念，形成依照信念行动的愿望与意志，形成伦理决策的内在德性；二、伦理决策的责任伦理是其逻辑推理，它把决策主体至于道德自律的地位，在实践中既遵从决策主体的内心信念，又遵从决策客体的实际利益；三、伦理决策的价值追求是其逻辑向度，伦理决策追求的价值内化于完善的、公正的决策过程，依赖于个人的道德修养，因此其追求的是道德自觉。因此，在某种意义上，伦理决策是一个开放的、无限的意义系统，其最低点是“适宜”，其最高点是“自觉”的道德境界。同时，伦理决策的研究需要在其路径选择上树立和阐释伦理决策与变革时代的对话和交流，它需要有：一、智慧性的价值眼光，能够抛弃单纯支配的目标，从意义的角度判断伦理决策以及伦理决策的特性，从而为正确处理人的问题提供较为全面的基础；二、普世性的实践形式，能够调节各种“善”之间的关系，把握道德情感。按照这样的形式，解决人所面临的一切问题和矛盾离不开普世性的实践形式，只有扩张普世性的范围，人类才能摆脱德性困境；三、超越性的至上美德，伦理决策无论是个体存在还是共体存在，若要从内在影响公民社会，并唤起公民的认同感和归属感，必然以超越性的至上美德存在，即作为伦理实体的国家和民族的精神价值所在，寻求普遍性和真理性，在至上美德中完善它的执行力和凝聚力。而若要在当今这个变革时代真正实现伦理决策，便要做到：一、注重“人”的意义与可持续发展，无论在何种境遇下，总是把“人”的意义与可持续发展作为追求的精神家园；二、实现伦理精神与经济发展的平衡与协调；三、保持社会信任与道德自律的互动。①

学者们还对伦理决策与“包容性增长”进行了阐述。所谓“包容性增

---

① 陈翔，路艳娥. 伦理决策：变革时代边境下的理论逻辑与路径选择［J］. 求实，2011（4）.

长”立足于发展观的变革，是一种关于发展模式认识的精炼和升华，实现包容性增长根本目的是让经济发展成果惠及所有人群，在可持续发展中实现经济社会协调发展。伦理决策与包容性增长具有内在的、不可分的联系，首先在于伦理决策与包容性增长在德性方面是一致的，其次，伦理决策与包容性增长在表现形式上具有同一性。不仅如此，伦理决策是实现包容性增长的历史选择与现实要求，伦理决策的价值目标就在于既通过增长促进整个社会的良性发展，更要在此基础上为实现人的全面、自由发展开辟道路。然而在当代社会转型中，伦理决策的弱化为包容性增长带来了现实困境，究其原因主要是：社会信任的变化带来伦理决策的弱化，文化变迁带来伦理决策的弱化以及行政体制改革滞后带来伦理决策的弱化。由此，基于伦理决策的视角，应探究符合下述条件的包容性增长的路径：一、以政府为主导的政治伦理发展路径，对服务型政府而言，必须坚持政治伦理的事实判断与价值追求，实现经济、社会等方面的不断发展和进步；二、以市场为依托的经济伦理发展路径，要把市场放在首位而又充分尊重公民个人合法利益；三、以社会为背景的生态伦理发展路径，要统筹人和自然的和谐，在尊重自然和维护生态平衡、保护好人类生存环境的前提下，实现社会又好又快的发展。并且要真正实现伦理决策与包容性增长之间的价值共契，实现对增长限度的超越及其有效化解，必须建立和健全同伦理决策要求相适应的包容性增长生态，实现个人美德与社会正义之间的逻辑互动，必须建立既调动个体积极性的伦理决策文化，同时要建立更高的、普遍性的社会信任；必须建立和健全包容性增长的伦理决策制度，形成制度化的伦理生态，以有效协调群体生存与“类”生存之间的矛盾和冲突，实现决策正义与增长正义之间的价值，以确保增长促进个体的全面、自由发展。①

综上所述，应该看到我国应用伦理学界在上述理论问题上取得了一定成果，但正如万俊人所言“对于我们的伦理学知识来说，面对大量道德现实问题而无能为力，实在是值得当代中国伦理学界认真反省的首要课

---

① 陈翔，路艳娥. 伦理决策语境下的包容性增长研究［J］. 太平洋学报，2011（5）.

题"[①]，我国丰富而复杂的社会问题为应用伦理学理论的繁荣提供了深厚的现实土壤，也对应用伦理学理论提出了更高的学术要求，如何合理地解释社会道德生活，有效地解决现实伦理困境，仍然是突出地摆在伦理学人面前的难题，我们伦理学同道依然任重而道远。

## 二、环境伦理学

2011 年，我国环境伦理学研究不断深入。在形而上层面，自然的价值、人性、人与自然的关系等与人们的价值观相关的基础性的、宏观的问题依旧是学界关注的重点。在形而下层面，如何用环境伦理指导实践，如何通过制度设计解决有争议的重大环境问题，也是学界研究的重点问题。而环境伦理学的本土化问题，是一个牵动中国环境伦理学界神经已久的难题。

### 1. 自然的内在价值

自然的内在价值问题，是西方环境伦理学中人类中心主义与非人类中心主义争论的焦点，也是国内学界关注的重点问题。它关系着环境伦理学能否成立、是否合法，也关系着环境伦理学的学科建设和发展。

卢风认为，自然是化生万物、包孕万有的终极实在，具有一定程度的主体性，因而具有内在价值。[②] 余谋昌认为，自然和生命虽不能成为和人一样的主体，但是，它们具有一定程度的目的性、主动性、主体性、认识能力和智慧，因而具有内在价值。自然的内在价值，是一种主体性的概念，是生命和自然界以自身生存的目的为尺度、以自身为主体的价值。只有确立了自然的内在价值，才能确认自然的权利，从而推导出人对自然的尊重，及对环境伦理学合法性的确认。因而，自然的价值问题是环境伦理学的基础性问题。[③]

但是，邱耕田、刘佳却不赞同这种内在价值观，他们指出，在中外学

① 张彦. 价值排序与伦理风险［M］. 北京：人民出版社，2011 年.

② 卢风. 人、环境与自然——环境哲学导论［M］. 广东：广东人民出版社，2011：7-12.

③ 余谋昌. 自然价值论是环境伦理学的基础理论［J］. 阴山学刊，2011（1）.

者关于自然价值的探讨中，存在着突出的人的“不在场”现象。价值一定是与人有关的概念，价值的主体或中心只能是人。他们从自然的必然性角度出发，认为自然的内在价值是自然界固有的在维持其进化发展过程中所呈现出的整体平衡、和谐有序、持续演进的规律性的结构和功能。自然的内在价值的属人性主要表现为对人而言的“间接正相关性”（即自然的内在价值支撑着自然的工具价值进而也支撑着整个人类的生存与发展）、“责任相关性”（人的活动造成了日益严重的生态危机，人有责任和义务关护自然）和“约束相关性”（自然的内在价值要求人类遵循、尊重自然）。①张汝伦没有论及自然是否具有内在价值，但是他的自然，不仅仅具有质料意义，而且具有规范性的意义。自然只能是形而上学意义上的终极者，它既非事物的胡乱集合，也非时空中最终的点，而是事物的产生、秩序和意义的渊薮。自然的规范性与目的性的确对人才有意义，但它们像自然的质料性一样，从根本上制约着人的思维和行动。自然不是一个纯粹的价值体系，但却是任何价值体系的根据。②

周燕来、李建森则坚持人类中心主义立场，否认自然具有内在价值，认为人类是唯一配享目的性和至善的力量，人类理性完全可以颁布生态道德命令，也就是从实践出发，建立平等、公正、仁慈的，即理性的社会政治和经济体制，最终实现人和自然的友好和谐。③

关于自然内在价值的争论，反映了这种理论本身的困境。在传统的人际伦理中，尤其是康德的义务论中，只有人有理性，人是目的，具有内在价值，因而应获得道德共同体中的其他成员的尊重。但是，环境伦理学要确立自然的内在价值，这必然遭到质疑。因为，自然及非人类生命不可能具有和人一样的理性能力，也不可能像人一样能够理解义务的相互性并订立契约，成为人类道德共同体的一员。因此，以自然的内在价值作为环境伦理的理论基础，必然面临一系列挑战。然而，不可否认的是，自然内在价值的揭示，对于人类重新认识自然、理解自然，具有积极的意义。此外，自然价值论面临的另一个难题是：如何从自然具有内在价值这一事

---

① 邱耕田，刘佳．自然价值新论［J］．江淮论坛，2011（5）．

② 张汝伦．什么是“自然”？［J］．哲学研究，2011（4）．

③ 周燕来，李建森．自然内在价值论辨［J］．西安电子科技大学学报，2011（3）．

实，推论出人对自然的义务这一规范性要求。这也是自休谟提出事实与价值二分以来，整个哲学史所面临的问题。如果不能合理解决这一问题，环境伦理学就难以逃脱“自然主义谬误”的指责。

## 2. 环境美德伦理

西方人类中心主义和非人类中心主义虽各执一词，但基本上都是以功利主义和义务论为理论资源建构起来的，都是规范伦理向度的。但是，仅诉诸规范，不足以解决复杂的环境问题。环境问题的最终解决，还要依靠主体意识的觉醒以及德性的养成。因此，20 世纪 80 年代以后，西方环境美德伦理逐渐兴起，并引起了国内学者的关注。

环境美德伦理，通过拓展传统的人际美德，或通过解读经典绿色人物的生活事迹，提出了一些具体的环境美德德目。但是，原本应用于人际伦理的德性，如何能应用于人与自然物的关系之中？我国学者从人性角度，论证了环境美德伦理的哲学基础。徐梓淇指出，如果因德性应用领域的改变，而否定环境美德伦理，这是站不住脚的。因为，环境美德伦理与德性伦理在本质上是一致的，都是旨在通过个人品格的升华而追求至善。按照马克思的思想，人与自然的关系离不开人与人的关系，而人与人的关系又离不开人性，离不开人类的道德品性。只有回归人的真正的本性，才能根本解决生态问题。因此，环境美德伦理是通过对人的生态向度的复归，来实现人的自由而全面的发展。①曹孟勤认为，从人类历史上看，每个时代所呈现出的基本精神和价值追求，几乎都是围绕着这个时代所指认的人类自我或所确认的人性展开的。生态危机实质上是人性的危机，而步入生态时代的人类自我是人同自然界完成了的本质统一，保护自然的生态道德规范和责任就内在于人向自然生成的本质之中。换言之，生态伦理的合法性就建立在生态人性的基础之上。人将内在的生态本质外化的过程，就是以与自然和谐的方式改造自然和社会的过程。生态文明的本质是人性的文明。②

人的本质在于人的理性，有学者从人与自然关系的角度，对人的理性

---

① 徐梓淇. 环境美德伦理研究综述［J］. 道德与文明，2011（6）.

② 曹孟勤. 生态时代的来临与对人类自我再认识［J］. 中国地质大学学报，2011（5）.

进行了深入探讨。王若宇、冯颜利认为，传统发展观弘扬经济理性，导致自然界生态平衡的严重破坏。面对当前全球性的生态危机，我们必须超越经济理性，重建人与自然和谐相处的生态理性，从而实现人类自然观与价值观的深刻变革，走向可持续发展的未来。① 于文秀认为，在生态危机这一问题上，理性本身难辞其咎，但是我们需要调整和改变的是理性的宰制性特征，倡导绿色理性。绿色理性强调感性和情感的价值，承认并尊重自然的主动性和意向性，承认他者对人类的制约，承认世界的差异性、丰富性和多样性，理解和宽容他者对自己的抗拒。重塑绿色理性，才能形成一种与生态文明相适应的以可持续性为导向的绿色理性文化范式。②

生态理性是一种理念，要使其落实于实际行动，在实践中发挥作用，则需要培养具有生态理性的新型人格。刘湘溶、罗常军强调，当代人格的塑造，不能仅仅局限于人格与人格之间的社会关系，还要基于人与自然深刻的一体性来探讨，要特别注重人格的生态维度。在塑造具有生态维度的当代健全人格时，需要由被迫履行保护生态环境之责任的法权人格，进一步升华为自愿履行保护生态环境之责任的道德人格，这样的人格才能获得道德尊严。只有使人作为人格而充分享受生态权利并承担起生态保护的责任和义务，生态文明才有望变成现实。③彭立威主张培养生态人格。生态人格首先必须承继以往的以人伦关怀为中心的道德人格。同时，又要从人与自然的关系和人与人的关系互相影响、互相牵制的维度发展、超越既往人格，对自然肩负一种道德责任，履行道德义务。生态文明时代必然通过这种新型道德形态来塑就人，而生态文明又必须通过生态人格来反映这个时代的特征和内涵。④

关于环境美德培养的途径，姚晓娜结合低碳生活，提出了“日常生活批判”模式。她认为，环境伦理不仅仅存在着杨通进所言的道德哲学模式和应用伦理学模式，还存在着第三种模式，即“日常生活批判”模式。前两种模式是规范伦理形态的，第三种模式则是美德伦理形态的。当前中国

---

① 王若宇，冯颜利. 从经济理性到生态理性：生态文明建设的理念创新［J］. 自然辩证法研究，2011（7）.

② 于文秀. 生态文明理论研究的国际视野［N］. 光明日报，2011年1月4日第011版 .

③ 刘湘溶，罗常军. 当代人格的塑造要注重生态维度［J］. 哲学研究，2011（10）.

④ 彭立威. 从环境伦理的原则和规范看环境伦理的人格指向［J］. 伦理学研究，2011（3）.

日常生活模式存在着人与自然关系的异化及人自身的异化等现象。低碳生活是建立人与自然、人与人之间的具有伦理意义的“碳联系”的伦理生活，是在日常生活世界建构环境伦理的“阿基米德点”。在日常低碳生活中，具有敬畏、节俭、仁慈等美德人格的人是环境伦理理论建构的目标。只有塑造具有环境美德的人，才能消除日常生活世界的异化并实现其绿色化。[①] 此外，还有学者比较了美、德、日的环境教育特点[②]，介绍了台湾地区的环境教育发展情况[③]，并分析了对中国大陆环境教育的启示。

环境美德伦理是在批判人类中心主义与非人类中心主义的基础上发展起来的，它关注人的品质，追求人类自身的卓越。但是，自然的内在价值和环境美德何者优先？如果没有自然的内在价值作为参照，那么，个人道德态度和行为品质转化的源泉在哪里？是不是会如罗尔斯顿所言限入“人类中心论”的泥沼之中？彭立威在承认自然的内在价值和权利的前提下，推导出了环境伦理的原则规范，并进而得出了拓展传统人格为生态人格的道德要求。[④]但徐梓淇认为，环境美德伦理学并非是人类中心主义的新发展，而是超越了传统人类中心主义与非人类中心主义的困境，是一种全新的环境伦理学视角。[⑤]环境美德伦理与规范论的环境伦理是何关系？对于这个问题，还有待于进一步深入研究。

### 3. 环境正义

人类中心主义与非人类中心主义抽象地谈论自然的内在价值问题，却对现实环境问题关注不足。20 世纪 70 年代末期，环境种族主义、环境殖民主义等问题凸显，环境正义遂成为学界研究的焦点。

关于环境正义涉及的范围、实质，学界存在不同的观点。郭辉和肖玲援引西方学者的观点，区分了“环境正义”与“生态正义”两个概念。他们指出，劳尔和格里森首先明确区分了二者的区别：环境正义指向的是人

---

① 姚晓娜. 低碳生活：日常生活的环境伦理建构——以日常生活批判为视角［J］. 学习与探索，2011（1）.

② 冯杰，高继璐. 美、德、日环境教育特点比较［J］. 环境保护，2011（14）.

③ 杜强. 台湾地区环境教育的发展与启示［J］. 台湾研究，2011（6）.

④ 彭立威. 从环境伦理的原则和规范看环境伦理的人格指向［J］. 伦理学研究，2011（3）.

⑤ 徐梓淇. 环境美德伦理研究综述［J］. 道德与文明，2011（6）.

与人之间在环境问题上的分配正义，而生态正义则是指人类对其余自然界的正义。郭辉和肖玲将人际环境正义视为环境正义的核心，并将环境正义理解为分配正义，即对不同主体、主权国家等对环境利益及环境后果的平等分配。他们还以罗尔斯的作为公平的正义原则为基础，推出了解决环境正义的两条基本原则：权利原则和差异原则。① 张乐民援引北美生态学马克思主义的代表人物奥康纳的环境正义思想，赞同奥康纳将社会领域的环境正义与人与自然之间的种际正义结合起来的观点。但是，奥康纳对分配性正义持否定态度，主张生产性正义——使消极外化物最少化、使积极外化物最大化的劳动过程和劳动产品。张乐民认为，只有将分配性正义与生产性正义结合起来，才能从根本上解决生态危机。② 冯颜利等也反对奥康纳否定分配性正义的做法，认为没有对"分配性正义"的追求，"生产性正义"就不可能实现。"分配性正义"虽然因分配的标准难以确定，在实践中缺乏完全实现的可能性，但却不能完全放弃对它的追寻。否则，就会导致更多的不正义。③ 李咏梅认为，生态马克思主义者威廉·莱斯所倡导的"摄取的正义"——从自然中摄取的，当是为满足人类生存所必需的、正当的、适当的、负面最小的，对于解决当前的异化消费具有积极意义。④

在国际环境正义问题上，西方学者一般都仅仅关注自己国家的环境利益，而日本学者池田大作却站在公正的立场上，要求从世界范围来看待当今世界的环境危机，主张发达国家应承担更多的责任，为提高发展中国家的幸福作出贡献；⑤ 佘正荣认为，目前全球环境加速恶化，其主要原因在于各个主权国家在经济全球化过程中追求狭隘的国家利益，极为缺乏把全人类的共同环境利益和地球生态系统的健康和安全放在首位的生态道德。如果主权国家不能形成生态道德，克服国家形态上的伦理利己主义，国际环境正义也就不可能真正得以实现，全球的环境保护事业将遭受严重阻

---

① 郭辉，肖玲. 全球化时代的环境正义———发展中国家的视角［J］. 南京林业大学学报，2011（4）.

② 张乐民. 奥康纳的环境正义思想探析［J］. 学术论坛，2011（6）.

③ 冯颜利. 生态学社会主义核心命题的局限——评詹姆斯·奥康纳"生产性正义"思想［J］. 中国社会科学，2011（5）.

④ 李咏梅. "控制自然"的意识形态批判与生态正义——威廉·莱斯的生态马克思主义思想及其当代价值［J］. 哲学动态，2011（2）.

⑤ 曾建平. 池田大作环境正义观［J］. 井冈山大学学报，2011（3）.

碍。因此，每一个主权国家能否确立生态道德，就成为人类能否有效抑制全球环境加速恶化的重要伦理前提。①

从现实层面来看，气候变化问题是当前最严峻的环境问题之一，实现气候正义是解决气候问题的关键。潘斌认为，现代社会的分配逻辑正发生着从财富分配向风险分配的转型，正义分配实质是风险分配，气候正义是风险分配的关键议题。实现气候正义除了依靠罗尔斯的平等原则和差别原则外，还需要扩充到全球正义原则。② 陈俊分析了全球气候正义问题，认为世界范围内的严重不平等主要是由历史上不合理的全球秩序造成的，构建全球气候正义的关键在于落实国家之间平等的发展权及其平等的基本人权这一全球平等主义的主张。温室气体排放首先要保证全球每个人基本的气体排放需求，这是气候正义的道德底线。在此基础之上，个人对完美生活的追求则可以通过“差别原则”来加以分配，只要这种不平等分配能够最大限度地提升处于最不利地位的人的生活水平。“差别原则”隐含的诉求就是发达国家有义务援助贫困国家，以补偿因“差别原则”的贯彻给贫困国家所带来的损失。③ 史军论述了代际气候正义的可能性，并且指出，全球变暖与反变暖之争反映了气候变化的科学不确定性，但不能因为此就拒绝采取行动，预防原则或非伤害原则是代际气候正义的合理选择。他还认为，假如罗尔斯原初状态中的人们不知道自己身处哪个世代，则他们在博弈中唯一能够确保自身利益的途径，就是一致要求其前辈各代人已经按要求遵循了正义的储存原则，这为思考代际气候正义问题提供了更为可靠的理论支持。④

需要指出的是，在气候问题上，学界提出了气候伦理这一概念，但是，对于气候伦理是否成立，曾建平、代峰指出了三点：其一，气候问题是自然演化的结果还是人类活动所导致的？如果是前者，则气候伦理就必定落空；如果是后者，气候伦理就有了存在的前提。其二，如果全球变暖是一个政治陷阱，则我们需要的是一种国际伦理，而非气候伦理；如果全

① 余正荣. 主权国家的生态道德：抑制全球环境加速恶化的重要伦理前提［J］. 中国人民大学学报，2011（3）.

② 潘斌. 风险分配与气候正义［J］. 社会科学，2011（9）.

③ 陈俊. 我们彼此亏欠什么：论全球气候正义［J］. 哲学研究，2012（7）.

④ 史军. 代际气候正义何以可能［J］. 哲学动态，2011（7）.

球变暖与二氧化碳排放完全相干，则气候伦理前景无限。其三，如果全球变暖不会导致恶果，则不存在气候伦理问题；如果会导致恶果，则气候伦理是一种与政府、集体相关的集群性伦理，而个体在气候伦理方面也负有道德义务。① 华启和则认为，气候伦理是对生态伦理的超越，属于国际关系伦理的范畴，是应用伦理的范畴，并提出了气候伦理的三大基本原则——不伤害原则、风险预防原则和正义原则。② 但是，气候问题只不过是环境问题的一个方面，气候伦理是否应该是环境伦理的一个组成部分，而不是对生态伦理的超越呢？

### 4. 环境伦理学的中国化

关于环境伦理学的中国化问题，首先要弄清楚环境伦理为何要中国化。李培超认为，我国环境伦理学是20世纪70年代末从译介西方的环境伦理学论著开始起步的，模仿和移植西方的痕迹比较严重。因而，我国的环境伦理学与我国的文化传统、人们的价值心理、现实的国情缺乏有效的互动关联，只是作为一种理论现象而受到部分专业研究人士的关注，而并没有在实践中发挥应有的作用，主要表现为：学界的理论建构与国家的环保决策之间有过大的张力，学术研究与环保实践之间存在着明显的距离，学者思想与民众意识之间存在着一定的冲突。因此，随着我国环境伦理学的日益发展，环境伦理学本土化的诉求在20世纪80年代以来就越来越强烈了。③

如何建构中国本土化的环境伦理学？李培超从四个维度给出了答案：其一，应当以马克思主义为指导，树立正确的自然价值观，克服抽象自然观（集中体现在对自然内在价值、自然权利主体的过分强调上）在环境伦理学理论中的泛滥；其二，要努力搭建我国环境伦理学生成、发展、内化的文化价值支撑系统，即挖掘本土文化，从中“自然而然”地导引出环境伦理学的理论和规范系统；其三，应当积极吸纳国外环境伦理学的优秀成

① 曾建平，代峰. 气候伦理何以可能［J］. 中国人民大学学报，2011（3）.

② 华启和. 气候伦理：理论向度与基本原则［J］. 吉首大学学报，2011（4）.

③ 李培超. 中国环境伦理学本土化建构的应有视域［J］. 湖南师范大学社会科学学报，2011（4）.

果，最后就是实践层面，要强化中国环境伦理学的实践效能。让环境伦理成为国家决策的依据，转化为企业的道德责任，渗透进民众的日常生活。[①]

刘福森认为，民族文化是伦理的基础，不同的民族文化有不同的伦理。要构建中国自己的生态伦理学，就必须超越西方文化的人与自然二元对立的思维定势，坚持中国传统文化的“放德而行，循道而趋”（即按照“地道”对待大地，按照“物道”对待“物”）、“顺乎自然”的哲学精神；还必须以中国文化的“中道”精神取代西方文化的两极对立思维方式；要超越西方理性主义的、“知识论”范式的生态伦理，把生态伦理学建立在中国哲学“境界论”的基础上，通过“悟道”而“得道”，在实践中“守道”；要重视对民俗文化中的生态伦理研究，把理论的生态伦理变为广大民众的实践的生态伦理。[②]

佘正荣认为，特殊的地理环境与语言形式规定了中国整体直觉的思维方式与西方严密分析的理性思维方式的基本差异。中国在长期的农业文明时代形成生态伦理传统中的过程性思维、事实与价值一体性思维、矛盾和谐论的辩证思维偏向；而西方在全球生态危机情势下对环境伦理学的探索中，也形成自组织思维，生态价值思维及人与自然在竞争中实现生态和谐的思维特征。这两种思维方式既具有一致性和互补性，也具有差异性。中国传统的思维方式具有深刻的合理性，应该以自身的思维方式为根基，并借鉴西方环境伦理学中思维方式的合理因素，谋求新的发展。[③]

环境伦理学的本土化，是中国环境伦理学界同仁共同的梦想与追求。然而，中国环境伦理学发展了三十多年，我们依旧没有形成自己的理论范式。曾几何时，我们把生长于西方文化中的生态伦理，当作了“一般生态伦理”的模板，并按照西方概念体系和框架进行研究，而“把中国传统文化中的生态伦理思想看做是一些没有逻辑体系的、朴素的‘思想片段’，并把它作为研究西方学者提出的生态伦理学的例证和逻辑体系的‘填充

---

① 李培超．中国环境伦理学本土化建构的应有视域［J］．湖南师范大学社会科学学报，2011（4）．

② 刘福森．中国人应该有自己的生态伦理学［J］．吉林大学社会科学学报，2011（6）．

③ 佘正荣．中国生态伦理传统与现代西方环境伦理学思维方式之比较［J］．鄱阳湖学刊，2011（1）．

物'，没有看到这些生态伦理思想的独特价值"。① 刘福森尖锐地指出，"我们不是在做着把西方的生态伦理中国化的工作，反而是要把中国的生态伦理思想'西方化'"。②因此，我们的环境伦理学陷入了与实践脱节的困境之中。但是，对于一门学科而言，30 年仅仅是弹指一挥间，展望未来，"建构一种既基于'地方性知识'又兼容'普遍性知识'，既具有形上价值启导又具有实践效度的环境伦理学"③应该是一个看似遥远，但终究会实现的梦想。

## 三、法律伦理学

2011 年，我国法律伦理学主要对具体法律制度的道德性问题、法律实践的伦理问题、法律职业伦理、中国传统法律伦理思想、台湾和外国法律伦理思想、法律伦理学学科的构建和研究、法律与道德的关系问题作了有益而深入的研究。

### 1. 法律制度的道德性问题

法律伦理学的研究应立足于宏观和微观两个层面，即法律伦理学不仅要对整体的法律进行道德的审视，也需对具体的法律制度进行道德的评判，目的在于使法律具有一种道德的正当性与合理性，如此方能使法律获得人们的普遍信仰和尊重，才能保证法律的顺利实施。

《〈中华人民共和国婚姻法〉若干问题的解释（三）》的出台，使得《婚姻法》尤其是新婚姻法中关于离婚时房产分配制度的伦理问题成为一个热点话题。裴桦等认为，婚姻法具有伦理性，其表现为婚姻法中的法律规范同时也是道德规范，婚姻法在适用中应尊重婚姻道德和家庭伦理。④对于新婚姻法中关于离婚时房产分配制度的伦理问题，学者们持有两种不同的观点。王复兴认为，解释（三）第 11 条规定有其不合理性，其规定

① 刘福森. 中国人应该有自己的生态伦理学［J］. 吉林大学社会科学学报，2011（6）.
② 刘福森. 中国人应该有自己的生态伦理学［J］. 吉林大学社会科学学报，2011（6）.
③ 李培超. 中国环境伦理学的十大热点问题［J］. 伦理学研究，2011（6）.
④ 裴桦，王丽霞. 论婚姻法的伦理性和传统性［J］. 新视野，2011（5）.

不仅违背了婚姻诉讼应当注重调解这一法律规定，也与司法中的保护弱者原则相悖离。[①] 陈伯礼等也认为，按揭房屋离婚分割制度过于重视对个人财产的保护，忽视了夫妻财产的伦理特征，在立法理念和价值取向上存在着诸多伦理缺失。[②] 王琳则持相反的观点，他认为婚姻法及其解释并没有伤害婚姻伦理，婚姻关系存续期间财产共有仍是最主要的原则，父母赠与子女房产有其特殊性，应尊重赠与人意愿。并指出，明确财产归属，不是要早早预见离婚，而是为了避免纠纷和避免纠纷可能给夫妻双方带来更大的伤害。[③]

《物权法》的道德性问题一直是人们的关注点。方兴、田海平认为，《物权法》平等保护私有财产权利，体现了所有社会共同体都必须尊重的最低限度的道德标准，这是以价值论为方法论指导进行价值分析的必然结果，它的基础是私有财产权利本身所具有的道德性。[④] 而高平指出，物权价值虽同时负载效用价值和伦理价值，但效用价值压倒伦理性价值，伦理性价值隐蔽在效用性价值身后，效用价值置于优先地位。[⑤]

劳动关系的天然不平等性，使得人们从没有停止过对劳动法道德性问题的追问和反思。董保华指出，在道德对法律的介入过程中，我国劳动法领域中出现了道德的片面谴责，这种以“劳善资恶”的单一道德标准来指导劳动立法的做法不仅与道德介入法律的普遍历史经验背道而驰，而且很可能由此将我国的劳动法律引向片面化、极端化，道德的普遍评价是道德适当介入劳动立法的应然选择。[⑥] 劳动法应当以“劳动尊严”、“劳资共赢”理念作为其追求的最高伦理目标，劳动法的道德取向应以保障和实现公民的基本人权为伦理基础，劳动法的道德规范应以劳动者为基本主体和主要视角，劳动法的道德标准应以略高于最低限度道德要求的标准作为其

---

① 王复兴. 法与道德关系视野下的夫妻财产问题：评析《婚姻法解释（三）（征求意见稿）》第11条［J］. 山东青年政治学院学报，2011（6）.

② 陈伯礼，王哲民. 按揭房屋离婚分割制度的伦理思考：兼议《婚姻法》司法解释（三）（征求意见稿）第11条［J］. 中国社会科学院研究生院学报，2011（5）.

③ 王琳. 从伦理到契约：婚姻法“解释（三）”的另类解读［J］. 法治论坛，2011（3）.

④ 方兴，田海平.《物权法》的道德性：从法律的功利判断到法律的价值判断［J］. 南京社会科学，2012（2）.

⑤ 高平. 物权法：从伦理到效用［J］. 山东社会科学，2011（3）.

⑥ 董保华. 劳动立法中道德介入的思辨［J］. 政治与法律，2011（7）.

确立尺度。①

个人所得税法的修改，使得税收正义成为关注的一个话题。杨盛军、曹刚认为，税收正义并不是简单的国家权力与个人权利的二元关系，税收正义应当是公共利益、个人权利与国家权力三者的统一，其中，公共利益是国家税收的目的，个人权利是国家税收的前提，国家权力是实现公共利益与个人权利关系的工具，只有通过国家权力的合理行使达到个人权利与公共利益的互融，最终实现公共利益是税收正义的本质。②

关于体育法道德性的反思。胡伟、程亚萍认为，我国在以体育行政机关为本位的立法模式下，体育立法价值在许多方面存在着缺陷，我国只有在确立了体育立法合理价值的条件下，才能科学构设体育立法合理价值的内容。③ 我国体育法的伦理缺失是不容争辩的事实，加强伦理化的体育法律制度创新，突出“以人为本”，法治型和谐体育是体育法应该达至的目标。为此，应该培养体育法伦理文化，建立公平机制，平衡或者制约权力。④

关于知识产权法的价值追求，胡波提出，“惠顾最少受惠者”或能为知识产权立法提供一种新的伦理论证，其含义为，知识产权立法和制度变革应该有利于改善在既有分配结构中处于最不利地位群体的处境，能够增加最不利者所获得的社会基本善。⑤

关于反垄断法的伦理基础，周灵方认为，竞争正义是反垄断法的伦理基础，保护经营者竞争自由的权利和促进市场公平竞争则是实现竞争正义价值的两条必然理路。但反垄断法对竞争公平的价值承诺应止于或限于竞争机会和竞争过程两个层面，否则就有可能会背离市场竞争机制及其功能。⑥

---

① 许建宇. 试论劳动法的道德观［J］. 温州大学学报，2011（4）.

② 杨盛军，曹刚. 论税收正义：公共利益、个人权利与国家权力的关系辨析［J］. 西南大学学报，2011（2）.

③ 胡伟，程亚萍. 论我国体育立法的价值选择［J］. 体育与科学，2011（1）.

④ 纪志敏. 体育法伦理基本问题研究［J］. 山东体育学院学报，2011（3）.

⑤ 胡波. 知识产权立法理念的反思与超越［J］. 西南民族大学学报，2011（8）.

⑥ 周灵方. 反垄断法的伦理基础［J］. 道德与文明，2011（6）.

## 2. 法律实践中的伦理问题

法律伦理学的研究也应立足于理论和实践两个方面来进行，因而如何从道德的立场来分析和解决法律实践诸环节所出现的道德现象和问题，促进法治的建设是法律伦理学要关注的一个话题。

（1）关于立法伦理。法治应是良法之治，赵宝成指出，一部“良法”、一项好的公共政策，应当起到守护人类一般正义和社会基本道德的作用，如果公共决策或者立法破坏了正义原则或者触及了原有的社会道德底线，它最终可能成为对不义和违法犯罪的纵容。① 而立法必须遵循合法性原则，② 但立法除了要遵循合法的民主程序，还应当追求公权力在立法领域应有的德性，做到尊重立法目的、节制和自知边界。③ 对立法结果正当性评价的标准可概括为三个维度或两个尺度。三个维度即“真、善、美”，由法之“真”与“善”相互结合而产生的就是法之“美”，这是良法的形成标志。④ 两个尺度即伦理评价和历史评价，两者对立统一基础在于法的制度道德，法的制度道德可以进一步具体化为不同的价值标准，这些标准可用于检验立法和法律实施的正当与否。⑤

（2）关于执法伦理。警察执法质量的保证不只是法律问题，其实还是道德问题，一个有道德瑕疵的警察参与执法会带来一定的危害。⑥ 王达指出，“钓鱼执法”事件反映出行政执法者的道德理念、执法目的和手段以及自由裁量使用等诸多方面的问题，而我国目前行政执法过程中存在的很多问题都是由道德缺失所引发的，要构建当代法治型政府当前应该完善法律道德教育，提升执法人员素养等。⑦ 营造公共道德环境、建设城管执法控制机制和培养自我道德教育是解决城管执法伦理冲突的三大途径。⑧

---

① 赵宝成. 再论立法的道德代价：关于立法与公共政策的犯罪学分析［J］. 中国刑事法杂志，2011（11）.

② 刘佩韦. 立法的合法性问题探析［J］. 山西师大学报（社会科学版），2011（1）.

③ 萧瀚. 立法的德性［J］. 浙江人大，2011（10）.

④ 刘爱龙. 立法结果正当性评价的三个维度［J］. 学习与探索，2011（2）.

⑤ 刘爱龙. 立法后正当性评价的尺度和标准［J］. 南京社会科学，2011（11）.

⑥ 郎晓东，潘德平. 警察执法道德风险的危害及原因分析［J］. 前沿，2011（20）.

⑦ 王达. 行政执法伦理视角下的“钓鱼执法”事件探析［J］. 湖湘论坛，2011（6）.

⑧ 颜峰，胡文根. 城管执法的伦理冲突分析及化解途径［J］. 求索，2011（8）.

（3）关于司法伦理。关于这方面的研究比较多。聂长建认为，法律原则能否作为判决的依据取决于个案中法律行为所体现出的道德强度的程度：一种不道德行为只有达到对他人构成伤害的严重程度才能受到法律强制，法律原则只有在这种情况下才有进入司法判决的合法性；一种不道德行为如果没有达到对他人的伤害就不应该受到法律强制，法律原则在这种情况下没有进入司法判决的合法性。① 杨素云等认为，伦理缺失是导致法律解释结果在适用中出现困境的重要因素，伦理在法律解释过程中能够影响法律解释主体的价值取向、思维方式、语言表述以及解释方法的选择，在一定程度上缓解法律解释中的困境。②

吴习彧认为，法官在面对公众对某些案件判决的道德质疑时，很难解释和论证自身判决的正当性基础。虽然一些直觉化的道德判断在处理多数日常事务中确实行之有效，但如果脱离现实具体情况，这些道德判断被当做无前提或普适的原则弥漫在伦理、政治和司法中时，就会导致人们仅依赖于有限的经验，弱化对现实中复杂事件进行评估的能力，仅以价值观的方式来简化判断。所以，有时人们之所以犯“道德错误”，可能并不仅仅因为自私、愚蠢或唯利是图，而是由于这种道德导向模式引发的误区。③ 因而，在法律固有的缺陷与缺点不能满足社会需求时，司法能动已经发挥越来越重要的作用。④ 但是，为使“彭宇案”此类司法能动个案酿就的道德悲剧不再重演，应构筑司法道德风险尤其是司法能动道德风险的预防机制。⑤

法律对道德的天然依赖和法治的独立性特质之间的矛盾使得司法道德化处于进退两难的困境之中。⑥ 而秦策、夏锦文认为，司法应具有中立性而不是道德性，但在一些具有道德意味的案件中，法官在审理案件时应当

① 聂长建. 法律原则适用的道德强度研究：基于中外两个继承案的考察［J］. 道德与文明，2011（6）.

② 杨素云，韩文涛. 伦理在法律解释中的作用［J］. 南京社会科学，2011（9）.

③ 吴习彧. 案件为什么难办：论司法裁判与道德判断［J］. 学习与探索，2011（2）.

④ 谷新. 司法能动趋势下法官职业伦理研究［J］. 长春理工大学学报，2011（5）.

⑤ 徐钝. 论司法能动的道德风险：道德权利语境下的比较性诠释［J］. 法律科学，2011（2）.

⑥ 张志刚. 法治视野下的司法道德化及其困境［J］. 河北大学成人教育学院学报，2011（3）.

保持清晰的“道德意识”，从而在社会道德需求与依法裁判的职责之间获得一种平衡，使道德追求与法治精神得以相互兼容。①

程序正义是司法公正的重要保障，但华忆昕等认为，程序正义在我国司法实践中没有受到充分重视和尊重。要解决程序正义在当前中国司法实践中遭遇的困境，应当以开放的心态来看待程序正义，通过公开的信息交流，多元的观点辩驳，让民众由被动接受变为主动认识选择；通过开放式司法实践，培育法律人的程序伦理。②

（4）关于守法伦理。彭定光等认为，不正义法律要想获得对公民的道德约束力，它必须满足两个条件：它所在的法律体系是近乎正义的；它的不正义程度没有逾越社会作为一个公平的合作体系所能容忍的道德底线。在满足上述两个条件的情况下，公民对不正义法律的自觉遵守是公民主体性意识的理性自律，也是维护法律权威的正义要求。一般而言，对不正义法律的矫正只能通过合法的方式进行，但是“公民不服从”这种矫正方式以其强烈的道德意识、远大的感召力能够得到道德的辩护。③

### 3. 法律职业伦理

良好的法律职业伦理是法治建设的精神动力，有助于弥补法律制度的不足，保障法律人行为的正确方向。苏新建指出，中国要想实现法治，在相当大程度上仰赖法律伦理，矢志于实现社会正义的法律人不仅要把法律伦理当成一种规定，更要把它当成身体力行的行为哲学，把它当成须竭力实现的信仰般的高尚追求。④

对于如何培养法律职业伦理。余涛认为，在“李庄案”之后，中国法律职业伦理面临着巨大的困境，我们应处理好信念伦理、责任伦理、大众伦理的关系，在不放弃对法律至上权威追求的基础上，形成统一认识，最

---

① 秦策，夏锦文．司法的道德性与法律方法［J］．法学研究，2011（4）．

② 华忆昕，苏新建．程序正义于中国司法实践之困境与出路．浙江社会科学，2011（8）．

③ 彭定光，张国平．公民服从不正义法律的伦理考辨：兼析对不正义法律的道德矫正方式［J］．社会科学家，2011（2）．

④ 苏新建．法律职业伦理的再反思：从外在要求到行为哲学［J］．浙江工商大学学报，2011（1）．

终实现公平正义。① 王永认为，法律职业伦理行为虽不能完全等同于经济行为，但法律职业者对其职业伦理的行为抉择离不开物质利益的考量，“成本—收益”分析方法同样适用于法律职业伦理及其作用机制的分析。法律职业伦理是一种宝贵而稀缺的公共资源，对其选择与否也是一种“投资”，若想实现收益，必须首先支付一定的投资成本，其次还要取决于“成本”与“收益”转化的环境和成功率。若想让法律职业伦理投资转化为无形资产并产生社会效益，就必须不断完善法律职业伦理的制度和环境。② 法律职业伦理的价值实现，离不开对法律职业人道德规范的约束，只有在明确法律职业人职业道德准则的基础上，才能真正实现法律职业伦理的价值，我国法律职业人道德规范确立的基本准则应为诚信和公正。③

### 4. 中国传统法律伦理思想

中国传统法律伦理思想源远流长，其中有许多思想对当今法治建设仍具有现代价值和意义。李军、陈淑萍指出，中国传统法律伦理中的许多因素虽与现代法治精神相悖，但有些思想观念与现代法治理念有某种相通之处，发现中国传统法律伦理与现代法治更多的相通性，可以为中国现代法治建设提供帮助，使我国法治建设日趋完善。④ 周帼指出，中国传统司法倡导通过道德教化，引导民众走向道德自觉与自律，是一种重视培养个体修养的司法，呈现出独特的伦理特质，这对当代中国司法公正具有重要的借鉴意义。⑤ 如何利用这些宝贵的“本土资源”和如何实现“本土资源”的现代价值转化，更好地推动中国法律伦理学与法治建设的发展值得我们思考。

周人的法律伦理思想主要是通过天、德、刑这三个重要概念体现出来。陈伯礼等指出，周人观念中的天、德、刑构成一个完整的惩戒系统，

---

① 余涛. 我们需要何种法律教育：从法律职业伦理困境谈起［J］. 法学教育研究，2011（1）.

② 王永. 法律职业伦理及其行为抉择的法经济学解析［J］. 山东社会科学，2011（9）.

③ 张陆庆. 论法律职业伦理的价值取向［J］. 道德与文明，2011（6）.

④ 李军，陈淑萍. 中国传统法律伦理对现代法治的影响［J］. 长春工业大学学报，2011（4）.

⑤ 周帼. 中国传统司法的伦理特质及其现代价值［J］. 河北学刊，2011（1）.

有效维持周的统治秩序。天和德影响所及，使周人的刑充满了道德意味，这样周人通过诉诸天和德，使刑获得了正当性与合法性。①

儒家的法律伦理思想在中国传统法律伦理文化中占重要地位，但崔永东认为，中国历史上的法律儒家化运动孕育出带有鲜明伦理色彩的“中华法系”的同时，还存在一些弊端，其中一点就是把过高的道德义务转化成了法律义务，从而造成“强人所难”的不良后果。并指出这是我们今天在立法中贯彻道德原则时应该避免的。② 虽然如此，黄爱教认为，儒家伦理法在现实社会中仍具有合理性，为现代法治精神提供主体性资源，但如何对儒家伦理法进行生态转换，使儒家伦理法资源转化为主体性的需要，应当把握两点：遵循生态合理性的价值原理和把握儒家伦理法生态转换的方法论。③

对于法家的法伦理思想，王皓羲从道法思想探究了管子的法伦理思想，指出“引道而入法”是管子法治思想的伦理根源，“良法与民心”是管子法治思想的伦理要义，“至道与宝用”是管子法治思想的伦理功效，“严法与教化”是管子法治思想的伦理形式。④

彭传华指出，王船山的法治思想充分体现了近代的伦理精神，其“刑尤详于贵，礼必逮于下”的主张，“为复肉刑之议者，其无后乎”的呼吁，“置天子于有无之外”的构想，都突出了在“法律至上”的前提下保障人权和制约掌权者的法治理念，分别从立法、司法、法治理想三个方面彰显了保障人民权利、高扬人道主义、提倡“虚君共和”的近代伦理精神。⑤

## 5. 中国台湾和外国法律伦理思想

由于文化的差异，中国台湾和西方国家形成了不同于中国大陆的独具自身特性的法律伦理思想，这为中国法律伦理学的发展和建设提供了不一样的思路。宁洁等指出，中国台湾的法律伦理学是法律伦理学科的另一种

---

① 陈伯礼，王哲民．周人观念中的天、德、刑：对《尚书·周书》的法伦理解读［J］．求索，2011（2）．

② 崔永东．中国传统立法文化中的道德精神［J］．法治研究，2011（10）．

③ 黄爱教．论儒家伦理法的价值生态及其现代互动意义［J］．云南社会科学，2011（4）．

④ 王皓羲．缘法而致道：管子法治思想的伦理基础［J］．道德与文明，2011（3）．

⑤ 彭传华．王船山法治思想的伦理精神探幽［J］．南昌大学学报，2011（2）．

实现样态，其务实的学科理念、从实践出发的学科构建逻辑、注重操作的学科风格都在向大陆法伦理学提示着法律实践领域对法律伦理的迫切需求，提示着法伦理学与法律实践间剪不断的关联，提示着中国大陆的法伦理学应当将关注的目光从理论的高度沉降到对具体问题的探索上来，从务虚走向务实。①

法律与道德的关系是西方法学家一直关注的一个热点问题。哈贝马斯立足于道德与法律的适当分离和内在关联，试图建构一种整合并超越法律实证主义与自然法学派的法哲学。在哈贝马斯看来，法律实证主义意义上的“合法律性的正当性”取消了对法律正当性之理性基础的考量。哈贝马斯遵循商谈模式的程序路向来重建法律的正当性，主张法律的正当性来源于商谈的民主程序。② 霍耐特把法律视为承认运动的环节之一，从主体间性理论来说明法律的道德特性，重新为法律奠定一个道德的基础，从根本上改变了马基雅维利以来的法律不具有道德意义的法律理论。③ 索洛维约夫提出“法是善的底限”的论断，揭示法与道德相互关系的实质，认为法与道德是不允许为了一个而否定另一个的紧密的、内在的关系，否定法会使道德丧失客观的工具和支撑，道德使法具有绝对的依据和意义；道德因素已经属于法的本质，同时道德因素又是自身体现的永恒任务和评价法的必然标准。④

马克思的法伦理思想体现为：在法的伦理依据上显现为现实本质与理想本质双重视野，在法的伦理精神上凸显为限制自由与保障自由的双向功能，在法的伦理原则上阐述了积极自由与消极自由的双层结构，在法的伦理评价上坚持实体正义与程序正义的双维伦理评价标准。⑤

我国法律伦理学的发展除了要有效利用“本土资源”外，充分学习、借鉴台湾和西方的法律伦理思想也是不可或缺的。在学习和借鉴台湾与西方法律伦理思想的过程中，如何结合中国本土法律伦理文化特点与社会条

① 宁洁，胡旭晟．比较法视野中的中国台湾法律伦理学［J］．比较法研究，2011（2）．

② 肖小芳，曾特清．“合法律性的正当性”何以可能：哈贝马斯对哈特法哲学的批判与修缮［J］．道德与文明，2011（4）．

③ 文兵．重构法律的道德内涵：霍耐特“承认理论”视野中的法律［J］．学习与探索，2011（4）．

④ 侯铭峰，崔敏．索洛维约夫法与道德观探析［J］．西安石油大学学报，2011（6）．

⑤ 沈晓阳．马克思法伦理思想片论［J］．道德与文明，2011（2）．

件，实现西方法律伦理理论的中国化，使我国法律伦理学保持自身独特性的同时，又能促进法治建设的发展，是当代法律伦理学的一个重要课题。

### 6. 学科建构和研究、法律与道德的关系

法律伦理学作为一门学科，如何构建和研究是法律伦理学的基本问题。胡旭晟、宁洁认为，法伦理学是一门“带病的学科”，表现为探讨的内容多局限于一些初级理论话题，而无实质研究。究其原因在于学科的创建未能根植于现实需要，追求完美的心理倾向，传统学科构建经验的影响。要超越困境，法伦理学需沿着“先思想，后学科”的路径，以对法与道德关系的重新认识作为学科的核心要素，从批判既有理论、探讨社会热点事件、研究法律人伦理等角度着手，待系统的学说形成后再去构建学科样态的法伦理学。① 杨盛军认为，单纯的法学方法或伦理学方法不足以完成法伦理学的整体研究，唯有问题范式、理想范式与实践范式三种范式的统一才能促进法伦理学的进一步发展。②

法律与道德的关系问题仍是中国法律伦理学关注的一个话题。徐靖认为，软法不是道德，道德不是软法，但道德可以软法化。道德软法化是“以德入法”于公共治理领域的又一次渗透，是道德思维在软法秩序中的延伸。但此种延伸在“依法治国”、“法治立国”的当下必须遵循一定的界限与尺度，以发挥其的良好独特调整功效。③ 因而，法要实现对社会的有效控制，仅仅靠强制推行是不够的，法必须有其内在根据，即道德合理性。④ 而且，人的道德水平是法律得以正确实施的基本保证。⑤

## 四、生命伦理学

自从第二次世界大战结束以来，科学技术的发展及其应用引起了一系

① 胡旭晟，宁洁．困境及其超越：法伦理学基本问题再研究［J］．湘潭大学学报，2011（3）．

② 杨盛军．论法伦理学的范式［J］．吉首大学学报，2011（5）．

③ 徐靖．软法的道德维度：兼论道德软法化［J］．法律科学，2011（1）．

④ 王秋荣．论和谐社会下的法与道德［J］．广西社会科学，2011（12）．

⑤ 陈晓雷．法律运行的道德保证［J］．学术交流，2011（10）．

列的伦理问题，探讨这些问题以及探求解决这些问题的办法，成为规范和正确引导科学技术创新、研发和应用的公共政策的基础，尤其是生命科学、生物医学和生物技术的发展和应用以及严重疾病在全世界大流行引起的伦理问题，关系到人的生老病死和生命健康，特别引人关注，因此才有生命伦理学的诞生。近年来，随着生命科学、生物医学技术的飞速发展，生命伦理学也取得了前所未有的进展。2011 年，我国生命伦理学的研究也进一步深入。学者们概括总结了近些年生命伦理学研究的新进展和新问题，认识到了生命伦理学与时俱进的难点与热点，并就其解决方法进行了热烈的学术讨论。

### 1. 生命伦理学的新进展

生命伦理学是研究生命科学、生物技术，以及医疗保健提出的伦理道德问题，并加以规范，使人们有所遵循的学科。简言之，生命伦理学是研究生命科学和医学发展中提出的伦理问题，并加以规范的学科。因此，关注当代生命科学、生物医学和生物技术的发展提出的伦理问题永远是生命伦理学的核心要务，而如今新技术出乎意料地层出不穷，随之也就产生了意料之外的伦理问题。

邱仁宗指出，新的伦理问题主要产生于干细胞研究、人—动物混合胚胎研究、干细胞研究的临床转化、生物信息库、神经科学、合成生物学、汇聚技术和纳米医学的最近进展。① 比如在干细胞研究中，无论是人的胚胎干细胞研究还是非人胚胎来源的干细胞研究，都有与人的尊严不相容的伦理问题。高辉认为，这些问题的产生直接关涉了人类工具理性与价值理性的尖锐对峙，反映了功利与道义之间的拮抗，体现了科学自由与人道责任之间的空前紧张，更暴露出人类在科技进步与伦理变革之间的焦虑。② 随着种种基因技术的发展和应用，工具理性迅速发展，更有可能恶性膨胀，而这些技术的实质就是要突破人类的价值底线——以人工方式“制造人”，于是，人类的价值理性面临着前所未有的危机。对于这些技术，除

① 邱仁宗. 生命伦理学研究的最近进展［J］. 科学与社会，2011（2）.
② 高辉. 克隆人问题引发的伦理困境［J］. 吉首大学学报，2011（2）.

了功利性的考量外，还有道义方面的忧虑。田海平坦言，技术对人类文明以及对人之生命的控制，可能会出现一种我们不愿意看到的“绝对”后果：它可能会使我们面临不可预料的“伦理灾难”。我们当然不愿意把事情想“绝对”；但是，现代技术至少在“人类基因干预技术”这一范例中，已经展露出通过技术的应用进行“克隆人”、“强化人”或“干预人之自然生命过程”的“绝对可能”。在人类基因干预技术应用的背景下，如何诠释和辩护人的人之“类性”的道德地位已经是清晰可辨的道德哲学难题。①

除了人类的基因技术之外，基因技术还被广泛应用于动植物，从而又出现了转基因食品安全等新问题。

### 2. 生命伦理难点和热点

毋庸置疑，飞速发展的现代医学生殖技术给人们带来了福音，但是如果缺少了伦理规范的支撑，极易脱离人本的发展方向而带来各种负面效应，从而违背其服务于人类生命及健康的宗旨。

在这些新研究进展基础上产生伦理问题中，首先的一个争议焦点就是在“人”的认定上，主要是“优生”的问题。比如在干细胞研究中，需在获取干细胞后毁掉胚胎，这算是杀人吗？克隆真的与人的尊严和保护人类生命是完全不相容？② 产前诊断、人工流产、器官移植等是应该的吗？胎儿是不是人？胎儿的道德地位怎样？胎儿是否享有生命权？面对胎儿，母亲的权利地位如何？胎儿的价值如何确定？等等。周匡果等指出，这些技术首先就破坏了自然进化法则，又挑战了人的尊严、践踏了生命意志和权利，还会带来许多社会问题。③ 陈良坚列举了如冲击传统婚姻家庭观念、亲子观念、生殖商品化和社会强弱势分化等生殖技术引发的伦理问题，指出要进行严格的伦理考量和伦理规范。④ 邱仁宗则认为，在人的道德直觉中人的胚胎与人并不享有同等的道德地位。人的胚胎不享有人的伦理地

① 田海平. 生命伦理如何为后人类时代的道德辩护——以“人类基因干预技术”的伦理为例进行的讨论［J］. 社会科学战线，2011（4）.

② 汤卓. 浅论克隆人引发的伦理问题［J］. 辽宁医学院学报，2011（3）.

③ 周匡果，王一鸣，王向，王荣林. “设计婴儿”的伦理思考［J］. 医学与哲学，2011（3）.

④ 陈良坚. 生殖技术引发的伦理问题与对策思考［J］. 理论界，2011（3）.

位，不具有与人一样的价值，毁掉胚胎不是“杀人”。然而它确实应享有一定的伦理地位，因此我们对它应该有一定程度的尊重，处置它要有一定程序和要求。① 对此，陈少春、冯泽永等通过对胎儿是不是人、是不是人权的主体的论证，表明胎儿作为潜在的人，理应是人权上的潜在主体并享有最低限度的人权而赞同对胎儿的处置必须限定在一定的条件下。同时，由于胎儿行为能力的受限，也需要对胎儿权利的行使者做出资格认定。② 在我国，正如权麟春所说，法律没有明文规定类似堕胎这种行为是违法行为；也就是说它们是合法行为，但不意味着是道德行为，有法律权利做某事，但却不一定有道德权利做该事。③ 如果没有这样的约束，田海平预言，自然出生的人与通过基因技术改造、强化的人以及通过基因生殖技术产生出来的人，如何具有道德地位上的平等权利就变成了一个难题。④ 在实际生活中，计划生育政策和以优生为目的的人工流产这两个在实践中颇受关注的现实问题，还需要进一步的伦理学论证以促进现实问题的解决。

其次，比较备受关注的争议焦点是人的安乐死问题，也即“优死”的问题。随着人类社会文明的不断进步，人们对死亡的看法出现分歧，并对传统死亡观产生疑问，从单一地重视“优生”，开始逐渐关注“优死”对生命价值的贡献。而且，随着人们死亡观念的转变，安乐死由早期一项旨在为减轻患者病痛的医学治疗手段，逐渐成为一系列社会伦理问题讨论的焦点。安乐死，就是人们试图在死亡事实与死亡价值之间寻找平衡点的探索。⑤ 李晓燕在安乐死立法可能性分析中指出：“支持安乐死的人士一般从人权与人道的立场立论，主张正视人终结自己生命方式的选择权，人虽无选择是否出生的自由，却应有理性选择死亡的权利。个人有权在不危及他人、国家和社会利益的前提下，按自己的意愿对生命权进行处分。对于身患不治之症症且无法忍受痛苦折磨的病人，完全有权选择安乐死的方式结束生命，承认安乐死的合法性体现了对人的人格权的尊重。反方观点则认

---

① 邱仁宗. 生命伦理学研究的最近进展 [J]. 科学与社会，2011 (2).

② 陈少春，冯泽永，杨丹，杨轶君. 某些高新医疗技术使用中的胎儿伦理分析 [J]. 中国卫生事业管理，2011 (9).

③ 权麟春. 堕胎与生命尊严之我见 [J]. 医学与哲学，2011 (12).

④ 田海平. 生命伦理如何为后人类时代的道德辩护——以“人类基因干预技术”的伦理为例进行的讨论 [J]. 社会科学战线，2011 (4).

⑤ 田甲乐. 安乐死：科学与人文的博弈 [J]. 医学与社会，2011 (12).

为生命不但宝贵而且神圣，蓄意杀害自己等于谋杀，帮助他人自杀则更是赤裸裸的谋杀。安乐死不仅是违反生老病死的自然定律的反自然行为，而且是贬损人性尊严的懦弱行为，削弱了人类战胜苦难的力量和勇气，安乐死会给不愿继续承担治疗抢救义务的患者家属制造逃避履行义务、甚至合法谋杀的借口。社会对每个成员都有妥善安置的义务，保护和尊重弱者权利，是人道主义精神的体现和人类社会的基本职责。”① 反方观点基本意指的是安乐死会引起滑坡现象。对此，任丑表示不赞同。他通过对安乐死立法的滑坡论证 3 种类型进行了质疑论证，同时主张磐路论证：把苦难、自律、伦理委员会和临终护理等要素有机统一起来，构筑成一条具有一定可行性的安乐死立法的磐石之路。② 但无论是支持还是反对，其实质皆未超出生命伦理思想的基点——人道主义和功利主义——的范围。其中，人道主义主要从生命神圣论的观点出发，突出生命的神圣与不可侵犯；功利主义则是从生命质量论和生命价值论的观点出发，将功效与利益获得作为评价某种事物的标准。只有科学地把二者的关系合理平衡，才能正确地认识安乐死。③

除此之外，食品安全问题也日益民众关注的焦点，尤其在我国。成因主要有三：一是企业非法或擅自在食品中添加对人体有毒有害的化学物质，一是政府在管理食品安全当中政策的不确定性，④ 一是转基因技术在食品中的日益广泛使用和转基因主粮产业化困境。⑤ 转基因技术作为 21 世纪生物技术的核心，越来越广泛地应用在农业、食品、医药等方面。转基因食品在给人类带来巨大经济效益的同时，也给人类的健康和生态环境带来了潜在的危险，引起了许多伦理问题。因此，近年来，转基因食品究竟是否安全，转基因食品是否应该标识，基因到底是否应该授予专利权，转基因食品是否应该商业化等等一系列的伦理问题成为眼下全世界最热门的话题之一。⑥

---

① 李晓燕. 对“安乐死”在我国合法化的管窥之见［J］. 淮海工学院学报，2011（8）.

② 任丑. 滑坡论证：质疑安乐死立法的伦理论证［J］. 思想战线，2011（3）.

③ 杨超. 生命伦理学视角下的安乐死［D］. 西安建筑科技大学科学技术哲学博士，2011.

④ 喻文德. 论食品安全的三重伦理防线［J］. 伦理学研究，2011（6）.

⑤ 毛新志. 我国转基因主粮产业化的伦理困境［J］. 中共天津市委党校学报，2011（6）.

⑥ 李固敏. 转基因食品中的伦理问题［D］. 福建师范大学马克思主义哲学博士，2011.

### 3. 生命伦理难题的西方式解决

针对生命伦理学的道德困境，卢冬霜和夏永华援引阿奎那的说法提出了贯彻双重影响原则来加以解决生命伦理问题的主张。“双重影响原则是指基于一个善的或者中立的道德理由，一个行为产生了直接的正效应，并且带来了间接的、可以预见的负效应。如果行为的目的是合理的，也就是说，它并没有直接意图坏的效应，并且好的结果和坏的结果之间有一个可接受的平衡，那么这个行为是允许的。”这是生命伦理学中的一个情境权衡原则，对这一原则的讨论近年来已逐渐转向义务论的方向。卢冬霜和夏永华认为，此原则在一定程度上弥补了绝对主义的不足，解决了绝对恪守原则与情境权衡之间的矛盾。尽管这一原则本身存在着诸多争议，但这无疑是解决某些悲剧性道德困境的积极尝试。①

而在田海平看来，这种义务论的尝试有欠妥当。人类在控制自然、征服自然、对自然进行“祛魅”的努力中，在意志和意识层面经历了一种最基本的改变。对自然的征服和改造在某种程度上是人的自由的一种体现。一般认识论中的自由概念，就是对自然的必然性的认识和利用，即是说要利用、应用这种自然的必然性达到控制和改变自然的目的。② 今天的生命技术、基因技术最典型地体现了这样一种对自然的祛魅，但这种祛魅，却反过头来变成了对人自身的自然的一种祛魅，从而可能使“人类终究会灭亡”的这个论断成真。对于基因干预技术是否应该强加上一个道德命令？如果这样去制定一种道德法则或者道德宪章，就和这种技术的本性是矛盾的。因为所谓“干预技术”，它就是要干预，如果要求它“遵循自然”就构成了一个矛盾。因此，田海平认为，真正的解决之道乃在于对生命本身持有一种敬畏之心。人既是一种自在的存在也是一种自为的存在，既是一种自然生命本质又是一种自由生命本质。因此指向人的身体强化、生育选择和生命痛苦缓解的基因干预技术，它有自己的条件和自己的限度，不能

① 卢冬霜，夏永华．论生命伦理学的双重影响原则［J］．思想战线，2011（3）．

② 田海平．生命伦理如何为后人类时代的道德辩护——以“人类基因干预技术”的伦理为例进行的讨论［J］．社会科学战线，2011（4）．

够伤害人的自由生命本质，必须承诺人的自由生命本质为它的基本的前提。①

郑林娟和杨同卫则认为，解决当前关于生命伦理学的问题的关键在于能否找到一个大家普遍认可的生命伦理学标准，② 也即能否能成一个共识。一种观点认为，人们有能力建立大家普遍认可的生命伦理学共识，如西方生命伦理学学者比彻姆、丘卓斯、国际生命伦理学会会长丹尼尔·威克勒和中国知名生命伦理学家邱仁宗均持此种观点；另一种观点则认为，人们很难在生命伦理问题上达成共识，持此种观点的有美国著名伦理学家麦金泰尔、美国生命伦理学学者恩格尔哈特和香港生命伦理学学者范瑞平等。郑林娟和杨同卫从考察一般的道德共识是否可能得出了生命伦理学的道德共识是可能成立的结论，因为：第一，当代人类面临着共同的生命伦理问题；第二，人类需要共同寻求解决的途径；第三，人们都希望身体无痛苦、精神无烦扰的幸福生活；第四，我们已经拥有一些基本的道德共识。③当然，他们强调这个共识是有其限度的，在不同范围内有区别：第一，系统的、客观的、充满内容的道德共识存在于具体的道德共同体内，并随着社会的发展和对外的交流而有可能发生改变；第二，能为人类普遍接受的道德共识，一般具有程序化或形式化的特点，至多为人类提供一个解决问题的参考依据，如生命伦理的四原则；第三，确实存在一些大家普遍接受的不系统的充满内容的道德共识，如不杀人、不说谎、关爱生命等；第四，适用范围越广泛的道德共识，包含的内容就越少，而相反适用范围越窄的道德共识，包含的内容就越丰富。④

曹秀娟则觉得生命伦理学建立在普遍理性原则的基础上，奉行二元论的思维方法，身体长期被忽视。生命科学的发展和新的生物技术的应用以及后现代主义思潮的影响从实践和理论两方面瓦解着生命伦理学的实践有效性。在此基础上，建立在涉身自我基础上的身体伦理学被提出，它用后

---

① 田海平. 生命伦理如何为后人类时代的道德辩护——以“人类基因干预技术”的伦理为例进行的讨论［J］. 社会科学战线，2011（4）.

② 郑林娟，杨同卫. 生命伦理学的共识是否可能及其限度［J］. 医学与哲学，2011（6）.

③ 郑林娟，杨同卫. 生命伦理学的共识是否可能及其限度［J］. 医学与哲学，2011（6）.

④ 郑林娟，杨同卫. 生命伦理学的共识是否可能及其限度［J］. 医学与哲学，2011（6）.

现代主义的方法论作为指导，对生命伦理学进行批判与重构，为生命伦理学提供了一个新的视角。用女性主义和现象学准确理解身体伦理学的理论基础“涉身自我”的物质性与含混性便显得至关重要，身体伦理学中的身体就是梅洛-庞蒂意义上的身体，是身心交织的身体，也是感受的、体验的身体，开放世界中的身体，多元情境中的身体。正是鉴于身体的这种特性，涉身自我的形成才具有可变性和不稳定性，由此身体伦理学尤为重视体验和差异，关注具体的情境。身体伦理学对生命伦理学的批判和重构表现在三个层面，即主张不可判定性，打破决定性以及关注特殊性。①

龙武维表示，临终病人在最后的时间中，身体上常常饱受疾病及症状的折磨，逐渐丧失身体的活动力，无法完成社会性的功能，需要他人照顾，致使病人深陷于生理上及心灵上的痛苦。因此需要对之进行临终关怀，方能使之平静、安详、有尊严地度过临终期，获得善终。选择诺丁（Nel Noddings）的关怀伦理学（ethics of care）运用在临终关怀陪伴上，可以有反省性的思维加以解构和重新定义。经由和关怀伦理的运用，陪伴者在临终场域可以呈现一些思考的方向：一、陪伴者应该重新审视临终场域将以何种可行的方式作为关怀的展现；二、在平和的互动中让临终者自然的“接受”临终的事实；三、这种可行的关怀陪伴不但是可实践的，而且要简约易行且合乎伦理的陪伴进路。②

孙玫也主张，人们在道义论与功利论的道德冲突之中困惑时，女性主义关怀伦理观不失为具有实践意义的一种选择。虽然道义论和功利论的处置方式分别有各自的合理之处，但都存在着不可避免的自身缺陷。问题在于现实中要么选择道义论的方式，要么选择功利论的方式，在道德选择的实践之中无法实现“两全其美”。这种道德选择的困境成因于人类自身能力的有限性。相比较于道义论与功利论，关怀伦理提出一种可供参考的全新的价值标准和问题解决思路，它更加关注的不是在道德选择中诉诸普遍的道德原则，而是把道德主体放在所处的特定关系中加以看待，强调特殊情境对于道德选择的影响。表现在现实的道德实践中即更加侧重对道德主

① 曹秀娟. 身体伦理学对生命伦理学的批判与重构［D］. 上海大学科学技术哲学博士，2011.

② 龙武维. 临终关怀陪伴伦理之进路［D］. 复旦大学伦理学博士，2011.

体情感、体验、关系的关注，更有利于建立和谐的社会氛围，体现以人为本的目标。①

### 4. 生命伦理问题的中国化解决

谈到生命伦理学的中国化解决，首先要弄清楚的是生命伦理为何要中国化。任嫦勤和李明指出，生命伦理学诞生于20世纪六七十年代的美国，我国的当代生命伦理学的研究方法、视阈和理论指导等都源于对美国的“翻版”，没有基于我国国情与文化背景来建构当代生命伦理学体系，从而出现负面效应也无可避免。生活在不同文化背景下的人在进行价值判断、道德选择时也因其文化、观念、信仰、习俗等的差异而呈现出诸多的不同。我国生命伦理学本应与本国文化环境相适应，形成自己的一套生命伦理学价值体系。然而，事实并非如此，我国当代生命伦理学的发展一直缺乏我国的理论支撑与价值规范。惟科学主义和技术至上论造成的生命伦理道德难题一直在困惑着人们，道德本身成为一个道德行动者相互角逐的竞技场。② 按王华生和黄萼华的说法，中国本土文化的生死伦理已经深深嵌入到中国人的文化心理结构之中，在当今社会中尤具现实意义。例如，“中国支持安乐死的理由主要是出于经济上的考虑”的问题，中国本土伦理的解释就是出于生者方面的考虑，而并不是出于生命神圣意义上的考虑。③

那么，如何构建合乎中国伦理现状与未来趋势的生命伦理学以缓释、消解其伦理困境并寻求安身立命之道呢？汤丽芳认为，以儒释道为主流的中国古代思想家们对于生命、生死和养生等传统生命伦理问题的深入反思和系统的理论建构不仅大大充实了华夏文明的宝库，丰富了中华文化之人文底蕴，而且可以为我们深入分析和顺利解决现代社会中所遇到的种种人生困惑，处理好身心、群己与天人之关系提供重要启示。首先，中国传统生命伦理观对于生命价值的追问有利于我们正确地认识和对待生命；其次，中国传统生命伦理观对于生命境界的提升有利于我们解读和超越生死

---

① 孙玫．关怀伦理视域下对严重缺陷新生儿处置问题的思考［J］．法制与社会，2011（1）．
② 任嫦勤，李明．当代生命伦理学困惑疏解的儒学观照［J］．岭南学刊，2011（5）．
③ 王华生，黄萼华．生死伦理的本土化诠释［J］．湖南工业大学学报，2011（2）．

的局限；再次，中国传统生命伦理观对于德性人生的塑造有利于我们感悟和建设美好的家园。①

香港城市大学范瑞平在其著作《当代儒家生命伦理学》中提出了“重构”儒家生命伦理学的主张，从儒家的家庭主义、社会责任、环境伦理、道德之善与礼乐教化等角度全面审视了西方理论的问题，并提出了儒家思想的解决之道。② 边林认为范瑞平的重构主义儒学主要分为儒家家庭主义，有德的生活方式，市场、利益与仁政，高技术社会的儒家关怀和人、仁、礼：走向国际生命伦理学五部分。③ 该书告诉人们，生命伦理学本质上所关注的是价值核心，是内在的、具有规范和指导意义的东西。中华文化的价值核心，概括来讲，就是中华民族几千年来所实践的儒学的天道性理、人伦日常，就是中国政府近年来所倡导的建立以人为本的和谐社会。④ 全书始终贯穿儒家“以德性为导向、以家庭为基础的多元伦理分析方法，对具体问题进行具体判断”的主要观点和方法，在理论上分别在不同章节论述了儒家伦理的德性伦理特征和儒家家庭主义特征；在实践上则建构了“儒家的道德决疑法（casuistry）”，可以切实地在中国的文化背景下解决临床医疗决策、公正与权利、胚胎干细胞研究等具有争议性的生命伦理学问题；并立足于对儒家基本价值与义务的解释来解决生命伦理学其他方面的问题，如构建儒家社会正义观、儒家医疗资源分配观、基因政策的制订回归善的生活、儒家的实质天赋伦理学在基因增强方面的运用等。⑤

任嫦勤和李明则仅仅指出了儒学作为我国传统道德文化资源，儒家伦理观念、规范在现代社会伦理生活中有着独特而持久的影响，特别是家庭、社群和个人道德生活中起着不可替代的作用。它对现实人生的关注以及它的道德规范体系等，正是我国当代生命伦理学发展的客观现实需求，

① 汤丽芳. 基于现代视野的中国传统生命伦理观［J］. 学术论坛，2011（11）.

② 范瑞平. 当代儒家生命伦理学［M］. 北京：北京大学出版社，2011：439.

③ 边林. 儒家思想与当代生命伦理现实间穿越历史的时代性对话——范瑞平《当代儒家生命伦理学》一书评介［J］. 医学与哲学，2011（6）.

④ 李恩昌. 构建中国生命伦理学的一个重要成果：范瑞平《当代儒家生命伦理学》一书出版［J］. 医学与社会，2011（5）.

⑤ 邓蕊. 重构主义儒家生命伦理学正当其时——评范瑞平教授新著《当代儒家生命伦理学》［J］. 伦理学研究，2011（5）.

也因如此，儒学的价值资源对疏解当代生命伦理学问题成为可能。① 同时，任嫦勤和李明也承认，儒学对当代生命伦理学困惑疏解有其限度。由科技发展带来的当代生命伦理问题，其解决的只是对人们生命的存在与身体本身的健全，而对生命的意义和价值却无法解读；儒家追求的则是精神生活的充实。对于当代生命伦理学中安乐死问题、“植物人”等现实困惑，对于现实中人，因其具有主观选择实现自身生命价值的权力，所以呈现出对生命态度的多元取向，只有对于追求精神生活充实的人有意义，而对于追求生命的价值在于寿命的延长或身体的健康的人来说，其意义就大大减弱了。由于儒家是处在最高境界上的具有价值导向意义的价值观念，对于生死问题的疏解也只能是相对意义上的，这就使得其对生命伦理问题多元取向的解读常常会出现捉襟见肘的尴尬。另外，生命意义来源于人对自然、对生命的深层体验，不同的人有不同的体验，不同的人在对自身的生命存在方式具有不同的理解与选择，因此有了对生命意义实现的不同手段。由于儒家思想是立足于个人德性修养上的，且不恃外力，只靠自验于心之安不安，而没有办法做客观的判定，使得儒家价值资源在回应道德两难时不免显得局促、无奈而难以奏效。因此，必须实现传统儒学向现代儒学的转变，将儒学目的理性与工具理性相结合，实现儒学的政治化向生活化转变。②

张舜清对以儒学的进路探究当代生命伦理学的理论建构方式赞同不已。提出了儒家处理生命伦理问题的顺天、立命、循性、践道四个基本原则，并强调，儒家以“天”、“命”、“性”、“道”诸概念为核心，从纵贯的形上维度为我们确立了儒家生命伦理的指导原则。在横向的层面，儒家还通过对“仁”、“礼”、“和”、“时”诸概念的诠释，形成了一套更为具体的生命伦理实践方式，从而为我们处理具体的生命伦理问题提供了更多的解决面向和方法上的思考：第一，仁生；第二，礼生；第三，和生；第四，时生。③

① 任嫦勤，李明. 当代生命伦理学困惑疏解的儒学观照［J］. 岭南学刊，2011（5）.

② 任嫦勤，李明. 当代生命伦理学困惑疏解的儒学观照［J］. 岭南学刊，2011（5）.

③ 张舜清. 儒家生命伦理的原则及其实践方式——以“生”为视角［J］. 哲学动态，2011（10）.

许启彬则提出了基于中庸之道、中庸之德、中庸之境三个向度的生命伦理精神，以为应对生命伦理学视域中的伦理难题提供中国式的价值基础与道德语言。生命伦理精神之所以能够成为中国语境下可以实现价值通约与伦理认同的道德语言，主要体现在：首先，伦理是人类生命的精神化表达，同时也是形成生命秩序与价值认同的根基所在；其次，精神构成了人的社会本性，也正是人的精神让生命可以不断地实现自我认识、自我；再次，从生命的本质而言，对于生命的解读理应从意识之流、精神之流来直觉生命的绵延否定乃至自我超越。[①] 许启彬通过对中庸之道——天之维：生命超越性的可能、中庸之德——人之维：生命伦理精神的生成、中庸之境——天人合一：生态伦理精神的转换三个向度的分析，得知，生态伦理精神的最大的危机还不在于人与自然和谐统一的破坏，而是更多地指向了人的心灵世界，心灵世界的危机才是最核心的，因为心灵的危机源于“诚”的沦丧，而“不诚无物”，没有“诚”，人就不成其为人，因而在心灵世界之中，人就可以把自己的生命本真消解了。而要固守心灵世界，就要“诚之为贵”，不断地修身养性，这样才有可能实现生命的超越。[②]

当今新兴生物医学技术目前正方兴未艾，它们单独并互相结合在一起，有可能给人类带来巨大受益，给亿万人民提供更为安全更为有效的疾病诊断、治疗和预防的方法，大大促进人们的健康和幸福，大大提高人民的生活质量，大大延长人们的寿命。但同时它们也提出了许多可以预期或意想不到的伦理问题或挑战，如果不能很好解决这些问题，应对这些挑战，也许会给人类带来严重伤害。因此，要求我们提高伦理意识，提高对伦理问题的敏感性，加强我们分析、研究和解决伦理问题的能力，加强生命伦理学的体制化，将伦理研究成果更快地转化为行动，切实保护患者、受试者、公众的权利和利益，保护动物的福利和生态的平衡及其多样性。[③] 建构当代中国生命伦理学是一个十分艰难的理论创新过程，中国学者仍将一如既往继续努力。

---

① 许启彬. 生命伦理学与《中庸》的生命伦理精神［J］. 东南大学学报，2011（4）.
② 许启彬. 生命伦理学与《中庸》的生命伦理精神［J］. 东南大学学报，2011（4）.
③ 邱仁宗. 生命伦理学研究的最近进展［J］. 科学与社会，2011（2）.

# 社会道德建设

道德建设是我国社会主义精神文明建设的核心内容。自党的十二届六中全会《中共中央关于社会主义精神文明建设指导方针的决议》（1986年），加强道德建设已经成为我国社会主义主义现代化建设的内在要求。到2011年，我国的改革发展进入更加关键的时期，社会经济、政治、文化、生活结构发生了深刻变动，各种价值观念不断产生，人们的思想观念诉求呈现多样化。这些变化的交互作用构成了社会转型。道德建设遇到了巨大的挑战和新的机遇。在以经济发展为重点的今天，有些人只追求物质利益，蔑视所谓“看不见”、“摸不着”的理想，反叛社会的道德要求，把提倡为人民服务和奉献精神视为“假大空”，甚至把嘲笑道德和文明进步作为一种时尚。这种非道德主义倾向是对道德价值本身的一种否定和颠覆，动摇了人们的道德理想和正当价值追求，直接阻碍着我国社会主义道德建设。

一个国家的道德建设的状况如何，直接关系到这个国家社会发展和文化软实力的增强。随着我国改革开放的不断深入和社会主义市场经济体制的建立与完善，如何使人们的道德素质与时俱进，是国内外舆论普遍关注的重要问题。面对社会意识领域的复杂情况，我们必须保持清醒的头脑，坚持以建设社会主义核心价值体系引领社会思潮。社会主义核心价值体系是一个有机整体，它包括马克思主义指导思想、中国特色社会主义共同理想、以爱国主义为核心的民族精神和以改革创新为核心的时代精神、社会主义荣辱观。道德建设是社会主义核心价值体系建设的重要组成部分，是核心价值体系发挥作用的重要保证，是推进社会主义现代化进程和构建社会主义和谐社会的要求。

道德建设是人们培育道德观念、养成道德行为的过程，是一个由众多层次和要素构成的复杂系统。道德建设重在深入人心，重在联系实际，重在弘扬正气，做到道德认知和道德行为的有机统一。道德观念只有为群众所把握，并转化为实践行为，才能发挥其应有的功能和作用。因此，道德建设不是空洞的概念和宣教，必须具有切实可行的实现途径，能够让高尚的价值导向转变为人们的道德行为的方式和方法，在全社会形成良好的道德观念、道德行为、道德环境和道德风尚。

在道德建设的具体实施和研究中，一般按照人们社会生活的活动领域把道德建设的实现途径归纳为社会公德建设、职业道德建设、家庭美德建设、个人品德建设等四个方面。本年鉴在对以上四个方面进行评述之后，将对2011年我国社会针对社会道德状况的评价和道德价值导向方面的争论进行评述。

## 一、社会公德

社会公德作为社会生活、社会道德建设的基础层次，是社会公共秩序中要求遵守的准则，它能够反映社会生活的文明程度，因此，社会道德建设中首先需要研究的课题便是社会公德，伦理学界的诸多学者对社会公德这一主题提出了自己独到的见解，其研究主要围绕公德的定义及公德与私德的相对立维度、公德问题产生的历史追溯及现实发展、公德的建设以及公德建设的条件。

### 1. “公德”概念的发展

在对公德的研究中，许多学者仍然在继续厘清公德的概念。自梁启超在《新民说》提出公德、私德概念后，对于公德、私德的探讨便开始成为学界关注的焦点。有学者就梁启超提出的公德和私德、梁漱溟所理解的公德和私德、李泽厚提出的公德和私德分别做了分析，并进行了比较，有学者在阅读了梁启超的《论公德》后，提炼出了梁启超对公德的界定：“公德者何？人群之所以为群，国家之所以为国，赖此德焉以成立者也。人也者，善群之动物也。人而不群，禽兽奚择？而非徒空言高论曰‘群之’，‘群之’，而遂能有功者也。必有一物焉贯注而联络之，然后群之实乃举。

若此者谓之公德。”① 再根据梁启超《论公德》中对公德的理解，进一步提出自己对梁启超公德论的理解，认为“梁启超的公德论是以国家主义和集体主义为核心，而更为强调‘利国’的国家伦理和国家观念”。② 该学者也对梁漱溟对公德的理解进行了阐述，梁漱溟的功德思想约举为四点：“第一，公共观念；第二，纪律习惯；第三，组织能力；第四，法制精神。这四点亦可总括以‘公德’一词称之。公德，就是人类为营团体生活所必需的那些品德。这恰为中国人所缺乏。”③ 梁漱溟的公德不同于梁启超对公德的理解，如果说梁启超的公德观点侧重于救亡图存的国家伦理，那么梁漱溟“公德论的核心实在于社会伦理，他用‘团体’概念取代了梁启超的‘国群’概念，也反映了这一点”。④ 李泽厚认为现代社会性公德有以下几个特征：“其一，以个人为单位，为主体，为基础：个体第一，群体（社会）第二。其二，私利（个人权利）第一，公益第二。其三，现代社会性道德是以抽象的个人和社会契约为根本基础，个人和个人自由必然是其聚焦点。其四，社会性道德不能也不应该成为宗教性道德，它只是要求人们共同遵守的‘公德’，而非涉及个人追求安身立命、终极关怀的‘私德’。其五，宗教性道德对社会性公德可以有一种康德所谓的‘范导’而非‘建构’作用。有些传统的宗教性道德义务可以由法律形式作为社会性公德，如儿女赡养父母的道德义务。”⑤ 该学者按照近现代中国公德的发展历史，梳理了以上三位大师对于公德的认识，认为梁任公倡导公德，意在强调利群利国，强调集体和国家，有集体主义、国家主义和民族主义的味道；而李泽厚显然反感这一套，他强调的是个体权利的优先性；质言之，两者不可能“相当接近”，毋宁说相距甚远。⑥

也有学者对公德概念在中国的发展历史做了梳理，首先阐述了梁启超如何在我国提出较早的公德概念，后论证了西方学者将公德定义为公共利益的依据，由此将公德问题的讨论自然过渡到公共利益方面的讨论：“近

① 梁启超. 论公德［J］. 饮冰室合集，专集 4：12.

② 陈乔见. 公德与私德辨正［J］. 社会科学，2011（2）.

③ 梁漱溟. 中国文化要义［M］. 上海：上海人民出版社，2011：64.

④ 陈乔见. 公德与私德辨正［J］. 社会科学，2011（2）.

⑤ 李泽厚. 历史本体论己卯五说［M］. 上海：生活·读书·新知三联书店，2006：60、61-80、63.

⑥ 陈乔见. 公德与私德辨正［J］. 社会科学，2011（2）.

代思想家们都以公共观念来界定公德，他们认为公德的关键并不在于是否做了某一行为，而在于是否具有公共观念。公德是公共之德性，是基于公共观念所发之德性。”① 该学者将公德界定为一类与私德相对应的，以公共观念和公共意识为核心关注于人与社会国家统一性的德性的总体。

关于公德的历史产生问题，很多学者做了论证，也有学者对公德的现实发展以及发展中遇到的问题做了研究和分析，“在社会公共生活领域里，人们心理上的道德压力较弱；其二，传统文化和我国特殊历史经历对人们社会公德的意识有着不小的消极作用。”② 即相对灵活、陌生、分散的社会公德主体在履行公德时心理驱动力比较弱的同时，也使得这些主体在面临公德需求的时候，可以相互推诿。

### 2. 公德与私德的争论

中国的公德观念从梁启超开始进入国人视野，但在私德与公德之间的关系问题上，并非所有学者都完全同意梁启超的公德由私德所推的观点。有学者从梁启超《新民说》所着重阐述的公德入手，从解析梁启超最初强调中国缺少公德，呼吁公民新道德，很快在一年之后便强调私德的这一变化中得出了结论：公德实现需要由私德推及，中国人应该重新树立起千百年来一直坚守的私德传统，“在私德向公德过渡方面，梁启超提出‘公德者私德之推’”,③ 在这个意义上，公德和私德也是密不可分的。

对于上述观点，有些学者予以否定，认为：“从内涵上说，私德与公德却有明确的界限。私德归根到底是以私人之间的、私人群体的道德为根基的，即便向外延伸，也总是表现为私人群体在观念上的扩展。公德则不同，公德所向所利之群不是‘私群’而是‘公群’。所谓‘公群’，不外就是把社会、国家理解为集结公共利益的公共生活共同体。在这个共同体中，公共利益主要体现在公共秩序、公共财物和公共事业三个方面，从这个意义上说，公德的最低要求或最基本的原则就是不要为一己之私利而损

---

① 曲蓉. 论公德——历史框架与现代价值［J］. 江西师范大学学报，2011（1）.

② 汤丽芳. 社会公德：当代中国道德建设中的道德难题［J］. 求索，2011（4）.

③ 吴宁宁. 梁启超由“公德”到“私德”的思想矛盾困境解读［J］. 东南大学学报，2011（2）.

害公共利益。这个要求虽然是最低的和最基本的，但它绝非可以从私德的观念中推演出来。如果不能把国家、社会真正地理解为公共生活的共同体，不能把公共利益理解为每个人生存和发展的条件，并赋予它们以最高的存在价值，那么，无论私德在外延上如何扩张，也绝不会衍生出真正的公德观念”。[①] 可见，“公德观念”是公德实现的真正条件，但是“公德观念”的树立，需要对公德本身有清醒地认识，所以该学者认为公德具体包括积极和消极两方面内涵：“公德的积极内涵就是指一种以牺牲个人利益来成全公共利益的道德精神，即我们通常所说的公而忘私、大公无私、先公后私等；所谓消极内涵，在道德命题中可以表现为一系列否定性的规则，即‘不要……’或‘不应当……’，如‘不要（不应当）随地吐痰’；‘不要（不应当）在公共场合大声喧哗’；‘不要（不应当）违反公共秩序’；‘不要（不应当）损害公物’；‘不要（不应当）排队加塞’等。”[②]

当今人们对于社会公德的理解和以上公德与私德的学术论争关系不是很大。有学者根据《公民道德建设实施纲要》中关于社会公德的所涉范围，更加具体了社会公德的三个方面，即人与人、人与社会、人与自然之间的关系：“在人与人之间的关系层面上，讲究举止文明、尊重他人，用礼教、习俗的方式加以固定维护，成为长期影响一个民族、一个国家的道德规范；在人与社会之间的关系层面上，主张爱护公众之物，遵守和维护公共秩序，随着城市化、信息化和全球化的发展，将更多的公共秩序方面的建设纳入了公德建设之中，社会公德的意识建设越来越需要个人思想道德素质修养的提升，推动全社会的道德建设发展；在人与环境之间的关系层面上，表现为热爱自然、保护环境，将对环境的利用与人类的长远发展联系在一起，提出了人与环境的和谐发展问题。”[③]

还有学者认为，公德与人们的公共生活领域作为相关，与公民个人的私德没有必然关系，即私德善者未必公德高尚，“公德建设不是简单地提升个人道德素养或确立公共生活领域的道德规范，它首先涉及公共领域本身的建构问题，这是公共生活的基础，也是社会公德依存的现实空间；没

① 阎孟伟．和谐社会呼唤公德［J］．道德与文明，2011（3）．
② 阎孟伟．和谐社会呼唤公德［J］．道德与文明，2011（3）．
③ 龚平，王富秋．公共危机：公民社会公德培养契机［J］．西南民族大学学报，2011（4）．

有公共领域本身的合法性及健全的公共生活，社会公德建设既不成其为现实问题，也根本不可能。”① 现代社会作为开放型社会，完善公共领域，是当下道德建设的任务。“公德建设不是简单地提升个人道德素养或确立公共领域与公共生活的道德规范，在当代中国社会公德建设的实践中，三个方面亟须反思与加强：建构现代性公共生活领域，健全公共生活机制；培育公共意识与公共精神；加强制度供给。”② 该学者在对社会公德缺乏的原因进行分析后，提出了一系列对策，“加强社会公德的制度化。加强以德治国的力度，树立榜样，加大宣传，深化教育”。③ 有学者根据公德与私德的辩证关系，在私德培养和公德规范的框架内，回答了“道德能不能被建设”这个道德建设中应该首先被关注的问题。该观点认为，“道德划分为公德与私德，并不抵触道德建设的可能性，只是表明道德发展不同阶段应该有不同的建设方法：首先应鼓励个人私德修养的实践和探索，然后宣传、倡导那些有扩展之势的私德。当某种私德的认同者占到多数或至少具有相当势力时，将其转变为公德规范，可对少数不赞成者产生评判、规制乃至强制作用。”④

今天，有学者坚持把公德的概念放置于和私德的对立及并存的环境中进行阐述，认为公德与私德的划分标准有以下几个方面：“以‘公共领域’与‘私人领域’的界分作为划分的标准；以内在心理与外在规范作为划分的标准；以理性与情感及利益的角度作为划分标准；以法律与道德作为划分的标准。”⑤ 该观点最终比较认可的是将公共领域和私人领域的界分作为公德与私德的划分标准。另有学者则从社会公德的公共性方面来考量社会公德，认为，“公德是社会公共生活领域里的道德，是人们在履行社会义务或涉及社会公共利益的活动中应当遵循的道德行为准则。”⑥ 即公德作为一种维持社会秩序的公共生活准则，应该明晰什么是公共性，并从对公共

① 郑根成．当代中国社会公德建设的三个基本维度——腾讯与360商业争端的伦理反思［J］．绍兴文理学院学报，2011（3）．

② 郑根成．当代代中国社会公德建设的三个基本维度——腾讯与360商业争端的伦理反思［J］．绍兴文理学院学报，2011（3）．

③ 汤丽芳．社会公德：当代中国道德建设中的道德难题［J］．求索，2011（4）．

④ 冯杰，吴立爽．试论道德建设的可能性［J］．浙江工业大学学报，2011（4）．

⑤ 陈乔见．公德与私德辨正［J］．社会科学，2011（2）．

⑥ 冯笑．公德本质的社会哲学探析［J］．黑龙江教育学院学报，2011（4）．

性地探讨中，自然而然过渡到社会公德。社会公德的公共性具体体现在四个方面："第一，道德发生场所的公共性，这些公共场所指向公众开放的场所和空间；第二，道德对象的公共性，道德对象不仅仅局限于私人范围或者熟人范围，而是在公共领域中的任何一个人，其对象具有广泛性和偶然性；第三，道德要求的公共性；首先，当面对公德要求时应一视同仁，其次，道德要求来源于民意，是民众的共同要求；第四，公德评价的公共性，评价的方式是公众舆论和公共良心，同时也是依据社会共同的道德要求。"①

### 3. 研究社会公德的意义

（1）社会公德与道德建设的关系

社会公德在道德建设中具有核心的标志性意义，是社会道德建设的重要组成部分。"伦理道德问题，具体来讲，一是这个社会带来的公共化程度越来越高，也就是说社会朝着公共化的方向在转型，但是公共领域里道德下沉，没有底线，整个社会的道义基础大大弱化，公众的诚信环境遭到破坏，道德责任感也没有过去强。还要创造新的文化，建立公共道德规范，积累公共道德资源，营造良好的道德诚信环境。"② 社会公共道德资源与社会公德中的"公共"应该是殊途同归之意，现代社会愈发公共化。社会公共化，就是社会公共生活领域越来越扩张，私人领域越来越压缩。但是，公共化趋势带来的却是公共领域的道德严重缺失，说明社会的道义基础削弱，凝聚力降低，公共秩序不良，因此，在社会道德的建设方面，社会公德的建设方法仅有制度还不行，这只是解决了制度缺失的问题执政党和政府官员的公共示范效应十分重要。没有这一点，公共道德规范的实际效应将是会大大降低，甚至为零为负，政府公职人员在提高社会伦理道德水平上所应该且必须发挥的公共示范作用尤其显要，这为整个社会和人民所期待。

---

① 陈乔见．公德与私德辨正［J］．社会科学，2011（2）

② 梁晓娟．政府公职人员应在提高社会伦理道德水平上起示范作用——访清华大学教授，中国伦理学会会长万俊人［J］．领导之友，2011（1）．

（2）社会公德与传统道德的关系

中国经济、文化等全面发展，使得公民对社会道德的要求增多，在新的历史时期，社会公德的发展理所应当地成为了全体社会成员的共同追求和普遍认识。中国传统文化底蕴浑厚，传统道德不可能不影响社会公德的建设。很多学者一致认为，社会公德不能成为无本之木，一定要从传统道德中吸取养分，但是，传统道德在现代社会的发展需要进行重构，以适应社会的发展要求。“重私德、轻公德；泛道德化；在处理个人与社会关系时，强调树立群体意识、整体意识。”① 这是传统道德的一些特点，而现代社会已经打破了过去的小农经济局限，血缘亲疏等熟人社会的模式已经不是社会之需要，相反，市场经济发展和公民社会崛起，陌生人的人际关系组成了社会的基本结构，它要求人与人之间拥有平等、诚信、互助、尊重个人的正当利益等方面的品质，因此，在现代社会迅速发展和传统社会结构日渐消失的情况下，要建立符合现代社会的道德文化体系成为一种必然，所以该学者认为现代社会公德建设所应该汲取的养料来自于对传统社会道德的一些改造，具体包括：“实现道德与法律的统一；强调社会价值与个人利益的统一；应建立道德赏罚机制”，② 以实现传统文化向现代社会的转型。

（3）社会公德的现代价值

社会公德作为社会道德进步的重要衡量标志，作为整个社会文明程度的指针，它的发展、进步必然会牵动整个社会经济、文化等的全面发展，因此，在社会公德的现代价值方面，有些学者作了分析，“第一，社会公德建设为国民经济的发展提供动力。第二，社会公德建设为社会主义精神文明建设提供基础性的支持。第三，社会公德建设是增强国家软实力的一个着力点。”③ 可见，社会公德为社会的经济发展提供了良好的道德环境和文化环境，也能够使社会秩序得到维护，是社会稳定的重要纽带。也有学者认为，社会公德的意义不是简单地止于为经济发展提供动力，社会公德作为一种公共领域的“契约”，对社会关系的处理有润滑和规范作用，“有

---

① 唐平．社会公德养成与传统道德文化转型［J］．辽宁行政学院学报，2011（10）．
② 唐平．社会公德养成与传统道德文化转型［J］．辽宁行政学院学报，201（10）．
③ 汤丽芳．社会公德：当代中国道德建设中的道德难题［J］．求索，2011（4）．

利于降低社会运行和治理成本。相反，在社会公德资源供给不足、保障公德运行的制度供给缺失时，人们的行为就缺乏统一的规则协调，社会就容易呈现出明显的无序性和‘碎片化’。”[①] 在现代社会，公德氛围是个体工作、生活不可或缺的社会环境。

总之，在道德建设中，社会公德不仅仅是一个重要范畴，而且与之相关的公共空间、公共舆论以及社会制度设置等都是社会存在与发展中十分重要的概念，纵观学者们对社会公德的研究内容和研究方法，我们看到了社会公德之于国家、社会的重要性，同时，在社会道德建设中，如何让公德从一种观念层次的提倡，成为一种内心信仰，也是值得学者们进一步研究和思考的。我们也不得不认同我国的公德建设将经历一个长期、艰苦、复杂的过程，要在继承、发扬、创新我国优秀道德传统的基础上，借鉴世界各国道德建设的成功经验和先进文明成果，努力建立和发展与社会主义市场经济相适应的社会主义道德体系，使我国道德建设沿着正确的轨道持久地开展下去，形成全新的中国现代公民道德风范。

## 二、职业道德

生产活动是人类的基本实践活动。这决定了职业活动在社会生活的基本领域在发挥着重要作用。因此，在道德建设过程中，我们需要将社会的一般道德规则融化在具体的职业活动中，同时将职业道德建设作为社会道德建设中的重点，而纠正行业不正之风，加强职业道德教育，形成良好的社会风气，也是当前道德建设的重要任务。随着社会的进一步发展，职业分工更加具体化，更加细化，更加具有多样性，那么如何规范这些行业的职业行为，如何使得各种职业发展为社会发展提供更加放心、安全的后备保障，同时使职业内部的生产秩序、工作秩序、生活秩序有序有法，打击不法商贩的违法犯罪行为，使社会向着更加和谐、安定的方向发展，除了一定的法律保障，作为社会发展重要调节手段的道德手段，也需要并且应该发挥其重要的调节作用。职业道德表达特定的职业义务和职业责任，具

① 徐应红．论社会公德的二元价值与敬畏重塑［J］．经济研究导刊，2011（5）．

体包括职业理想、职业态度、职业责任、职业技能、职业纪律、职业良心、职业荣誉和职业作风。

目前在伦理学界，关于职业道德方面的研究主要集中在以下几个方面——职业（企业）责任、职业价值观、职业纪律等。本年鉴倾向于介绍实践中表现较为突出的几个行业的职业道德建设。尽管我们不能穷尽所有职业道德和行业规范，尽管无时无刻会有一些行业或者新兴产业不断涌现，甚至有一些职业本身被游离在学术研究中的职业道德之外，没有形成统一的认知，或者已经完全摆脱了职业道德的规定和约束作用，但是本年鉴仍然试图通过以下具体行业的职业道德建设，来代表性地展现2011年度我国职业道德建设研究中存在的问题和状况。

### 1. 新闻媒体职业道德建设

我国的新闻媒体工作者是国家的喉舌，新闻媒体是公民了解社会的重要渠道。近年来，新闻单位广泛开展了一系列针对新闻媒体工作者的专项活动，主要是引导新闻工作者恪守职业道德，弘扬职业精神，促进正确价值观的树立和发展。与此同时，新闻媒体的职业道德也成为学术界关注的重要对象，除了其自身的特质外，一系列的社会事件要求新闻媒体为客观事实和正确的价值观提供积极的舆论导向。

随着全球化进程的迅猛发展和我国对外交流的不断加深，新闻媒体工作者的职业道德建设应该如何进行，引起了社会广泛的讨论。

有些学者在探讨大众媒介的职业道德时，认为大众媒介并非人类，也非企业，因此，大众媒介的职业道德应该是对大众媒介职业人的一种道德规定。然而，这种职业道德也并非简单地以道德和伦理的形式表现出来，而是在一系列的社会责任中包含了该行业的职业道德。因此，大众媒介的社会责任是对自己的组织或公司负责，对专业同行负责，这是职业伦理的要求。当然，大众媒介社会责任的讨论并非只是为了说明它的职业道德，但是二者的关系大众媒介的社会责任并不是空穴来风，它源于大众传媒对社会契约的回应，源于社会契约所赋予的传播权利和自由，更源于大众媒介自身的利益和道德的力量。因此，大众媒介的职业道德融合在大众传媒的社会责任中，此外，“大众媒介对利益相关者的社会责任表现为：大众媒介要尊重员工和管理者的就业选择权、休息休假权和保险福利权，并为员工和管理者提供安全健康的工作环境，平等的就业、升迁和接受教育的机会，以及参与民主管理的渠道；大众媒介要为受众提供真实、客观、及时、健康的新闻产品，以满足大众知情权；要发出社会大众的声音，当好社会大众的发言人，保障受众传媒接近权；大众媒介要维护采访报道的对象和节目参与人等被传者的正当权益，理性、客观、公正地对待他们；要对广告主诚实守信，自觉履行相关协议；要尊重竞争对手，开展正当竞争；要遵守法律法规，积极参与社会公益活动，支持社会慈善事业；要节约自然资源，保护生态环境，宣传环保理念，倡导低碳生活。”①由此，大众媒介的社会责任是对大众媒介职业人职业道德的一种规定，这种职业责任也是职业道德的应有之意。

有些学者对新闻媒体的职业道德以及目前新闻媒体存在的职业道德缺失现状、新闻媒体职业道德建设做了研究。在新闻界存在一些违反职业道德的行为，主要表现可以归结为四大害即有偿新闻、虚假报道、低俗之风、不良广告。新闻媒体存在的职业道德下降，直接影响了媒体本身的公信力，不利于新闻界的健康发展，因此，在新时期，加强新闻媒体职业道德建设的途径是：“建立健全社会主义新闻职业道德有关法规和政策，使新闻职业道德在政策和法规的约束与促进下良性发展；要明确新闻职业道德建设的重点，集中开展以弘扬职业精神、恪守职业道德、维护队伍形象为主要内容的新闻战线自律活动；做好社会监督和同行监督，新闻单位及新闻工作者要抵制和反对有偿新闻，应该主动推动建立对新闻工作的社会监督制度。”② 提出问题与解决问题对于新闻、媒体职业而言，都将成为未来发展的重要依据。

### 2. “企业”职业道德建设

在职业道德的讨论中，有学者将“企业家”、“企业”作为职业道德主体来考虑，认为企业既有进行伦理道德建设的可能，又有进行伦理道德建

① 李绍元. 社会契约论视域中的传媒社会责任—兼论绿色传播［J］. 伦理学研究，2011（4）.

② 裴清芳. 新闻职业道德建设中存在的几个问题［J］. 河北大学学报，2011（2）.

设的必要。这是由企业的竞争和营利性质决定的，这种性质成为了企业家必须具有伦理气质、企业必须履行社会责任的根由，但是企业是一种非人格化的主体，没有人格、没有良心、没有良心更没责任心，因此，当企业面临社会责任时，企业家本身的伦理气质是关键，“一个企业经营者之所以能够成为企业家，必有其梯级结构的价值观：功利观、自我实现观和社会成就观，而这三种价值观恰是体现了三种善的生成与发展：外在之善、德性之美和公共善。”① 可见，“企业”作为职业的外部构成形式，作为一种非人格主体，这种职业道德的要求转嫁到了企业家身上，从而成为对企业家的职业道德要求。

企业社会责任是中外社会关注的热点。在企业职业道德的研究中，讨论最多的是企业的社会责任，对于企业的社会责任涵盖的范围，有学者做了研究：“包括：经济责任（几乎所有的活动都建立在盈利基础上）；法律责任（守法，法律是社会关于对错的法规集成遵守‘游戏’规则进行活动）；伦理责任（行事合乎伦理，有责任做正确、正义、公平的事避免损害利益相关者的利益）；慈善责任（成为一个好的企业公民给社区捐献资源改善生活质量）。”② 那么，企业的社会责任之间又是如何调节呢？在企业界与学术界，企业应当履行社会责任基本已达成共识，更多的关注集中在社会责任与经济绩效、消费者行为与品牌价值的关系研究方面。职业道德中，包含者职业责任、职业良心、职业义务，因此，在企业职业道德的研究中，企业社会责任应该是企业职业道德的应有之义。有学者对如何使企业履行社会责任，实现职业道德的发展，做了研究，他认为政府部门有重要义务：“政府应当根据企业道德责任的不同层次，准确把握我国企业当下发展的特点，从四个方面推进企业道德责任的自律：一是塑造宽松生存环境，为企业践行道德责任奠定和谐空间；二是推进道德立法，促企业基本道德责任从他律走向自律；三是建立健全道德激励机制，确保企业道德责任自我选择；四是给予企业自由意志空间，实现企业崇高道德责任的

---

① 熊晓琼. 论企业家的伦理气质［J］. 道德与文明，2011（6）.

② 王露璐. 经济伦理视野中的企业社会责任及其担当与评价次序［J］. 伦理学研究，2011（5）.

持续超越。"①

### 3. 法律职业道德建设

在职业道德的研究中，法律从业人员的职业道德尤为引起法律界和伦理学界的关注，它代表了社会的正义和公正，所以有些学者对法律职业伦理也做了研究，首先是法律职业道德的概念，"法律职业道德是指从事法律职业的人，即法律职业人（以下简称法律人）所应当信奉的道德准则，以及在执行职务、履行职责时所应遵循的行为规范，是法律人政治素质、理想信念、思想品质、纪律作风、情操气质和风度的综合反映。同时，它也是纯洁法律人队伍、维护法律人职业声誉、推动法律人为社会提供优质法律服务的重要保证。"②

法律职业道德的价值内涵应该表现在公正、公平、诚信、勇敢、尊严等方面。在我国法律职业道德建设中，法律职业本身起步晚，有人因此认为对于法律职业的道德要求不应太高。这个观点显然是太实际，这种现状恰恰说明了职业道德建设的重要性和紧迫性。法律职业道德价值的实现，离不开对法律职业人道德规范的约束，只有在明确了法律职业人职业道德准则的基础上，才能真正实现法律职业伦理的价值。

### 4. 公共服务职业道德建设

近年来，我国公共服务相关的职业道德建设在理论和实践中都有了很大的进步。公共服务是指以政府为核心的公共部门使用公共权力和公共资源向公民所提供的各项服务。公共服务职业主体是掌握公权力和公共资源的政府，而这个特殊主体的职业属性及其公共行政责任要求其从事公共服务的人员必须具有为公共利益服务的职业精神，更要求从业者遵守公共服务职业伦理规范。有学者认为公共服务职业道德是"伴随政治领域的民主化及社会治理工具的多样化，公共服务日趋职业化，必然要求从业者遵守公共服务职业伦理规范，包括维护公共利益、为公众提供服务、承担公共

---

① 郭建新. 论政府推动企业履行道德责任的有效路径［J］. 伦理学研究，2011（7）.

② 张陆庆. 论法律职业伦理的价值取向［J］. 道德与文明，2011（6）

责任、高尚的敬业精神。公共服务职业伦理建设需要通过加强教育与自制、制度化与法律化、伦理物质保障机制、强化监督等途径来实现。”①

很多学者对公务员的职业道德建设进行了探讨和研究，强调公务员廉洁正气的个人品德。公务员身兼国家公职人员与普通公众两重身份，因此，公务员的“德”也应该兼顾职业道德与个人品德两个方面。在道德建设中，社会公德和个人私德以及职业道德本身没有必然的分界。事实上，我们在关注社会公德、职业道德建设的同时，也应该将公民个人私德作为考察职业道德的重要标杆。有公务员在家与父亲争吵，产生肢体冲突，导致父亲身体多处受伤。这不是一个“私德”的问题。很多人认为，对公务员还需要看到其八小时之外的社会公德和家庭美德，观其是否有家庭暴力、不赡养老人、生活作风不检点等问题。

因此，公共服务的职业道德建设中，“接受公务员提供的公共服务的公众（服务对象），对公务员是否有懈怠、推诿、敷衍等违背职业伦理的情况最了解，而且让服务对象满意是公务员职业的最高追求和终极目标，同时，另一类评价主体就是对公务员的私人生活了解较多、较深入的人，也就是公务员的父母、配偶、兄弟姐妹、子女等亲属，同学、朋友，以及社区干部、邻居等”。② 这些因素都要考虑到，才能最终有助于形成重德养德的良好社会风气。

### 5. 教师职业道德建设

教育是我国社会主义建设的最基本工程。关于教师职业道德问题的研究，有学者坚持认为：“爱是教师最重要的职业品质”。③ 教师的职业之爱是教师职业道德中的最重要的品质，然而，这种爱不是单纯的爱学生、爱事业，而且包含一系列的素质要求和道德要求，只有这样才是一名合格的教师从业者。该学者提出的策略是：第一，要把“教养”同“专业化”结合起来；第二，把教养纳入教师教育的范畴，或开展教养性的教师教育，把教养纳入到现有的教师教育课程体系中，使现有的课程体现教养的要

① 汪来杰. 一种伦理新视角：公共服务职业伦理［J］. 道德与文明，2011（4）.
② 杜治洲. 如何测公务员的“德”［N］. 光明日报，2011．11．24（15）.
③ 李学农. 教师职业之爱与教养［J］. 教育理论与实践，2011（2）.

求；第三，把教养纳入教师教育的范畴，要保证教师教育对象经历一个较长时间的养成过程；第四，教师教养的长期性和教师教养开始时间宜早进行的特点要求教师职前教育对教师教育对象应较早定向；第五，教师教育的教养性改革，还应当特别重视教师教育课程体系中普通教育课程（通识教育课程）的改造。

职业道德教养对人自身的完善、人的自我认识和自我修养都具有重要作用。加强教师的职业教养，在教师教育活动中，才能使学校中充满着教师之爱。教师职业道德的讨论中，有学者提到教师道德权利和教师道德义务，“一方面，教师作为普通公民，有在道德生活上的自由平等、人格尊严以及获得他人和社会的人道、公平、诚实善待的道德权利，但是作为教书育人的专业人员，必须享有特殊的专业道德权利；另一方面，教师作为一般的社会成员，要履行诚实守信、乐善好施、善待他人等道德义务，而作为特殊的专业人员，必须承担爱岗敬业、尊重学生、道德自律、诲人不倦的专业道德义务。”①

### 6. 其他职业道德建设

职业分类的专业化程度愈来愈高，所以在探讨职业道德时，有学者把高职护士生的职业道德、耳鼻喉专业医生职业道德等都做了细致的讨论，同时对他们的职业素养培养途径、意义等都做了详细的阐述。有学者认为大学生不仅要学好专业知识和专业技能，而且应该在未踏入社会前就具有较高的职业道德素质和职业道德素养，为未来职业发展和行业风气净化起推动作用，为中国公民道德建设承担一定的责任，主要指出大学生职业道德教育的必要性和可能性。也有关于图书馆员职业道德的研究，有些学者强调图书馆员要有敬业精神、职务理念和职业道德（默默奉献，甘为人梯；敬业爱岗，忠于职守；知识广博，一专多能；文明典雅，师者风范）以及做好图书馆工作。也有学者对于卫生医疗系统的职业道德建设作出了自己的独特研究。

在我国倡导深化文化体制改革推动社会主义文化大发展大繁荣的历史

---

① 曹辉. 教师的道德权利和道德义务［J］. 东北师大学报，2011（1）.

条件下，文化人才职业道德建设的研究得到重视。有学者认为："文化工作者要加强职业道德建设要做到以下四个方面：自觉践行社会主义核心价值体系，增强社会责任感；弘扬科学精神和职业道德，尊重和反映自然、社会、思维等的客观规律，要求真务实、勇于追求真理，不唯上，不唯书，只唯实；发扬严谨笃学、潜心钻研、淡泊名利、自尊自律的风尚；努力追求德艺双馨，坚决抵制学术不端、情趣低俗等不良风气"。[①]改革开放后，各种文化鱼龙混杂，全部涌入中国，如何对先进文化进行甄别，如何进行文化工作者的人才队伍建设，提高文化产品的质量，客观反映群众需求都是文化人才职业道德建设面临的重要问题，而且文化工作者的言行举止在引领风尚方面，具有一定的价值导向作用，所以当前文化人才建设中存在的问题，比如：脱离生活实际、心浮气躁等的解决方式和解决思路，都将成为未来文化人才道德建设研究的重要方向，当然，加强文化工作者的职业道德建设，在加强自身修养等方面也是此文化人才道德建设中所不容忽视的重要问题。

在以上论述中，还有很多职业领域没有涉及，但是我们相信，随着社会的不断进步，职业道德建设将能够全面反映所有职业之道德要求。职业道德作为一种职业活动中应该遵守的行为准则，它一经形成，便有自身的特点和要求，它能调节职业矛盾、规范行业行为、促进社会进步。如何处理职业道德、个人品德、社会公德、家庭公德之间的关系，是每个人在社会化过程中逐渐走向成熟，是社会风气更加纯正的标志。

## 三、家庭美德

家庭美德是每个公民在家庭生活中应该遵循的行为准则，涵盖了夫妻、长幼、邻里之间的关系。家庭美德建设是贯彻《公民道德建设实施纲要》的一项重要内容，是加强公民道德建设的重要方面。搞好家庭美德建设，不仅对整个社会的安定团结有着积极作用，而且对于家庭中每个成员

① 魏礼群．加强文化人才队伍职业道德建设和作风建设［N］．光明日报，2011．11．11（1）．

和全家的幸福与兴衰，尤其是在加强和改进未成年人思想道德建设中，都具有重大的现实意义。

### 1. 当前我国的家庭道德建设

上世纪90年代以来，西方家庭伦理文化及其生活方式大量传播，我国经济、社会、文化变迁不断加深，使我国居民家庭观念和行为发生巨大变化。在经济、社会、文化比较发达的地区，家庭结构形态增多，家庭内部和外部关系不稳定，家庭矛盾和家庭暴力上升。家庭美德现状中成就与问题并存，有不少学者围绕我国家庭美德的现状进行研究，肯定总结我国家庭美德中进步、积极的一面，分析评判我国家庭美德中的不良问题和误区。

有学者以在广东珠三角地区的调查为根据，概括了当前发达地区居民家庭道德建设的积极表现和消极表现。[①] 调查显示，这些发达地区居民家庭美德方面的基本表现有：第一，爱情在大多数年轻人缔结婚姻中起主导作用，家庭门第、财产多寡仅占第二位、第三位；第二，多数家庭内部和谐、夫妻相亲相爱，这类家庭成员对家庭具有很强的责任、对配偶十分忠诚；第三，年轻夫妻和孩子具有孝敬老人的意识和行为；第四，亲子之间的关系亲密、平等、和谐，家长极少有人以权威自居，而是把孩子当朋友，平等交流思想情感；第五，家庭生活的文明和科学程度不断提高；第六，邻里之间能团结友好、真诚相待、文明交往，遇事相互关心、互相帮助等，关系良好，有较强的环保意识。

不过，在这些发达地区，家庭道德建设中也存在消极的一面，这主要表现在：第一，传统的贞操观念变得淡漠，性行为的严肃性降低，非法婚姻、事实婚姻、试婚、婚前性行为和婚外恋等现象越来越普遍；第二，部分已婚成年人缺乏家庭责任感，只在家安逸享受，但并不顾家，有的就像没有家一样随意，甚至搞婚外恋、包二奶包二爷；第三，少数已婚成年人对老者不尽孝道，只想着自己的“小家”，不关心父母和其他亲人；第四，少数为人父母者对孩子缺乏爱心，不够关心孩子的健康成长，把孩子推给

---

① 骆风. 弘扬我国家庭传统美德的战略研究报告［J］. 战略决策研究，2012（2）：92-93.

老人、保姆、学校；第五，少数家庭成员不善于处理家庭矛盾，导致家庭人际关系失和、家庭气氛紧张，甚至发生严重的家庭暴力、夫妻分离和亲子成仇；第六，损害邻里和公共利益，在公共场所不顾及基本文明礼貌。

在认识我国家庭道德现状的基础上，学者更为关注我国家庭道德教育，特别是针对家庭道德取向、家庭道德社会化环境、家庭教育观念等方面出现的各种新问题或误区，提出了相应的对策。

在家庭道德取向方面：道德取向使人的思想和行为都一致地朝向某一目标或有一定的倾向性，引导和制约着道德价值观的确定和道德行为的选择。道德价值模糊和冲突是一个突出现象。如果家长自身对得失、是非等基本道德观念存在困惑，家长在子女面前的道德权威地位就会下降。家长自已都不相信社会风尚和学校德育的内容，在家庭道德教育中就会陷入矛盾的困境。

在家庭道德社会化环境方面：正如荀子所言，蓬生麻中，不扶而直，白沙在涅，与之俱黑。环境对人有巨大影响。学者指出，一段时间以来我国道德社会化环境日益复杂，“特别是随着网络、电视、收音机等媒体作为教育者广泛加入家庭德育，削弱了孩子对家长的依赖，也影响了孩子的价值观。”① 这给孩子进入社会后的道德社会化教育设置了障碍。

在家庭教育观念方面：有学者指出，目前我国家庭德育较为普遍的存在家庭道德教育观念淡薄、内容偏颇的问题。家长在家庭德育中具有毋庸置疑的重要位置，但家长对自身以及提高自身道德素质等的认识还存在一定偏差，而父辈们“望子成龙”、“望女成凤”的愿望，又使为人子女的青少年从小便陷入生存与成材的竞争中。据长春市政协对100名未成年人的家长抽样调查结果显示，“67%的家长首选子女‘成龙’、‘成凤’，而选择‘做一个品德高尚的人’的比例只占33%。”② 这种家庭教育观念直接影响了家庭德育的质量，而在这种家庭道德教育下培养出的往往是“有才无德”的下一代，对个人的发展、家庭的幸福乃至社会的发展都是有百害而无一利的。

---

① 张琳. 我国当代家庭德育的现状研究［J］. 学周刊，2011（7）：92.

② 张颖. 试析社会转型期家庭道德教育的缺失［J］. 吉林工程技术师范学院学报，2012（1）：48.

有学者将我国家庭道德教育中存在的问题概括为两大误区，一是最佳教育时机错失。很多家长在孩子成长关键期只重视知识教育，忽视或放弃了早期道德教育。二是家长角色错位。家长成了家庭教师的代名词，过度关注孩子学业，忽略了本该在家庭中学习的生活能力和做人的基本规范。①

从上述学者的研究中我们可以发现，当前我国学者对家庭道德教育现状的认识是比较辩证的。不管是调查研究，还是理论论证，学者们都认为在社会转型中，西方道德观念对我国伦理思潮产生了激烈碰撞，导致人们逐渐淡忘传统道德的一些积极因素，拜金主义、享乐主义、个人主义等错误的价值取向在家庭道德教育中也有所显现，导致我国家庭道德建设形势严峻。因此，加强我国家庭美德建设具有紧迫性和必要性。

### 2. 中国传统家庭美德及其挑战

传统家庭美德是流传至今的中华民族家庭生活中普遍遵循的行为准则，是调节家庭内部成员和家庭生活密切相关的人际交往关系的行为规范，涵盖了夫妻、长幼、邻里之间的关系。理论界在这方面的研究重点主要有：

（1）对中国传统家庭道德的整理与吸收

学者的研究主要集中在“孝”、“慈”、“悌”、“勤俭”以及传统家训等的梳理和分析上，强调把传统伦理道德付诸家庭德育实践。学者对家庭美德的核心——孝老爱亲的倡导是最多的。孝老爱亲，是中华美德的重要内容。而从2007年到2011年起，连续三届的全国道德模范评选中，孝老爱亲都是评选的一项重要内容。针对我国的老龄化趋势，学者指出，孝乃德之本，应当成为当代中国人共同的价值观，成为每个人的行为习惯。

所谓“孝老爱亲”，有学者认为就是：“在家庭能孝亲，在社会就能敬老，老吾老以及人之老；在家能够兄友弟恭，在社会就能够待人以礼，交友以信，见义勇为。家庭血缘亲情之爱，支撑和深化夫妻之情，相敬如宾、守护相助、白头偕老、一生乐融融。”②

---

① 刘秀英. 个案解析家庭道德教育中的误区［J］. 思想政治工作研究，2011（6）.

② 王殿卿. 孝老爱亲是文明的标志［N］. 扬州日报，2011. 9. 15.

有学者进而指出，现代社会不能简单地批判传统的孝慈精神，而应当在批判的基础上构建现代孝慈精神。这种孝慈精神应具有以下内涵：①

一是亲子人格的平等性。现代孝慈精神应主张亲子关系是一种独立、平等、交互主体性关系。

二是权利义务的双向性。作为子女晚辈，一方面有义务对父母尽孝，另一方面也有希望获得某种形式回报的权利；作为父母，一方面有对子女晚辈施慈的义务，另一方面，也有希望子女晚辈能对自己尽孝的权利。

三是亲子交流的情感性。现代社会中，亲子间的感情是一种基于平等人格的亲子感情。这个事实决定了现代家庭中亲子交流的情感性特征，使得亲子双方能够建立并维持一个由情感维系的共同体。

四是主体行为的自律性。现代社会不仅要强调孝慈的他律性，还要强调孝慈的自律性，更要实现孝慈伦理的自律和他律的统一。

五是相互忍让的宽容性。解决家庭矛盾与冲突，仅仅依靠理性是不够的，还需要在血缘亲情的基础上提倡忍让与宽容。

（2）对中国传统家庭美德转型的评析

这是从历史的视角，考察家庭美德现代转型的背景、特点和趋势。根据转型背景，学者对中国家庭伦理的近现代转型进行了阶段划分。比较有代表性的划分是两阶段划分：②

第一阶段：从新中国成立到改革开放，中国家庭伦理发生根本性的变化。新型家庭伦理的主要内容如下：①婚姻自由，一夫一妻。这是社会主义婚姻家庭的根本特征，也是社会主义婚姻家庭伦理的基础。②男女平等，相互尊重。这是社会主义家庭伦理道德的核心。③尊老爱幼，相互帮助。这是中华民族的传统美德，也是社会主义家庭伦理的重要规范。新型家庭伦理以民主平等的家庭关系取代了传统家庭伦理等级依附的家庭关系。社会主义新型家庭伦理虽然对扫除封建礼教的影响起了很大的作用，但由于它未能对传统家庭伦理进行正确的认识和梳理，加之后来由于极左思想的影响，对传统家庭伦理采取了一种虚无主义的态度，全面否定了传

① 王常柱. 家庭伦理近现代转型下的孝慈精神之嬗变［J］. 南京理工大学学报，2011（5）：123.

② 李桂梅. 中国传统家庭伦理的现代转向及其启示［J］. 哲学研究，2011（4）：114-116.

统家庭伦理和血缘亲情，对基本的人道主义原则也一概拒斥，致使家庭伦理囿于当时的历史局限，带有政治化缺陷。

第二阶段：改革开放以来，这一时期家庭伦理具有“过渡型”的特征，不但表现为传统文化与现代文化的冲突，也表现为中西文化的冲突。具体来说是，家庭道德评价的失范性，人们的价值评判标准由简单、明朗、统一变为模棱两可；家庭伦理道德选择的矛盾性，表现为任何一种选择都可获得一种价值观的文化支持，受到一种价值标准的肯定或赞扬，而同时又会受到另一种价值标准的否定或讥讽；家庭道德的调控机制弱化，缺少社会舆论监督和家庭个体成员的道德自律。

### 3. 社会主义家庭美德

社会主义家庭美德是社会主义的新型家庭关系、新型家庭生活的伦理上的核心。《公民道德建设实施纲要》指出：“家庭生活与社会生活有着密切的联系，正确对待和处理家庭问题，共同培养和发展夫妻爱情、长幼亲情、邻里友情，不仅关系到每个家庭的美满幸福，也有利于社会的安定和谐。要大力倡导以尊老爱幼、男女平等、夫妻和睦、勤俭持家、邻里团结为主要内容的家庭美德，鼓励人们在家庭里做一个好成员。”当前学者对家庭美德内容的研究仍主要围绕《纲要》进行，从家庭美德涵盖的三种关系，即夫妻之间、长幼之间、邻里之间的关系展开，以尊老爱幼、男女平等、夫妻和睦、勤俭持家、邻里团结为主要内容。

近年来，“和谐家庭”成为学者们关注的热点。2006—2011 年中国期刊网收录以“和谐家庭”为主题的论文 600 余篇，中央和地方举行多次家庭和谐研讨会，各地也广泛开展和谐家庭创建活动。2011 年，学者关于“和谐家庭”的学术研究走向深入。“和谐家庭”方面的理论研究和实践探索的情况如下：

学界普遍认为，和谐家庭不仅仅是一个家庭问题，更涉及经济、政治、法律、伦理、心理等众多领域，因此和谐家庭包含着丰富的内容。从本质上来讲，建设和谐家庭就是要以家庭成员的全面发展为基础，以营造积极向上的家庭价值取向、平等和谐的家庭关系、民主协商的家庭氛围为主要内容，家庭成员之间、家庭与社会之间、家庭与自然之间和谐相处的家庭新模式。① 多数学者认为，和谐家庭是四个维度的和谐，即家庭内部的和谐、家庭与家庭之间的和谐、家庭与自然之间的和谐、家庭与社会之间的和谐。具体而言，和谐家庭应该符合以下标准："有民主宽松的家庭气氛，平等对话的协调模式，相互帮助的支持关系，亲密温馨的心理环境，以及健康进取的家庭取向。"②

家庭是构建和谐社会的最佳视角。学者们都着眼于此，但在"和谐家庭"建设的路径或对策选择上，不同学者所持观点呈现出多样化的特点。有学者认为，"建设和谐家庭的关键在于构建一个完善的家庭调控体系，从而形成平等友爱、科学民主、文明健康、充满活力、稳定安全、家庭成员和睦相处以及和社会、自然协调发展的和谐家庭。"③ 有学者则首次"明确提出中国特色家庭政策与家庭福利制度框架，指明家庭福利制度建设的方向"。④

总之，学者们强调家庭是每个人生活的第一环节，是中国社会的基本道德单位。因此，重建家庭、保护家庭是道德重建的全部重心。但问题是，家庭美德建设是从内部向外延伸的，学者们的研究相对局限于仅从家庭内部来理解家庭美德。这是片面的，家庭内部的夫妻关系与代际关系良好并不代表家庭美德的全部。在家庭之外，最先触及的便是邻里，继而是社会。家庭在主要发挥生产的功能、抚育和赡养的功能、教育的功能的同时，还应发挥良好的社会功能，拥有并超越家庭成员间、邻里间的美德，符合特定阶段社会发展的要求。

学者们还探讨了特别群体的家庭美德教育问题。

一是关于留守幼儿家庭德育问题。所谓留守幼儿，主要指那些父母双方或一方长期外出打工，被留在户籍所在地的儿童。他们一般随祖辈或其他亲友生活，由于长期得不到父母的照顾，这种留守的状态催化或加剧了

---

① 顾秀莲. 在全国"建和谐家庭，促和谐社会"论坛开幕式上的讲话［J］. 中国妇运，2006（9）：4-6.

② 汪璇. 当前家庭面临的挑战与构建和谐家庭的政策路径［J］. 合肥学院学报，2011（1）：31.

③ 刘欢，丁腾慧. 论和谐家庭的建设和构建家庭调控体系［J］. 法制与社会，2011（2）：174.

④ 刘继同，左芙蓉. "和谐社会"处境下和谐家庭建设与中国特色家庭福利政策框架［J］. 南京社会科学，2011（6）：75.

幼儿群体原先处于萌芽阶段的各种问题。因此，对这个特殊群体里的孩子，需要更多地关注他们的心理、情绪、情感等深层次的内在差异，将那些因父母“亲情缺失”或亲子“教育错位”而造成的影响降到最低。有学者指出，这些处于低龄的“留守幼儿”尚处在生长的“未成熟”阶段，可塑性很强，我们不应该给他们贴上任何标签，放弃对他们的教育。一个重要的途径就是充分利用“留守幼儿”现有的家庭关系，挖掘各种关系中积极的教育因素对其施加道德影响，为孩子创造良好的成长“软环境”：

“异地的父母为生活奔忙时别忘了抽出时间，悉心与孩子进行沟通和交流，让‘爱’温暖孩子‘孤独’的心；爷爷奶奶不妨敞开心扉，慢慢接受孩子的顽皮和贪玩，给他们一点自己的空间；叔父姨表应当抛弃以往放任的监护方式，用一颗真诚、负责的心打动孩子；年长的哥哥姐姐可以为弟弟妹妹树立榜样，共同成长。”①

家庭中的各种亲缘关系无时无刻不影响着“留守幼儿”的成长，利用这种现存的关系来对“留守幼儿”施加道德影响，极具价值。但如何有效发挥这些亲缘关系，并将其道德影响落在实处仍是一件极具挑战性的实践。

二是农民工随迁子女的家庭道德教育问题。

《中共中央国务院关于进一步加强和改进未成年人思想道德建设的若干意见》（2004 年）明确指出：“家庭教育在未成年人思想道德建设中具有特殊重要的作用，随着人员流动性加大，一些家庭放松了对子女的教育，一些家长教育子女的观念和方法上存在误区，给未成年人教育带来了新的问题，因此要高度重视流动家庭人口的子女教育问题。”

有学者采用抽样调查、实地访谈、文献参考等方法，对晋江 500 名农民工随迁未成年子女家庭德育存在的问题进行分析，认为：在家庭教育观念上，目前农民工家庭存在的三种问题是，重学校德育轻家庭德育、重智轻德、错误观念的传输。此外，农民工家长的家庭德育能力不足。由于工作时间长或不固定，农民工家长往往无暇顾及孩子的学习、生活，对子女

① 石军，李婷婷. 构建农村“留守幼儿”的家庭德育网络［J］. 教育导刊（下半月），2012（1）.

的关爱大多停留在给零花钱、买玩具等物质层面，进一步制约了农民工自觉学习运用家庭教育知识、采取科学合理方法指导孩子的机会。再者，农民工随迁未成年子女家庭道德教育水平较低。抽样调查结果显示，农民工对其子女的道德教育有三种方式：10%采取的是“放任型”教育方式，只负责孩子日常生活及学习费用，极少涉及情感和道德教育；44.08%采取“简单粗暴”的方式，在孩子不求上进或犯了错误时，采取批评或者更严厉的措施惩罚孩子；只有41.63%采用民主的方式。最后，农民工子女的家庭德育氛围较差。农民工居住条件较差，缺乏良好家庭德育的场所。而工作的频繁变动和高强度的工作，使农民工家庭德育氛围紧张。此外，农民工在城乡融合过程中出现了功利化、物欲化倾向，带给随迁子女不良影响。①

整体看来，学者们对解决农民工子女家庭美德问题的对策建议是，提升农民工文化素质教育，提高家庭德育能力；转变德育观念，创设良好德育氛围；创新内容与方法，提高家庭德育水平；建立农民工学校，促进学校与家长的良性互动；完善制度，为家庭德育创造良好条件等。这些措施针对问题而来，具有突出的针对性。但随着中国人口流动性的增强，农民工子女家庭美德建设的难度和强度势必日益加大。因此，如何将这些措施从“天上”拉到“地上”，落到实处才是解决问题的根本。

“欲治其国者，先齐其家。”家庭是社会的细胞，和谐家庭是构建社会主义和谐社会的基础。在家庭领域问题层出不穷，家庭变革仍在继续的情况下，建设家庭美德既是惠及千家万户的实践工程，同时也是一项艰巨复杂的理论任务，仍需要我们进行不懈的探索。

## 四、个人品德建设

个人品德是一定社会的道德原则和规范在个人思想和行为中的体现，是一个人在其道德行为整体中所表现出来的比较稳定的、一贯的道德特点

① 林丽凤，周国荣. 农民工随迁子女的家庭德育问题及对策——以晋江为例［J］. 重庆交通大学学报，2011（4）.

和倾向。个人品德既是社会道德原则和规范的内化，也是个体作为主体对社会道德的认识、选择以及实践的结果，是个人在社会生活中的行为活动个性化了的道德特质。

当前，公民道德建设的重要任务之一，就是要加强公民的个体道德涵养，并使个体道德推之于他人和社会，实现个体道德与公德的贯通。2011年，关于个人品德建设的研究主要集中于个人品德的涵义、个人品德失范及其原因、个人品德及个人品德建设的重要性、个人品德建设的途径，特别是未成年人思想道德建设等几个方面。

### 1. 个人品德涵义界定

探讨个人品德建设，个人品德的涵义是首要问题。学界对此的探讨，不论是从分析角度，还是实质内涵来看，没有太大分歧。

从分析角度看，多数学者都是从对“品德”的分析出发，进而区分“品德”与“道德”两个概念，从而得出个人品德内涵。在现代汉语中，“品德”是一个复合词，词义由“品”、“德”两个语素合义而成，亦称品格、品质、品性、德性。其基本含义“是个体的道德观念和道德行为中表现出来的稳定的心理状态、心理特征、心理倾向、行为习惯。”① 总之，品德是个体道德境界的标志，与个性、个体心理、人格发展密切相关。有学者指出，品德与道德是既有联系又有区别的两个概念。二者的联系表现在：品德是道德的具体化；社会道德风气影响着品德的形成与发展，而个体的品德对社会道德状况又有一定的反作用。二者的区别表现在：首先，道德是一种社会现象，是调整人们相互关系的各种行为规范和准则。它是以行为规范的形式来反映社会生活的，它的产生、发展和变化服从于整个社会的发展规律，属于社会意识形态的范畴。品德则是一种个体现象，是社会道德在个体头脑中的主观映象，其形成、发展和变化既受社会规律制约，又受个体的生理、心理活动规律制约。品德支配和调节着个体的道德行为，属于个体意识形态范畴。其次，道德的内容是社会生活的总体要求，是对一定经济基础的反映，它是调节社会关系的行为规范的完整体

① 周宇，陈运雄. 论社会转型时期的个人品德建设［J］. 湘潮（下半月），2011（4）：1.

系。而品德的内容则是社会道德规范局部的具体体现，是社会道德要求的部分反映。最后，道德产生的力量源泉是社会需要。在社会生活中，人们为了维护共同的利益，协调物质利益关系、人际关系等社会关系，以保障社会的稳定、和谐的发展而制定了共同遵守的道德行为规范。品德产生的力量源泉则是个人的需要。个人为了归属于一定的社会群体，为社会所接纳，就必须遵守一定的社会道德规范，协调个人与社会、个人与集体、个人与他人的关系，正是人的这种社会性需要（归属、交往与尊重的需要）促使人们自觉地按照道德要求发展与完善自我品德。① 显然，该种观点强调道德与社会存在内在关联，而品德与个人存在内在关联。从这种意义上看，该区分没有超越社会领域与个人领域，甚或超越公德与私德的区分。个体道德并不是纯然的私人生活领域的道德，而是道德主体的内在德性。

从实质内涵的确定上，学者仍坚持《公民道德建设纲要》中个人品德的基本涵义，即个人品德是社会道德原则和规范在个人观念和行为中的表现，是个体在其道德行为过程中所体现出来的稳定的道德特点和倾向。个人品德既是社会道德原则和规范的内化，也是个体作为主体对社会道德的认识、选择以及实践的结果，是个人在社会生活中的行为个性化的道德特质。

### 2. 个人品德失范剖析

关于个人品德失范状况的研究。随着改革开放的深入、全面建设小康社会的顺利推进，我国的经济、政治、文化、社会事业取得了举世瞩目的成就，我国的个人品德建设也呈现出积极健康向上的良好态势，然而，转型时期我国的个人道德领域仍存在着不少问题。这是我国学界对我国个人品德状况的基本认识。概括而言，学者指出的个人品德失范包括：“一些领域和一些地方的人人生观模糊，价值观扭曲，是非、善恶、美丑界限混淆。拜金主义、享乐主义、极端个人主义滋长，见利忘义、贪污受贿、损公肥私行为时有发生。不讲信用、欺骗欺诈成为社会公害。”②

---

① 周宇，陈运雄. 论社会转型时期的个人品德建设［J］. 湘潮（下半月），2011（4）：1.
② 周宇，陈运雄. 论社会转型时期的个人品德建设［J］. 湘潮（下半月），2011（4）：1.

2011年，个人品德中的理想失落或信仰缺失是社会普遍关注的问题。学者们纷纷指出，当前社会“理想失落”现象非常严重，很多人没有了精神追求，而津津乐道于物质生活与感性享受。而一项最新权威调查显示，理想的失落问题严重：“部分干部群众的马克思主义信仰缺乏、社会主义理想信念淡薄，大学生的理想信念更是令人堪忧。部分党员干部虽然也承认马克思主义是共同思想基础，但却认为它只是政治宣传，不起实际作用，没有现实应用的价值和意义；有的表面上把马克思主义摆在重要位置，嘴里喊高举马克思主义伟大旗帜，却不付诸行动；有的虽然付诸行动，却热衷于做表面文章，搞形式主义。在对大学生的调查中，学生的理想主要集中在生活和职业理想上，只有10%左右关注社会和道德理想。”[①]“理想”有精神寄托的内涵，其与“信念”、“信仰”都属于精神现象，都有精神支持、精神追求的含义。从这个意义上讲，“理想失落”问题，也是一种“精神危机”或“信仰危机”问题。

有学者认为，正是因为个人品德的缺失，导致了人与自然、人与社会、人与人的关系空前紧张。这是人类在发展过程中付出的沉重代价。[②]因此，在个人品德上的种种失范在拷问人们道德底线的同时，也暴露出社会道德现状与社会主义核心价值体系的背离，暴露出道德文化建设的漏洞。

关于个人品德失范的原因的探讨。大多数学者并未停留在个人品德存在的问题研究上，而是进一步探究问题背后的原因，但他们对导致个人道德领域问题的原因的认识是多重的。

多数学者侧重从社会转型大背景中寻找原因，即认为个人品德存在问题主要是社会转型的产物。如有学者认为，我国已出现转型的“空窗期”：社会进入市场经济阶段，旧的规范、秩序悄然变更，而与市场经济相适应的社会伦理、秩序又未能适时生成。因此，个别场合下难免出现暂时性的道德失范。[③] 而在转型时期，原有的价值观体系受到多元文化的强烈冲击，

① 中国社会科学院马克思主义研究学部课题组．社会主义核心价值观体系建设的成就与问题［J］．理论动态，2011（5）．

② 叶小文．把膨胀的人塑造成和谐的人［J］．精神文明导刊，2011（8）：20-21．

③ 连海平．看客心态是道德之癌［N］．广州日报，2011．10．18．

而新的价值观体系由于尚不完善而未能对人的思想行为产生积极的导向和规范作用。因此，个人的价值取向极易受到多元文化的影响而产生波动、变化甚至迷茫。着眼于社会转型，有学者进一步指出，个人道德失范“主要源于‘熟人社会’快速步入‘陌生人社会’，工业化和城市化带给人们空前的物质利益渴求”。① 认为“陌生人社会”容易走向“冷漠社会”，而过度的物质主义，可能导致礼崩乐坏，人们往往不以平等生命体互视，而是以尔虞我诈的利害关系互相定位。“陌生人社会”和“物质主义”都属于过渡型社会形态，一旦缺少引导，就有可能令社会良俗陷于泥淖。

有学者则从制度保障上寻找原因。认为：“当制度、规范及其执行机构在实际运行中出现错误，甚至失序时，其传递的信号往往是致命性的。”② 并从“彭宇案”出发指出，“做好人为何那么难?”就是因为有些时候做好人不但没有得到法律的保障，反而会惹祸上身，于是不想做好事的人继续冷漠，不敢做好事的人也就心安理得；想做好事的人要考虑后果，敢做好事的人则是凤毛麟角。

另外，有学者从人自身寻找原因。认为现实社会中的人过度“膨胀”了，那就是“‘人’对自然过度开发，环境污染破坏；‘人’对社会为所欲为，单边主义和恐怖主义的争斗越演越烈；‘人’对‘人’损人利己、尔虞我诈”。③ 概言之，个人品德的失范也有主观方面的原因，其中主要是个人品德修养的缺乏。

### 3. 个人品德及个人品德建设重要性

关于个人品德的重要性的探讨。作为一种心理状态、心理特征、心理倾向、行为习惯，个人品德一般表现为人们眼中的美德。因此，学者们都非常强调个人品德的重要性。

有学者着眼于个人，指出美德于每个人而言是一种人生智慧。④ 这是因为：

---

① 和静钧. 引入“照顾义务”促成“守望相助”[N]. 广州日报，2011. 10. 18.
② 子在渊. 给做好人创造环境[N]. 广州日报，2011. 10. 1.
③ 叶小文. 把膨胀的人塑造成和谐的人[J]. 精神文明导刊，2011 (8)：20-21.
④ 焦国成. 当美德成为智慧[N]. 光明日报，2011. 2. 18.

其一，美德是对利己欲望的一种超越。在有德之人看来，有损美德的利益是害，不是利。爱好美德的人，善于约束自己，上不愧于天，下不怍于人，心里坦坦荡荡，安宁舒畅。正是美德能使一个人愉悦幸福一生。

其二，美德是对人际对立的一种超越。有美德的人不以一己之好恶对待人和事，他们讲仁讲义，乐于助人，乐于成人之美，这有助于消融人与人之间的冷漠和对立，增进人与人之间的和谐与合作。

其三，美德是立于不败之地的精神力量。有美德的人行事以德，故服人不靠威势武力；有美德的人爱人利人，故能把自己与大众连为一体。

其四，美德是可以惠及整个社会和子孙万代的精神财富。若美德成为每个人的操守，社会将更加美好，且美德泽后长远。

党的十七大报告提出“加强社会公德、职业道德、家庭美德、个人品德建设”，首次将个人品德建设加入到社会主义道德建设体系当中，表明了个人品德建设在全社会道德建设中的基础性地位。

有学者认为当前我国个人品德状况堪忧，藉此强调加强个人品德建设的重要性。该学者指出，个人道德的失范、信任的缺失，已经威胁到最正常的社会人际交往，“当前我国社会主义道德建设存在的诸多问题主要还是由于部分人忽视个人品德修养造成的。”① 因此，从我国社会转型时期经济、政治、文化、社会建设事业的大局出发，加强个人品德建设不仅重要，而且十分迫切。

最为普遍的观点的是从社会公德、职业道德、家庭美德与个人品德关系来认识个人品德建设的重要性。这种观点认为一个能够过正常社会生活的公民，他的一生总是在社会公共领域、职业场所和家居生活中度过的，对大多数公民来说，这是人生必经的三个领域。因此，社会公德、职业道德和家庭美德，可以说涵盖了公民在社会生活中应当遵守的道德规范的全部方面。因此，我国道德建设应以“三德”为着力点，全方位的从公民在社会生活的各个领域，来提出道德要求和加强道德建设。但问题的另一面是社会公德、职业道德、家庭美德的实现最终都要诉诸个人，诉诸个人品德。因此，个人品德是“内在的法”，对构筑整个社会的道德教育体系是

---

① 周宇，陈运雄：论社会转型时期的个人品德建设［J］. 湘潮（下半月），2011（4）：1.

极为重要的。

### 4. 个人品德建设途径探讨

很多学者痛感世风日下，疾呼回归传统。部分学者认为中国传统文化的一个重要特征在于关注人生、注重道德、长于伦理。而通过系统整理中国古代先哲关于善的智慧，关涉伦理、品德、修身、养性等的阐述，对思考个人道德能力培养具有重要的意义。①

第一，“人性善恶”之争是道德能力培养的人性根据。通过梳析中国历史上的人性善恶争辩，该学者指出思想家们关于人性善恶的争辩，个中目的之一就是为了在人性论的基础上探讨道德教育的起点问题。尽管学说众说纷纭，但其理论宗旨殊途同归——强调道德教化的重要性和必要性。因此，对于个体来说，道德教化的重要目的就是培养道德认识、道德判断、道德选择、道德践履等各种能力，最终成为具有理想人格的人。

第二，“义利理欲”之辩是道德能力培养的主要问题。通过对中国历史上的“义利理欲”之辩的简略考察，该学者反观当代中国，指出当前每个道德个体都或多或少在一定程度上纠结于道德心理上的“义和利”与“理和欲”，只是在有的人身上更多地表现出“义理”，而在有的人身上较多地表现为“利欲”。与此同时，个体的道德行为无时无刻不在交织着“义利”与“理欲”的矛盾斗争。基于此，显然需要依据“义利”、“理欲”在不同个体身上的不同表现和同一个体不同时期的不同表现，做出有针对性、现实性的道德能力培养。

第三，“修身为本”之道是道德能力培养的路径依赖。该学者将中国传统修身思想的具体方法概括为“博学多思”、“正己内省”、“涵养省察”、“知行相资”，强调修身其实就是提高和完善个人的道德素质，而道德能力的提高是一个人道德素质高低的重要因素和条件，修身也就是一个人道德能力形成发展的过程。因此，修身实际上是道德能力养成的主要途径。

---

① 吕卫华. 中国传统文化视阈中道德能力培养的传承意义［J］. 大连大学学报，2012（2）：70-73.

学者们强调了制度建设对品德环境的重要性。认为法律制度、信用制度等必须给做好人创造一个良好的环境，同时给做“恶”者以严厉的惩罚，才能慢慢地让人们重拾丢失的良知和人性。而制度方面的突破口是“信用制度”。[①] 这种信用，不但包括政府公信力，也包括个人信用。有了起码的信任，不敢扶老、见死不救的“社会病”方能找到一剂药方。唯此，才能从制度上建立义务转化为自省、他律转化为自律、个体道德与公德相互贯通的机制。

更多的学者强调道德教育是个人品德建设的重要基础。良好的个人品德的形成和发展离不开教育的主导作用。因此，“在道德教育方面我们要紧紧抓住影响个人品德形成和发展的重要环节，把道德教育作为一项社会系统工程，形成包括家庭、学校、单位和社会在内纵横交错、全面结合的教育网络，坚持不懈地在全体公民中进行道德规范、道德传统的教育，提高人们的道德认识、道德情感、道德意志和道德信念，使人们懂得怎样以善和恶，正义和非正义，公正和偏私，诚实和虚伪等观念来评价、约束自己的行为，真正地明是非、知荣辱，进而逐步养成良好的道德品质。”[②]

学者们也强调了自我修养的重要性。道德的核心问题是做一个什么样的人。在学校、家庭、社会之外，学者们也并没有忽视个人品德建设的主体。这些学者强调守护道德底线，关键是社会中的每一个人，一个个的“我”该当何为?

有学者指出，自我具有道德自主性、自律性、自由性、同一性、超越性等本真特征，自我应以良心和义务作为行为原则的人格精神实体，以德性修养的“成己”、“为己”为要旨，积极于心灵的内外超越，提高精神境界，陶冶塑造理想道德人格。[③] 有学者则更明确指出，道德行为或非道德行为“即使旁人全无所知，但我们自己，也就是做这件或那件事情的那个人，是一目了然的。我们或许并不因为做了好事而得到好报，并不因为做了坏事而得到恶报，但我们将因为如此这般行事而最终成为某种特定类型

① 子在渊. 给做好人创造环境［N］. 广州日报，2011. 10. 18.

② 周宇，陈运雄. 论社会转型时期的个人品德建设［J］. 湘潮（下半月），2011（4）：2.

③ 杨伟涛. 内在修养中道德自我的超越于境界追求［J］. 深圳大学学报，2011（5）：57.

的人，这才是最为沉重的人生判决。”①

针对当前个人理想失落、信仰缺失的现状，有很多学者强调要重塑理想、重建信仰。有学者认为，最重要的是培育国人的敬畏之心。对此，他从两个层面给予了解答：②

第一，敬畏天地。其所言的敬畏天地不是思想迷信，而是唤起人们对自然以及客观规律的敬重，告诫人们要对自然怀有敬畏之心，遵循客观规律办事。

第二，信仰仁爱。该学者认为，信仰“仁爱”的当代价值是构建和谐的人际关系，打造宽容与理性的社会环境，构建和谐世界等；其实现路径是开展社会公德教育，即通过教育使社会成员向善，爱父母、爱兄弟姐妹、爱同类，不能因私利而冷漠并伤害他人。

### 5. 未成年人思想道德建设

未成年人是祖国未来的建设者，他们的思想道德状况如何，直接关系到中华民族的整体素质，关系到国家的前途和民族的命运。2004 年 2 月 26 日，中共中央、国务院专门颁布实施《关于进一步加强和改进未成年人思想道德建设的若干意见》。此后，中央又多次召开加强和改进未成年人思想道德建设工作会议，研究部署未成年人思想道德建设工作。近年来，未成年人思想道德建设工作理论与实践同行，成效显著。

在理论方面，加强未成年人思想道德建设的背景、建设途径仍是研究重点。加强未成年人思想道德建设，有其必要性和紧迫性。这一点仍是学者关注的一大重点。有学者着重从未成年人思想道德建设问题提出的现实和理论背景，展开论述。文章指出：未成年人思想道德建设问题的提出是基于犯罪率上升的现实背景，十五六岁的青少年犯罪案件占青少年犯罪案件总数的 70%以上，而未成年人思想道德的滑坡直接导致犯罪率的上升；未成年人思想道德建设问题的提出还有一个心理学理论背景，即“青少年

---

① 童世骏. 道德的核心问题是做一个什么样的人［N］. 南方都市报，2011. 10. 26.

② 吕其庆，常武显. 敬畏·信仰·道德——访伦理学家江万秀［J］. 思想政治工作研究，2012（1）：16.

时期是一个幼稚与成熟、冲动与控制、依赖性和独立性等因素相互冲突的时期”。①

学者指出，加强未成年人思想道德建设工作有三个重要的着力点：第一，家长是根本。未成年人的思想道德建设应该首先从家庭做起。家长作为子女的第一任教师，要在家庭生活中营造良好的生活氛围和家庭环境，并采用恰当的教育方法。第二，教师是关键。在学校教育中，教师要充分发挥模范作用，学校要打造良好的德育环境。第三，社会是主体，社会主体的德育环境的好坏，对未成年人的思想德育工作有极大的影响。社会要积极营造积极向上、健康的、适合未成年人健康发展的德育大环境。总之，加强未成年人思想道德建设必须是家庭、学校、社会三方齐抓共管，以家庭教育为根本、学校教育为关键、社会大环境为主体。②

在实践方面，从中央到地方，在未成年人思想道德建设方面都做了大量有益的探索。“做一个有道德的人”活动是近年来未成年人思想道德建设的一个新品牌，是未成年人道德实践活动的一个重要平台。2011 年中央文明办从三个方面继续推进“做一个有道德的人”活动：③ 一是围绕庆祝中国共产党成立 90 周年，设计开展多种吸引未成年人参与的活动项目，如“童心向党”歌咏活动、“学习抗震救灾英雄少年做一个有道德的人”活动、网上祭英烈活动、“向国旗敬礼”网上签名寄语活动等。二是组织各地评选表彰美德少年。评选标准更加突出爱国、孝亲、勤俭、友善、守纪等道德规范方面的要求。三是组织中华经典诵读活动。2011 年诵读活动的最大特点是突出古今贯通、学以致用，以更大力度宣传普及“学道德模范、诵中华经典、做有德之人”的理念。

而从一项对上海、江苏、湖北三省市未成年人思想道德建设工作的考察调研来看，上海、江苏、湖北三省市除在工作中注重解放思想、更新观念、明确目标、突出重点、设置专项资金支持等外，还遵循未成年人身心

---

① 陈锦才. 未成年人思想道德建设问题的探讨［J］. 学校党建与思想教育，2011（2）：63.

② 刘长荣. 加强未成年人思想道德建设工作的几个着力点［J］. 西藏教育，2011（6）：21-22.

③ 中央文明办未成年人思想道德建设工作组. 中央文明办“做一个有道德的人”活动不断深化［J］. 思想政治工作研究，2011（1）：23.

特点和成长规律，做了很多工作：一是设计开展生动新颖的主题教育实践活动，并使其成为推动未成年人思想道德建设的重要途径。二是重视未成年人心理健康教育，如上海市扶持建设两个市级未成年人心理健康辅导中心和5个区县未成年人心理健康辅导中心，江苏积极打造南京“陶老师”工作站、苏州“苏老师”热线等全省乃至全国未成年人心理健康教育示范品牌。三是依托社区，组织未成年人积极参加各种活动，是推动未成年人思想道德建设的有效手段。三省市“从社区文化入手，从正面加以引导，采取多种形式，精心组织开展一系列文化和道德实践活动，将未成年人思想道德建设有机地融入社区工作中。同时，建立健全统一的社区未成年人工作专门机构，整合社区教育资源，组织未成年人经常性地参加喜闻乐见的活动，形成了学校、家庭、社区‘三位一体’育人新机制。”① 四是主动运用新载体、新传播手段推动未成年人思想道德建设工作。如搭建未成年人思想道德网络教育平台、设立学生电子阅览室、建立未成年人阳光网络实践基地等等。

从目前未成年人思想道德建设的理论和实践来看，成绩是值得肯定的。但也有学者指出了未成年人思想道德建设中存在的问题或障碍性因素：一是学校教育中过的德育低效。一方面学校德育陷于“说起来重要却对升学无任何意义”的尴尬境地，另一方面强调对学生施加外部道德影响，却忽视对学生道德信念、道德情感的培养。二是家庭教育中的重心偏误，道德教育被视为无足轻重而被淡化。三是文化市场上的负面影响。目前文化市场中，部分商人置社会责任感于不顾，在为未成年人提供的阅读材料中，掺入不少庸俗、低劣、暴力、色情的内容。四是对网络的监管乏力，导致不良信息很容易进入未成年人的视野，使他们步入歧途。②

未成年人思想道德建设涉及面广、难度大、群众期望值高，是一项全面系统的工程，因此仍需要将其作为一项长期工作来抓。在推进中，要充分发挥学校、家庭、社会三方面的作用。同时，还需要进一步明确和强化社区的作用。这是因为社区是链接学校、家庭和社会的重要环节。社区资

① 王红凌. 加强和改进未成年人思想道德建设的成功实践与探索——上海、江苏、湖北三省市未成年人思想道德建设工作的启示［J］. 内蒙古宣传思想文化工作，2012（1）：36.

② 陈锦才. 未成年人思想道德建设问题的探讨［J］. 学校党建与思想教育，2011（2）：64.

源丰富，将未成年人思想道德建设有机地融入社区工作中，能为未成年人思想道德建设提供良好的教育手段。此外，未成年阶段是人生的起步阶段，是价值观念形成、人格品德塑造的关键时期。为此，在未成年人思想道德建设中还要坚持两个尊重，一是尊重未成年人的特点和成长规律，二是尊重未成年人在思想道德教育中的主体地位。

## 五、社会发展与道德风尚

道德建设是促进社会主义精神文明的现实要求，是促进社会和谐的制度性保证。道德建设在引导人们树立正确的道德观念，养成高尚的道德行为，形成良好的社会风尚等方面发挥着重要的作用。从我国的道德建设的实践经验中，我们能够看出各种道德规范只有内化为人们的道德修养，转化为人们的道德实践，才能成为改变社会风气的强大力量。然而，无论在理论上还是在实践中，人们对我国社会道德的状况和道德价值导向仍然持有种种争论。

### 1. 道德“滑坡论”和道德“爬坡论”

在对我国社会道德现状的判断方面，改革开放以来一直存在着两种观点：“道德滑坡论”和“道德爬坡论”。这一争论从20世纪80年代中期开始，在90年代中期达到高潮，现在仍然有不少学者在这个问题上做文章。

所谓“道德滑坡论”认为，当前中国社会道德处于退步当中，甚至到了离经叛道、道德沦丧等道德失范现象频频发生。中国社会道德正遭遇灾害，充满危机，亟待“拯救”。实际上，改革开放发展到今天，我们反思所谓的道德滑坡现象，如一切向钱看、急功近利、破坏环境、奢侈浪费、施行潜规则、公共道德缺乏等无序状态，我们不难看出这些社会转型期出现的问题会随着社会的不断发展会有所改善。单从问题上看，这确实很严重。如有人针对“一切向钱看”的问题曾这样写到：

在政治领域，“一切向钱看”集中表现为权钱交易。作为公职人员特别是各级官员，他们手里往往握有行政或其他优势资源，当他们不是秉承“权为民所用，情为民所系，利为民所谋”和“全心全意为人民服务”的价值取向和价值尺度，而是热衷于“有权不用，过期作废”、“当官不为钱，请我都不来”和“人不为己，天诛地灭”，只想着为自己谋私利、捞钱财的话，那么以权谋私、权钱交易、收受贿赂和买官卖官等违法现象，就屡见不鲜了。

在经济领域，“一切向钱看”主要表现为坑蒙拐骗、掺杂造假、强取豪夺和见利忘义等。一般认为，经济活动的宗旨是追求利润的最大化，只要能达到赚钱的目的，就可以去追求。但是在现实中，这种价值尺度被扭曲、被无限放大，变成了为了得到金钱、攫取暴利而不择手段。比如，在食品行业，有用“瘦肉精”喂大的猪，有用苏丹红养殖出产的“红心”鸭蛋，有用三聚氰胺和皮革水解蛋白提高蛋白含量的毒奶粉，有用硫黄熏制出来色泽鲜亮的笋干和白莲，有用工业甲醛泡制美白的海参和鱿鱼等，令人毛骨悚然的地沟油也进入了某些餐馆的餐桌。①

然而，这个滑坡是从哪里滑向哪里？有学者一针见血地指出，“文革”前我们社会的道德情况看起来还是相当不错的，但我们必须清醒，这种道德状况实际上是“革命道德”在我们社会生活中继续发挥积极作用的“剩余效应”。“革命道德”是共产党领导人民和军队闹革命的过程中逐渐形成起来的一整套相当成功的道德伦理规范体系，其中主要包括诸如“三大纪律八项注意”一类的革命军人道德。②可见，“道德滑坡论”在很大程度上是人们对社会道德状况的批判，缺乏理性的和建设性的分析。对我国目前的道德现状，我们不能用单纯的道德滑坡来认识，不能只怪罪于市场经济。在这个历史性的社会转型期，旧的社会生活体系和道德观念正在被打破，而新的生活方式和道德体系尚未建立。道德建设的使命就是去维护社会文明的价值导向，努力建设更加合理的社会秩序。

所谓“道德爬坡论”认为，我国现阶段的社会道德状况总体是好的，

---

① 王能昌，刘国洪．当下国人五种不良价值观剖析［J］．南昌大学学报，2011（6）：26-31.
② 万俊人．美德伦理如何复兴？［J］．求是学刊，2011（1）：44-49.

应该给予肯定，但同时认为社会存在着很严重的道德问题，道德建设的过程是一个很艰难的“爬坡”过程。有学者认为：“回顾几十年来社会主义道德建设所走过的道路，我们可以自豪地说，我们正在曲折的道路上前进。尽管偶有滑坡，但是我们正在不断制止滑坡的情况下坚持爬坡。一方面成绩巨大，我们可以满怀信心；另一方面，问题和困难还有不少，任重道远，我们还要谦虚谨慎，做好工作。我们坚信，随着中国特色社会主义事业的发展，我们国家的道德状况一定会越来越好。”①

这两种观点表现了人们对社会道德状况的一种态度取向，缺乏一定的理论探究。道德问题是极其复杂的现象。在内容要求上，道德观念作为调整人们之间关系的规范，在社会的各个领域里有着不同的具体要求；在时代发展上，道德观念的有效性符合唯物史观的特征；在道德主体上，道德观念离不开具体的社会生活条件。因此，不同的社会和时代里的人，其道德思想水平和行为道德表现会有差别和不同。这直接影响到社会的道德状况。如果要针对社会的道德状况进行深入的理论探究，至少应该有一个社会调查的考量。即便如此，也很难根据某一尺度来确定社会道德水平是滑坡还是爬坡。

### 2. 社会道德状况调查研究

在道德建设中如何继承和发扬我国的优良道德传统是一个重要研究课题。中南大学应用伦理学研究中心“中国道德文化的传统理念与现代践行研究”课题组“在已有研究的基础上，从目前关于中国道德文化传统理念的总结中提炼出忠、孝、和、礼、义、仁、恕、廉、耻、智、节、谦、诚十三项指标。对中国道德文化传统理念的践行情况进行了全国范围内的多阶段分层配额电话调查。通过对调查情况综合分析表明：中国道德文化传统理念在当前社会的践行基本情况良好，公民对道德文化传统理念中的孝、智、和的践行评价最高，对道德文化传统理念中的耻和廉的践行情况评价较差。公民认为中国道德文化传统理念中的孝、诚、和、廉是最为重

---

① 陈瑛. 是“滑坡”还是“爬坡”？——我国社会主义道德建设的思考［N］. 光明专论，2011. 12. 27.

要的维度。对中国道德文化传统理念的践行状况评价因职业、文化程度、性别的不同而不同，同时一定程度上受到城乡和政治面貌因素的影响。”①

该课题组认为，中国道德文化经过两千多年的历史发展和演进，形成了名目繁多、内涵丰富的道德规范或德目。早在商代，就提出了“六德”，即知、仁、圣、义、忠、和六个规范。春秋时期，孔子提倡仁、孝、悌、忠、信等道德规范。《管子·牧民》篇以礼、义、廉、耻为“国之四维”。战国时期，孟子上继孔子，提出了仁、义、礼、智“四德”说，并提出“五伦”，即父子有亲、君臣有义、夫妻有别、长幼有序、朋友有信的伦理原则。汉代的董仲舒则根据孔子的“君君，臣臣，父父，子子”，提出“三纲五常”，即君为臣纲，父为子纲，夫为妻纲，以及仁、义、礼、智、信。宋元时期，在管子的礼、义、廉、耻“四维”上，加之孝、悌、忠、信形成了“孝悌忠信、礼义廉耻”的“八德”。处于调查的操作需要，该课题组把中国道德文化的核心理念归结为忠、孝、和、礼、义、仁、恕、廉、耻、智、节、谦、诚十三个维度。

如何将我国的道德文化传统在社会道德建设中发扬光大？该课题组建议：“第一，加强传统道德文化的传播与教育，特别是要坚持孝、诚、和、廉等重要理念的宣扬；第二，廉耻是当前社会道德文化传统理念践行的薄弱环节，要在各行各业特别是政治道德与职业道德领域加强廉耻教育、引导及其监管；第三，商业领域是道德文化传统理念践行的监管重点，特别是要加强生产领域和商品流通领域的道德控制，确保民生事业的健康发展；第四，把传统美德教育列入国民教育体系，除性别、居住地及年龄等先赋性因素外，教育是非常有效的工具或实现途径，国民教育水平的提升对于中国道德文化传统理念的深层次的发扬光大和传承不可小觑；第五，提高核心职业人群的教育水平可以在更高的标准上诠释和践行中国道德文化传统理念，将中国道德文化传统理念的瑰宝注入社会发展的历史长河中。”②

---

① 课题组. 当代中国民众对道德文化传统理念践行状况评价的实证分析报告［J］. 道德与文明，2011（3）：133-141.

② 课题组. 当代中国民众对道德文化传统理念践行状况评价的实证分析报告［J］. 道德与文明，2011（3）：133-141.

众多专题调查表明，中国社会的道德状况实际上是朝进步方向发展的。甚至在最令人担心的诚信问题上，社会也不是到了不可救药的程度；有问题，我们也有对策，如“诚信问题是道德危机，也是存在危机，体现在人的生活空间、制度空间与交往空间三个层面。生活空间中，食品安全问题构成人的生存风险与消费焦虑，需重建存在的保护性茧壳；制度空间中，制度供给不足和执法不力导致约束机制失效，需提高政府公信力、专家信任度和完善法律法规以重建社会信任；交往空间中，‘杀熟’、‘不要和陌生人说话’是信任缺失的信号，造成个体存在的孤独感。因此，重建社会信任需守护对熟人的情感信任，建立对陌生人的基本信任，以及培植对人信任的乐观态度。”①

有的调研报告甚至认为，我国公众的价值观与10年前的价值观相比，已经发生了由“现代价值观”向“后现代价值观”的转变趋势，人们“更加强调生活质量、主观康乐和自我表达，这与许多发达国家在几十年前所发生的价值观变化趋势一样。具体而言，他们更加愿意参与政治、不盲目崇拜权威、对自身命运有更多的掌控、包容度增大、人与人之间的信任度也越来越高，特别是人们对生活的满意度有了极大的提高。”②该报告还认为，我国公众表现出越来越大的宽容度，特别是对艾滋病的宽容度，这一点应归功于国家一直以来对艾滋病知识的宣传和普及；中国社会正在向更加自由民主的方向发展，人们提供了更多选择和发展的机会。

### 3. 社会公益活动的发展

志愿服务自2008年奥运会以来，成为我国公益活动的重要组成部分，在弘扬社会主义道德和彰显社会价值导向方面发挥了重要的作用。志愿服务充满利他主义的精神和改善社会的责任感，积极通过援助和慈善等方式来服务人民和社会。志愿服务具有广泛的群众性和社会性，是推进公民道德建设的重要途径，具有十分重要的现实意义。特别是在自然灾害引起的

---

① 林滨. 从道德危机到存在危机——重建社会信任的思考［J］. 道德与文明，2011（5）：37-43.

② 郭莲. 中国公众近十年价值观的变化——“后现代化理论”的验证研究［J］. 国家行政学院学报，201（3）：27-31.

公共危机时刻，大爱精神成为举国上下通力合作的生动写照。

社会公益活动的普及，是社会主义道德建设中思想道德价值的先进性和普遍性的体现。许多学者开始认识到在社会转型期具有先进性的革命道德如何利于社会公众吸收和践行的问题。如为人民服务是规范共产党员和领导干部的基本要求，其代表人物张思德、雷锋等先进人物都是革命军人，应该是一条政治伦理原则。随着社会主义市场经济的建立，把为人民服务作为我国社会主义道德建设的核心，使其成为公民的基本道德规范，这个转变有是社会主义道德建设的必然要求，对于巩固我党的执政地位、促进社会主义和谐社会的建设和提高公民的道德素质具有重要现实意义。

在普遍的社会公益活动中，慈善事业成为全社会关注的对象，正面的影响居多，但也有负面的影响。对于我国发展中的慈善事业，学者认为："慈善的本质是伦理的，是自愿奉献的道德行为，具有理想性。在当前中国多样文化并存的条件下，对于慈善伦理观要尊重差异，包容多样，但同时必须坚持正确的导向。慈善伦理中理想与现实的冲突背后，有着深刻的文化动因。中国必须大胆借鉴和吸收人类文明发展过程中有价值的慈善理念，同时在弘扬民族仁爱精神的同时，将传统的慈善伦理提升为现代社会的慈善伦理。"①

如何有效地进行社会公益活动是我们面临的一个课题。这可以看作是在最广泛的层面上如何处理国家利益、集体利益与个人利益之间的关系问题，是正确处理个人与他人、权利与义务、竞争与协作、经济效益与社会效益之间的关系问题。从最直接的道德建设上看，社会公益活动对于发扬互相帮助、团结友爱、助人为乐的社会道德风尚，提高公民自身的道德修养具有极为重要的意义。然而，从社会上出现的爱护动物人士在高速公路上拦截贩狗车辆的事件中我们不难看出，社会公益活动的实施需要更加完善的组织行为，不能仅靠有志之士的一时之举，以便使社会公益活动得到可持续发展。

这时，社团等非政府组织的成立和发展显得尤为重要。"非政府组织天然具有追求社会正义、寻求自愿奉献、实施伦理管理的伦理特质。非政

① 周中之. 当代中国慈善伦理的理想与现实［J］. 河北大学学报，2011（3）：12-18.

府组织的伦理精神一旦被成员接受并形成非政府组织群体的心理定势，便会在实践中大大提高成员从业行为的自觉性和创造性，激发成员关注非政府组织前途、维护非政府组织声誉、献身非政府组织共同精神的热情。正因为如此，非政府组织在现代社会中担负着特殊的伦理使命。”①

从全球范围看，社团等非政府组织在解决贫困、教育、环保和人权等社会问题方面，开展了深入持久的工作，揭示了人们行为的动力不仅仅是对物质利益的追求，而是渴望高尚，追求理想的精神力量。西方非政府组织的服务对象主要是社会弱势和边缘性群体，如贫困阶层、失业者、残疾人等，充分体现出其扶贫济弱的人道主义精神。非政府组织的体制是非等级的、分权的和网络式的，因而成员之间及组织之间的地位是平等的。这有利于调动民众的积极性，有利于产生集腋成裘的社会力量，避免产生官僚作风和机构臃肿，使非政府组织能高效地为社会服务。人道、奉献、民主和平等的精神使人类社会朝着更美好的方向发展。

我国的道德建设应该发挥社团等组织的作用，让人们更好地认识自我和认识社会，让社会的道德付出和道德回报制度化，营造有利于扬善弃恶的道德环境和道德风尚。

### 4. 道德建设与道德重建

道德建设一直是党和国家的重点工作，因此经常等同于思想道德建设，往往表现出政治运动或政治活动的形态。近年来党中央提出加强和创新社会管理，建设中国特色社会主义社会管理体系，目的是维护社会秩序、促进社会和谐、保障人民安居乐业，为社会主义事业发展营造良好社会环境。这实际上是道德建设的重要举措。然而，在“道德建设”的措辞上，有学者认为应该用“道德重建”来强调道德建设的彻底性或创新性。如某经济学者认为：“中国经济的迅猛增长与社会的急剧变迁，对既往的传统文明形成重大冲击，作为现代文明重要内容的道德情操更是遭遇到空前的颠覆。当今中国的文明转型首先面临的任务是道德的重建，道德重建

① 李建华，朱伟干. 论我国非政府组织发展的伦理使命［J］. 马克思主义与现实，2011（1）：172-179.

是最基础的重建，唯有在坚实的社会道德基础之上，才能稳健地实现文明转型。”① 有伦理学者也认为：“当代社会主义市场经济条件下的道德创新，既要着眼于对道德理念内在引导的挖掘，又要致力于对外在制度机制安排和他律强制性规则的建设。重建道德价值观，是一个系统工程，需要全社会共同努力。要进一步加大道德教育和社会道德弘扬力度，更加关注社会道德文化的建设；进一步加强政府对各行各业的社会监管，完善相关立法和制度建设。”② 针对这个问题，我国学者这样分析：

我国确立社会主义市场经济以来，学界就有人提出当前道德要重建。认为市场经济体制与计划经济体制有本质区别；认为新时期的道德与新民主主义时期形成的革命传统道德有本质区别；认为新时期道德将建立在人性或人的自我需要基础上，而不是建立在经济基础上，等等。因此需要推倒重来。这是当前道德建设中的一个重大的理论和实践问题，因为这关系到如何正确评价新民主主义革命以来我国道德建设的经验和存在问题，关系到今后道德建设的基础和发展方向等一系列重大问题。所以应当认真研究。

人类道德本身具有超越性的本质特性，新民主主义时期，在中国共产党领导下，中国人民在争取解放伟大事业中，形成了无私奉献的革命道德，成了中华民族的宝贵精神财富。无私奉献精神与社会主义市场经济体制不仅不是对立的，而且是社会主义市场经济发展的精神动力。市场经济的运行规律确实是经济主体（企业或个人）追求经济利益的最大化，以本身利益为出发点的。但是在与社会主义制度相结合的市场经济体制之中，就是它把经济主体的利益紧密联系在一起，使之成为一种互利互惠的、互相服务的关系。在实践中经济主体自觉为社会进步和提高人民生活水平服务，使自己经济行为有利于社会发展，并把它提升到一种自我意识，在道德上也就升华到无私奉献的境界。

我国从计划经济转型为市场经济，的确在经济体制结构及其运行机制发生了根本性变化，对于道德必将产生深刻的影响。但这只是经济体制方

---

① 彭刚. 文明转型与道德重建［J］. 人民论坛，2011（1）：32-35.

② 葛晨虹. 德之不厚，行将不远——论社会道德价值观的重建［J］. 人民论坛，2011（8）：190-192.

面的变化，而我国以公有制为主体的社会主义经济体制并没有改变，社会主义制度、社会意识形态没有发生变化，所以道德上不会像一种社会形态向另一种社会形态那样发生根本性变化。因此，当前道德建设不是推翻新民主主义时期形成的革命传统道德，并不意味着道德重建，而是在原有道德建设的基础上发展，创造性地建立适应社会主义市场经济的道德体系。学者提出当前道德建设提创建更为合适。①

道德创建是道德建设中的创新性工作活动，不能脱离道德建设的大局。各地文明办的“创建”部门就反映了我国精神文明建设或道德建设在实际工作中的这一特点。至于道德重建，这里的内涵很多，其中不缺乏对当前的道德建设的失望和踌躇。

### 5. 社会转型期道德建设策略

社会转型期的道德建设应该定位在全民性社会活动，还应该兼顾特定人群的道德建设，如党员、干部、公务员、军人等。作为全民性活动，道德建设必须是综合性的复杂工程。有学者在分析美德伦理复兴的条件时谈到六个方面，一是连贯的文化传统，二是连贯的道德谱系，三是相应的文化共同体认同和独特的伦理群体关系网络，四是道德情感和道德氛围的支撑，五是美德典范或道德示范，六是需要营造一种道德多元互竞的文化局面。② 这六个方面构建了一个完整的道德空间，人们在这里应该找到自身的文化认同，熟知特定的美德要求，能够参与具有道德评价的社会互动和政治诉求，从而获得个体生存的社会保障和社会福利。

作为全民性活动，道德建设的形式必须具有通俗性。有学者认为，儒家伦理思想能够深入人心，连“斗大字识不了三口袋”的农民也都可以顺口说出《论语》、《孟子》的经典名句，不是儒家的雅文化的功劳，而是儒家俗文化的作用；历朝历代的儒家大学者，他们都很注意做道德文化的普及工作，深入浅出地宣传儒家思想，例如宋代的朱熹，不但写了诸如《四书集注》这样的大著作，也还写了流传后世的通俗性著作《小学》，对蒙

---

① 章海山．道德建设中的几个理论和实践问题——章海山教授访谈［J］．伦理学研究，2011（2）：1-7.

② 万俊人．美德伦理如何复兴？［J］．求是学刊，2011（1）：44-49.

童伦理道德教育，发挥了重要作用；其他如《三字经》、《弟子规》、《女儿经》、《女四书》等等，对儒家伦理思想、传统伦理文化的普及与深入人心，起了大作用，这是儒家雅文化所不能替代的。① 显然，道德建设是一个广大群众共同参与、身体力行的过程，社会应该以最容易认知和接受的方式鼓励人们在谋求自我幸福、关心关爱他人、为社会作贡献的过程中提高社会成员的精神境界。

至于特定人群的道德建设，这当然涉及社会的很多方面，但有学者认为，当务之急是加强领导干部的道德建设，认为："中国改革开放30多年来，取得了辉煌的成就，然而，也为此付出了沉重的道德代价：拜金主义、极端个人主义、腐败成风、诚信危机、底线伦理防线失守、社会潜规则横行、社会逆反心理严重、双重道德人格泛起、婚姻家庭道德困扰。其发生的社会根源一是市场经济的本性及其双重效应，二是改革开放中我们走过一段弯路，三是我们主观认识上的形而上学严重。要让道德代价的付出降低到最小程度，必须坚定不移地落实科学发展观，将道德建设放到其应有的位置；必须使道德建设适应、引导和超越市场经济；必须坚持以德治国与依法治国相结合的治国方略；必须加强执政党领导干部道德建设。"②

道德建设作为全民性社会活动，其实施途径应该立足社区生活，使社区生活为人们的道德之根提供茁壮成长的土壤。人们在社区生活中充当着道德主体，是体现伦理关系、规范、情感和秩序的载体。尤其是在城市，居民的公德意识和道德水平是城市文明的重要因素，是一个城市之所以为这个城市的文化的底蕴。现在遇到的一个历史问题，也可以说是道德建设的历史机遇，是当代中国城市化进程所引起的农民工向城镇的流动。这从资源配置和使用效率角度来看，农民工向城镇自由流动应是社会进步的体现，但农民工的盲目流动，不但造成劳动力资源的浪费，而且造成城市社区"脏乱差"居住环境的产生，增加社区生活管理的难度。因此，社区生活的道德建设不但要增强公益活动，更要强化社区生活规则，优化舆论宣

① 魏英敏. 关于伦理学教学与科研中若干问题的再认识——魏英敏教授访谈录［J］. 伦理学研究，2011（1）：1-8.

② 吴灿新. 中国改革开放历史进程中的道德代价［J］. 伦理学研究，2011（3）：127-133.

传手段，加强督导和处罚机制，使社区成为群众性道德实践活动基本场所。

道德建设作为全面性的活动，应该利用互联网技术的发展为人们搭建广泛的网络媒体平台。信息资源的共享和信息的快速传递是因特网发展的动力。如果我们把人们通过互联网参与社会建设看作网络民主，我们会发现这种网络民主早已在网络媒体、网络论坛、网络社区中发挥着重要的作用，它一方面对好人好事作出肯定和赞赏，另一方面坏人坏事进行广泛的揭露和抨击，形成一种道德法庭。这非常有助于弘扬社会提倡的道德行为和道德准则，是道德建设的舆论保障和有利途径。但是，对于互联网的监管也是一项非常艰巨的任务。人们在网络中具有隐蔽性和无约束性，个人素质参差不齐，因而容易制造虚假、夸大、过激的言论。

无论是在社区生活领域，还是在网络生活领域，道德建设的基本策略是加强生活共同体的基本建设，强调个体的社会认同和个体对生活共同体的责任。因此，对社会成员个体的理解和尊重是道德建设的前提条件。

# 社会道德事件

2011 年，中国社会的道德状况引起全社会的广泛关注，这是因为发生了诸多具有道德性质的公共事件，这其中主要是负面的事件居多，当然，党和政府在加强道德建设方面也做了很多工作，如“感动中国十大人物”评选仍在继续，也表彰了第四届全国道德模范。

## 一、道德热点事件

### 1. 小悦悦事件

2011 年 10 月 13 日下午 5 时 30 分许，夜幕降临，飘飘洒洒的雨滴让视线更加昏暗，广东佛山南海黄岐广佛五金城的一个监控摄像头记录下了这样一幕：两岁女童小悦悦独自走在拥挤的通道里，被一辆面包车碾压在地，几分钟后又被一辆过往的小型货柜车碾过，最终造成重度颅脑损伤，送医经全力抢救，九日后不治身亡。在第二辆车经过之前和之后的几分钟内，先后有十几个路人路过，对躺在路上的女童“视若无睹”，最后是一位拾荒阿姨把小悦悦抱起并拖拽到路边并找到她的妈妈，才把孩子送往医院抢救。这一幕深深震撼了每一个看到这段视频的人！全国各级媒体对此事进行了不同程度的报道，并播放了经过剪辑的视频资料，某些电视台的主持人还配以道德判断——直斥路人“冷血”，对这十八位“见死不救”者给予言语上激烈的讨伐，这引起了全社会对十八位路人的强烈道德谴责和对拾荒阿姨陈贤妹的热烈表扬，引发民众对中国道德现状的集体担忧，进一步引发了一场全国乃至其他国家的普遍关注和热烈讨论。一方面是对肇事司机和“见死不救”者的谴责，一些人士甚至查询到这十八位路人，对其中一些路人进行了谩骂骚扰、人身威胁等过激行为；另一方面是政府和企业以及个人对陈贤妹救人行为的毫无保留的赞美，并给予了奖金和名誉上的极大奖励。政府和相关部门也给予了特别关注，专门去医院探望了小悦悦及其家人，对拾荒阿姨进行了奖励，并组织了一些专题讨论，有专家提议将“见义勇为”立法，试图用法律和制度来挽救道德的“沦丧”；也有一些专家和学者提醒群众要理性对待这个问题，不能仅仅因为视频中显示的“18 个路人”就忽略了一些其他社会问题和关键因素，不管各方人士持何种观点，小悦悦事件使国人震撼，使社会公众对中国的道德现状深感忧虑和关注。

## 2. 郭美美事件

2011 年 6 月 20 日，郭美玲在网上以“郭美美 baby”为昵称的微博里公然炫耀其奢华生活，开豪车、拎名包、住豪宅，并称自己是中国“红十字会商业总经理”，一时之间引起轩然大波，引发上千万网民关注、数十万次搜索的重大舆情事件，由此被网民挖出的商红会项目运作问题使红十字会的管理受到舆论质疑。尽管在 6 月 22 日中国红十字会称“郭美美”与红十字会无关，新浪也对实名认证有误一事而致歉，但是人们对由“郭美美”炫富引起的对中国红十字会的种种质疑仍旧蔓延开来，甚至掀起了一股“暴晒”中国红十字会丑闻的风潮，直指其有失承载中国慈善事业名誉的社会公益机构的职能，使中国红十字会遭遇了严重的信任危机。7 月 1 日，中国红十字会对外宣布暂停商业系统红十字会一切活动，商请有关方面开展审计和调查，并将及时公布调查结果。由监察部、中国社科院社会学研究所、北京刘安元律师事务所、中国商业联合会、中国红十字会总会相关人员组成的联合调查组，对商红会及相关项目进行了调查并形成结论。调查报告显示，商红会中不存在“红十字商会”这一机构，也没有设立“红十字会商业总经理”这一职务；郭美美未在商红会及其合作企业王鼎公司、中红博爱公司中任职。商红会的“博爱服务站”项目不涉及公众捐款和红十字会资金，中红博爱公司的银行对账单及财务支出明细均显示该公司未向郭美美支付任何费用。因此，郭美美其人与中国红十字会总会及商红会无关，郭美美炫耀的财富与红十字会、公众捐款和项目资金无关。中国红十字会，经过慎重研究，并商中国商业联合会同意，决定撤销商红会，并依据相关法律法规处理遗留问题，如发现违法违纪人员及行为将严肃处理。事情虽然已有定论，但人们对中国红十字会的质疑并没有因此而停止，据民政部中民慈善捐助信息中心 2012 年 6 月份发布的《2011 年度中国慈善捐助报告》显示，受重大自然灾害减少和“郭美美事件”等一系列慈善透明问题风暴的影响，红十字会接收捐赠同比减少了 59. 39%。

### 3. 明星醉驾

2011 年 5 月 1 日 0 时起，一直备受关注的“醉驾入刑”在全国范围内开始实施。本法规正式将醉酒驾车的处罚上升到法律途径。然而就在新法规实施不到十天，即 2011 年 5 月 9 日晚 22 时许，内地著名音乐人兼导演高晓松酒后驾车在东直门十字坡附近连撞四辆车，因醉酒驾驶并造成交通事故被北京市东城交通支队依法扣留。据知情人士透露，被扣当时，高晓松被检测出每百毫升血液中酒精含量高达 243. 04 毫克，并被认定为醉酒驾车行为。

此事经媒体曝光后，引来大量围观，网友批评其作为公众人物没有起到良好的示范带头作用，明明知道酒驾犯法也要顶风作案结果却栽了跟头，更有网友将高晓松的成名作《同桌的你》改成了《酒桌的你》，以此调侃他的酒驾行为。据报道，在庭审过程中，高晓松态度较好，完全认罪，还称“酒令智昏以我为戒”，并写下“永不酒驾”的保证书和放弃了“无罪辩护”。高晓松最终被以“危险驾驶罪”判处拘役 6 个月并处罚金 4000 元。在获释一周后，他参加了禁止酒驾公益宣传片的拍摄。在片中高晓松以个人经历为鉴，呼吁大家珍爱生命，远离酒驾，并表示拍摄此宣传片自己不是以演员的身份，是以现身说法的人来提醒民众切勿酒驾。

明星酒驾、醉驾已经不是新闻，著名演员梁家辉、谢霆锋、周杰，著名主持人吴宗宪、歌手林晓培、胡彦斌等人都曾因酒驾获刑或处罚，台湾歌手张雨生、小品天才洛桑、著名演员牛振华更是因车祸丧命。明星作为公众人物，频频出现在公众视线中，由于特殊的社会地位，使他们多数具有优越感，更容易获得公众的谅解。从吸毒到醉酒驾车，从恶俗炒作到违规犯法，本应该被我们视为行为样板、精神模范的明星们却接二连三的成为“道德”上的负面教材。此次高晓松醉驾事件，最初舆论哗然，引来网友的围攻，高晓松良好的认错态度，赢得了不少人的原谅和认同，纷纷表示“知错能改，善莫大焉”，使得一起违法背德的事件，转化成一个具有教育意义的案例。

## 4. 李阳家暴门

2011年8月31日，李阳的美国妻子Kim在自己名为“丽娜华的MOM”的微博上，曝光了一系列关于丈夫向她施暴的图片和文字，一下子把这个著名的英语教育专家推到了舆论的风口浪尖。李阳的妻子曝光了多张自己被打受伤的照片，称遭到李阳多年来持续的、不断加强的家庭暴力。对此，李阳一直未作回应，直到9月9日才回京处理此事。10日，在微博承认家暴一事，并向妻子、女儿及公众道歉。

让人感到讽刺的是，当李阳的妻子在网络上陆续曝光李阳对其家暴的照片时，李阳正在上海为150名母亲做家庭教育的演讲。他说当台下的听众手拿报纸，看着他对妻子家暴的新闻，听着他关于家庭教育的演讲时，他在流汗。然而，他对此事的恐惧不过是因为这件事可能对他的事业造成负面影响，声称家暴不过是小事，绝对不能影响他的演讲和课程，并表示“打了老婆，我仍然是个好老师”。他坦陈自己是一个在修养方面还是很欠缺的人，很容易被激怒，不够自信，需要从事业的成功里寻求巨大的成就感。

此事引起社会的一片哗然，国内各大知名媒体，包括中央电视台对此事都予以深切关注，并对李阳进行了专访，许多专家、学者和知名人士对此事做出分析和评论。李阳在接受媒体采访时悠闲自得、不以为然的表现，激怒了媒体和广大观众，人们用“疯狂”来形容这起家暴事件。然而，面对排山倒海的批评声，李阳仍旧毫无畏惧，还自爆“家暴门”后自己火了，“到哪里都有横幅欢迎，疯狂英语也没受影响”。

疯狂英语的创始人李阳的名人身份，让家庭暴力这个往往隐藏于家里的社会问题浮出水面，让公众正视家庭暴力存在的领域之广与程度之深，社会呼吁反家庭暴力立法的声音再次高涨。

### 5. “7·23”温州动车事故

2011年7月23日20点38分，D301和D3115次列车在温州路段发生震惊全国的特大铁路事故。由杭州开往福州的D3115动车被雷击后失去动力停车，遭到了同向行驶的D301次列车追尾，共造成六节车厢脱轨，其中四节从20多米的铁路桥上坠落。造成40人死亡和192人受伤的特大事故。这也是京沪高铁5天6起事故背景下，中国铁路三年来发生的最大的一次事故。同时也使铁道部面临了一场空前的舆论危机，公众的负面情绪甚至演变成对政府的不满与不信任。

在沉痛悼念逝者的同时，回顾事故发生的整体脉络，我们也发现了一些很关键的，影响了事件发展与结果的关键点：

7月23日事故发生后的10分钟，微博账号为“羊圈圈羊”的博主通过手机发布了温州动车事故的第一条求救微博“求救！动车D301现在脱轨在距离温州南站不远处！现在车厢里孩子的哭声一片！没有一个工作人员出来！”随后的10个小时，这条微博被微博网友转发10万余次。

7月23日晚21时，关于温州动车事故的求救微博已铺天盖地，一些高级官员也加入其中。

7月24日凌晨，温州卫生厅官方微博发出血库告急的信息，求助温州市民爱心献血。温州市民迅速响应，一条“温州广大市民自发自驾前来献血导致交通拥堵的壮观场面”的微博在12小时内，被转发了超过17万次。

7月24日凌晨3时，铁道部领导赶到事故现场，查看线路损毁情况。两台300吨的大型吊车及8台大型挖掘机到达现场，

7月24日凌晨4时，武警官兵开始撤离事故现场，全部任务转为了现场警戒，“已经没有生命迹象”言论传出。由此开始，救援中心由搜救伤亡人员转向了铁道线路的抢通。

7月24日凌晨6时挖掘机开始在高架桥下挖出了大坑，并将事故列车的车头及散落的零件推入大坑进行掩埋。也正是这个举动成为了激怒公众情绪与质疑救援的标志。同时，1000多名铁路工人到达现场，在短短22小时内修复了200米长的路段，更换了180根枕木。截止到19时，甬温线路段已重新具备通车的条件。

7 月 24 日上午，一条关于挖土机掩埋车身的“埋葬机密”有图有真相微博被疯狂转发。同时，在新浪微博公众开始发布寻找亲友的内容，这也是整个事故传播过程中被转发频率最高的一条微博。一条“黑丝带”吊念逝者的微博也被转发了 10 万余次。

7 月 24 日 14 时，大型吊车进行现场作业，将 D3115 次列车的 15 号、16 号车厢与 D301 次列车的 5 号车厢吊下。

7 月 24 日 17 时，在已经强调“没有生命迹象”后，于 16 号车厢发现了一息尚存的小伊伊。

7 月 24 日 22 时 43 分，铁道部召开新闻发布会，但由于新闻发言人信息不足、无法解释技术问题，以及一句不负责任的“至于你信不信，反正我信了”，彻底激怒了公众，使发布会不仅没有起到解惑的作用，反而更加激化了公众的负面情绪，激发了公众自发探求真相的举动。

7 月 24 日，铁道部党组决定，对发生“7・23”甬温线特别重大铁路交通事故的上海铁路局局长龙京、党委书记李嘉、分管工务电务的副局长何胜利予以免职，并进行调查。

7 月 25 日 6 时 57 分，甬温路段正式恢复通车，DJ5603 次列车呼啸而过尸骨未寒的事故现场。

7 月 25 日铁道部组成“5+1”小组正式与事故伤亡家属沟通，事故赔偿金上调到了 50 万元，而“5+1”冷漠的上来就谈钱的沟通方式，却引起了众多伤亡家属的强烈不满。

7 月 26 日，关于本次事故救援和善后工作中的质疑已达到高峰，微博与主流媒体分别就三大核心质疑问题进行了报道与广泛讨论。公众的三大核心质疑问题：为何掩埋事故列车车头、为什么下令停止救援、事故原因到底是什么，是缘于雷击还是信号灯故障。

7 月 27 日 9 时发生群体事件，“7・23 事故”近百位家属汇集温州南站，拉起“还 7・23‘灾难’真相”的横幅抗议，阻止旅客进站上车。并向铁道部提出了尽快查明真相、与铁道部领导直接对话、妥善安顿遇难者家属、按各地风俗习惯处理遗体四项要求。

7 月 27 日国务院总理温家宝赶赴事故现场，对“7・23”甬温线特大铁路交通事故遇难者表示深切哀悼，并在现场举行新闻发布会，强调事故救援工作从一开始就要以救人为首要原则，并强调铁道部一定要给人民一个负责任的交代，彻查事故真相。

7月29日铁道部以答新华社记者问的形式，第一次公开向公众解释核心质疑的几大问题。

国务院成立“7·23”事故调查组，国家安监总局局长任组长，调查组成员包含“两院”院士在内的，分别来自中国科学院、中国工程院、中国交通大学、中国电力科学研究院等院校的8名知名专家、学者。并表示调查结果争取在2011年9月中旬公布。

纵观铁道部在整个事故处理过程中的方式，他们依旧沿袭了国内在面对重大灾难事件时的“中国式”处理原则：强调领导重视，领导在事故发生后第一时间赶到现场进行救援工作的指挥；强调事故发生后立即处理相关责任人；强调尽可能减少对经济的损失，迅速抢通受损的铁路，保证顺利通车；强调迅速安抚家属情绪，通过与遇难者家属达成赔偿协议，试图避免负面舆论的产生；强调有效地组织报纸、电视、广播等主流媒体，宣传上多报道救灾的感人事迹、场面，将灾难变成一场感人的英雄群体救援事件，避免报道血腥敏感的信息。

同样运用“中国式”处理原则的“7·23”温州动车事故，从事故发生的第二天，铁道部便面临着空前的公众质疑与谴责，与来自国内外各媒体的大量负面报道。

无论是以微博为主的社会化媒体还是传统媒体都进行了大量的报道，报道以质疑、负面、谴责为主。公众对铁道部救援工作的强烈不满甚至也使政府形象受到负面的影响；

国外媒体就“7·23”温州动车事故进行了大量负面的报道，不仅使中国高铁的形象、中国技术创新的形象受到了严重的负面影响，甚至引发了群体性事件，事故家属汇聚抗议。

“7·23”温州动车事故所面临的空前舆论危机是偶然的么？当然不是！今天，我们所面对的舆情环境与公众的表达方式与渠道，都发生了根本的改变。这种靠“中国式”的快速通过控制舆情与民意的处理方式，早已行不通。在社会化媒体时代的今天，信息的流通已变得越来越快速与不可操控，封口式的强制举措只会使公众的情绪更加激化，造成更加复杂的舆情环境。

温州动车事故调查专家组副组长透露，调查结果颠覆了此前信号故障导致事故的说法，主要原因是人员和组织管理不善。德国1998年动车事故用了5年时间才完成技术调查和法律审判，温州动车“7·23”事故在事发120天后颠覆了此前抛出的信号故障原因，此刻的解释即使说得再天花乱坠，也是徒劳，也让人觉得那么苍白无力，感到无奈与气愤。

掩埋动车车头，让大家气愤连连。事故发生后，动车车头车厢作为事故调查的主要依据被埋，确实让人费解，经过媒体曝光后又挖出来。这样来回折腾是为了减少事故的影响，还是想掩埋事故的真正原因，让人不得而知。还有发言人“不管你们信不信，反正我是信了”的解释，让大家唾弃声声。铁道部发言人这样荒诞至极的解释无法让人相信。

温州脱轨事故发生后，公众对出行以及政府行为的不信任现象，从心理学角度来看，实际上是公众安全感的丧失。如何弥补公众心理安全感的缺失才是政府解决问题的关键，要比解决此次事故中赔偿问题棘手的多，也重要得多。

## 6. 故宫失窃遭遇“十重门”

有着600余年历史的故宫是世界上保存最完整、规模最大的古代皇宫建筑群，也是中国收藏最为丰富的博物馆，这样的地方应该是安保措施最为严密的地方，不仅拥有先进的安保设施，更有大量工作人员和安保人员警戒和巡视。然而，2011年5月8日，故宫博物院发生窃案，香港两依藏博物馆在斋宫临时展出的“交融——两依藏珍选粹展”展品金嵌钻石手袋、金錾花嵌钻石化妆盒等手袋及化妆盒共计9件被盗。这一案件，使故宫以一种与以往不同的角色走进人们关注的视野。在58小时后，公安机关将犯罪嫌疑人抓获，罪犯是身高不足1. 60米、体重只有七十来斤、28岁的山东人石柏魁，当案件侦破后案情被呈现在人们眼前时，人们难以想象，拥有严密安保措施和十米高墙的故宫，竟然被一个如此身材瘦小的年轻人轻松越过。而这不过是带有神秘色彩的故宫进入公众视线的导火索，“盗窃门”仅是问题暴露的开始，此后又连续发生了一系列令人瞠目结舌的事件，建福宫变商业会所、故宫赠送锦旗有错别字、打碎宋代哥窑青釉葵瓣口盘、部分珍贵古籍丢失、1973年曾贱卖3000套清代铠甲给员工改善生活等一系列事件更是将故宫推上风口浪尖。而最初将宋代哥窑损坏事件捅上网络的网友称，故宫近年来还损坏了另外4件珍贵文物，有内部人士称清宫旧藏木质屏风修复时遭水浸泡、故宫私自拍卖5件宋代书札、乾隆花园三友轩木窗花被拆卸送展美国疑有损坏、2004年武英殿修缮彩绘全靠农民工、2009年故宫花十万封口导游与警卫私分门票钱丑闻……这多达十余件事件的陆续曝光，被网友们戏称为“十重门”，尽管这些事件都因爆料者缺乏进一步证据或故宫方面的否认而无法证实，但人们对故宫的正面印象持续走低，公众对于故宫的不信任感不断升级，连同事发后的无从追责，无一不指向这一超级国宝及其守护机制的系统性溃败。面对空前信任危机，故宫或保持沉默，或闪烁其词。这使得公众对故宫的管理及其管理者产生了更大的质疑。这一事件体现出相关单位职业道德素质的突出问题。

### 7. “千万教授”与“宝马教授”

2011年4月4日16时34分，北京师范大学教授、博导董藩发表微博称：“当你40岁时，没有4千万身价不要来见我，也别说是我学生——这是我对研究生的要求。”而且表示：“培养其财富意识是我工作内容之一，当然前提是合理合法致富。自己富了……社会贡献大，也帮助了低收入者，并避免自己、家属及亲属成为社会负担。对高学历者来说，贫穷意味着耻辱和失败。”

此番言论一出，立刻引起巨大争议。多数网民对此持批评态度，认为教师的主要任务是传道授业解惑，教师不应用金钱来衡量学生，而且金钱并不是衡量成功与否的唯一标准。而一部分网民则认为这是一种激励。在当前这个社会中，金钱确实是得到社会认同的一种衡量标准之一，谈成功不必避讳金钱。

4月6日14时许，董藩在微博中，针对“4000万身价”声明“那仅是对我学生讲的励志的话”，并“祝天下爱钱人都发财，共同富裕”。

对此，北京大学文化产业研究院副院长陈少峰认为，董藩观点有一点极端。首先，老师对学生除了学术之外，不能有什么要求。老师要教的学术研究的能力，跟身价没有关系。其次，对学生提出此要求与房地产研究中心这样的学术研究的机构性质不一致。“如果是财富积累上讲，做房地产的，身价4000万算不上成功。从成功的标准上讲，如果身价4000万，其他方面一事无成，也没用。”

在一个全国性的教学研讨会上，云南大学工商管理与旅游管理学院尹晓冰善意提醒同行，教师将一生的全部精力都放在教学上是“毁灭自己，照亮别人”。这番话引起巨大争议，一时间拍砖者无数。因向学生炫耀自己手机号码中有七个“8”、每天开着价值50万元的宝马去上课，身为3家上市公司的独立董事的尹晓冰副教授被网友戏谑称为“宝马教授”。

“宝马教授”还认为，处于大学“金字塔”底端的是仅会讲课的教师，中间的是又会讲课又会拿课题的，顶端的是“学霸”和担任行政职务者。有评论认为，客观地说，尹晓冰的观点有一定的现实基础，把大学教师分在“金字塔”的各个部分，如此说法有着相当的合理性，而“一生把全部精力都用在教学上，是毁灭自己，照亮别人”的观点更是戳穿了当下教授们不安心教学的深刻原因所在。只是这样的认识能成为所有教授的“集体选择”吗？这是一个问题。并认为，这是教授“商人化”的一种折射。还有评论认为，在当前的教师评价体系之下，对于论文数量、课题经费甚至商业利益的器重，远远超越了对学术精神的培养，这正是孕育“宝马教授”们的土壤。大学精神的回归，首先应该是师道师德的复归，这应该成为教师们的基本共识。

此后，尹晓冰在博客上撰文解释：“‘开宝马车’和‘手机号’是在特定背景下说的，是遇到某些MBA学生严重违反课堂纪律的情况下的非常说法。至于大学教师‘金字塔’式分类，纯系个人根据现实感受提出的看法。”并表示自己言论过激存在不妥，声称“望此事不至于给大家造成更多的误解和不必要的争议！”

## 8. 达芬奇家居造假事件

2011年7月10日，央视“每周质量报告”播出《达芬奇天价家具“洋品牌”身份被指造假》。达芬奇家具可以说是国内最具影响力的家具高端品牌，以价格昂贵著称。一张单人床能卖到10多万元，一套沙发能卖到

30多万元。之所以能将这些家具卖到如此高的天价，达芬奇销售人员说是因为他们销售的家具是100%意大利生产的“国际超级品牌”，而且使用的原料是没有污染的“天然的高品质原料”。而央视记者经过了长达半年多的调查后发现，国内知名高端家具品牌达芬奇并非其宣称的“意大利原产”，其旗下部分家具在广东东莞贴牌加工生产；所使用的原料也不是什么意大利名贵木材白杨荆棘根，而是高分子树脂材料、大芯板和密度板。据调查，达芬奇公司在国内代加工点买入家具后，将这些家具从深圳口岸出港，运往意大利，再从意大利运回上海，从上海报关进港回到国内，这些家具就有了全套的进口手续，成为达芬奇公司所说的100%意大利原装、“国际超级品牌”家具了。有消费者将从达芬奇公司购买的床和电视柜等家具送到国家家具及室内环境质量监督检验中心进行检测，结果有三项不符合国家标准，其中，电视柜使用的材料是密度板，并非实木，被判定为不合格产品。

达芬奇家居于7月13日召开的新闻发布会上，现场洒泪的公司老总潘庄秀华还坚称：“达芬奇家居是高品质家居品牌的代理商；达芬奇家居所有代理的意大利品牌均在意大利生产、原装进口；达芬奇家居代理的美国家居产品，包括Hollywood品牌，由全球采购，产地包括越南、菲律宾、印度、印尼及中国。”7月18日晚，达芬奇家居通过其网站及官方微博等渠道正式发布《致消费者的公开道歉信》，公司表示：“虚心接受政府部门、媒体与社会公众的监督，并已开展清查整顿工作。”11月，达芬奇举报央视记者，称被敲诈百万。为此，新闻出版总署专门成立联合调查组进行了核查。2012年2月，据中国新闻出版总署网站通报了中央电视台《达芬奇“密码”》报道调查情况。调查结果认为，中央电视台的报道内容基本属实，达芬奇公司销售的部分家具存在质量不合格等问题，但是在《达芬奇“密码”》报道中也存在个别采访对象的身份未经核实、结论不够严谨等问题。央视栏目组编导李文学未收达芬奇公司公关费用，但不是持证的新闻记者，违规独立从事新闻采访。

从香武仕音响到欧典地板，再到今天的达芬奇天价家具，假冒洋品牌可谓是层出不穷，而且有愈演愈烈之势。此事使得消费者在企业诚信如此缺乏的今天，更加难以与企业建立信任关系。

## 二、我国重大食品安全事件

### 1. 食物中毒事件

据《兰州晨报》2011年4月8日报道，4月7日上午，甘肃省平凉市崆峒区发生一起疑似食物中毒事件，截至当日下午3时30分，平凉市当地两家医院共收治疑似食物中毒病例37例，其中3人已死亡，其余患者生命体征平稳。

据了解，7日上午9时5分，平凉市第二人民医院报告1例疑似食物中毒死亡病例。接到报告后，崆峒区食安委会办公室立即组织区疾控中心专业人员赶赴市二院开展流行病学调查，并组织力量全力进行医疗救治。当天上午10时30分，平凉市人民医院又报告了2例疑似食物中毒死亡病例，接到报告后，平凉市、崆峒区疾控中心立即前往该院开展流行病学调查。经初步调查，疑似食物中毒病例均服用过散装牛奶。9日下午5时许，记者从崆峒区公安局了解到，事发后，平凉市、崆峒区两级公安机关60多名民警迅速前往医院和涉案奶牛场调查，并将患者的呕吐物、胃液以及残余的牛奶，分别送往省公安厅和平凉市质监局进行鉴定。经鉴定，确认患者为高浓度亚硝酸盐中毒。

事件发生后，平凉市委、市政府和崆峒区委、区政府高度重视，立即启动了《食物中毒事件应急预案》3级响应，成立了平凉市紧急处置“4·07”牛奶中毒事件领导小组，迅速开展工作。要求采取一切措施，动员一切力量，全力以赴开展中毒人员救治工作，确保不发生新的死亡病例，同时开展流行病学调查。采取专群结合的方法实行拉网式调查，逐户排查食用“可疑牛奶”人员情况，对有症状的人员立即送往医院救治，对涉嫌的两个奶牛场立即查封，对有关人员采取控制措施，展开事件原因调查。并对全市奶牛养殖企业、个体养殖户、鲜奶配送站及销售点、食品加工企业和餐饮单位开展拉网式排查，查处违法违规添加其他非食用物质和滥用添加剂行为，确保不发生新的中毒事件。对中毒死亡人员及有关人员家属进行心理疏导和安抚工作。同时，市公安、盐务部门负责，立即在全市开展食盐市场紧急检查工作，逐户排查食盐质量安全，对非法销售和销售不合格食盐的，依法进行严肃查处。目前案件还在进一步侦查中。（来源：《兰州晨报》2011 年 4 月 8 日，《甘肃日报》2011 年 4 月 9 日）

人民网河南频道 2011 年 3 月 27 日和《大河报》2011 年 3 月 29 日报道了河南省南阳市城区 10 人因食韭菜中毒事件；陕西华商网 2011 年 4 月 22 日报道了陕西省榆林市榆阳区鱼河中心小学发生学生因饮用牛奶致集体中毒事件；中国新闻网长春 2011 年 11 月 30 日报道了吉林省长春市母子二人饮用标识为可口可乐美汁源果粒奶优（清新草莓口味）的饮料后中毒事件。

**2. 食品添加剂事件**

2011 年 3 月 15 日 CCTV 新闻频道播出 3·15 特别行动《“健美猪”真相》曝光了河南瘦肉精事件。据介绍，在南京建邺的迎宾市场里，有一种瘦肉型猪肉由于肥膘少、脂肪低而大受欢迎。生猪行业的业内人士把这种瘦肉猪戏称为“健美猪”。在这种猪肉的来源地——南京市建邺区沙洲村兴旺屠宰场，每天屠宰加工生猪 1000 多头，猪肉产量高达上百吨，“健美猪”就能占到 80%至 90%，而这些“健美猪”来源于河南省孟州市。央视记者走访了生猪产区河南省孟州市、沁阳市、温县和获嘉县的一些养猪场，发现家家都在养殖这种肌肉发达的“健美猪”。养猪户告诉记者，要想喂成“健美猪”，就必须在饲料里添加“瘦肉精”，用加“瘦肉精”的饲料喂出来的猪不但体形好，而且价格也高，几乎成了行业内公开的秘密。并钻过当地养殖环节的监管漏洞，进入贩运环节。每头猪花两元钱左右就能买到号称“通行证”的动物检疫合格证明、运载工具消毒证明和五号病非疫区证明三大证明，再花上 100 元打点河南省省界的检查站，便可以一路绿灯送到南京一些定点屠宰场，无需检测“瘦肉精”，每头猪交 10 元钱就能得到一张“动物产品检疫合格证明”，有了这张证明，用“瘦肉精”喂出来的“健美猪”就能堂而皇之地进入南京市场销售，竟然还有许多进入了著名肉食品加工企业双汇集团。

济源双汇食品有限公司是河南双汇集团下属分公司，有关宣传双汇冷鲜肉“十八道检验、十八个放心”的字样在店里随处可见。然而，按照双汇公司的规定，十八道检验并不包括“瘦肉精”检测。记者随后跟随一辆运猪车到济源市双汇食品有限公司送猪，这车猪全是“健美猪”，整个过程没有遇到任何障碍。一位养猪户称，去年以来，他往济源双汇公司卖过不少这种加“瘦肉精”的猪，都是由关系熟悉的业务主管负责接收，所以一般都不会被检测出来。采购业务主管说，他们厂的确收购了这种“健美猪”，而且收购价格比普通猪还要贵一些。这种猪停喂“瘦肉精”一周后，送到他们厂里卖的时候就不容易被查出来。在随后的调查中，记者发现，河南孟州、沁阳、温县等地一些添加“瘦肉精”养殖的生猪，也都卖到了济源双汇公司。

整个事件被曝光之后，3 月 16 日，双汇集团在其官方网站发表公开声明，承认“瘦肉精”事件属实，表示道歉。随后，农业部责成河南、江苏农牧部门严肃查办，农业部还将同卫生、工商、食药、商务、质检、公安等部门进一步加强瘦肉精监管，切实保障畜产品质量安全。3 月 31 日，双汇集团在河南漯河召开“万人职工大会”，集团董事长万隆再次向消费者致歉。据《财经》综合报道，在 7 月 22 日晚间发布公告称，双汇集团决定对济源双汇所有因“3 · 15 事件”涉及的厂内封存、市场陆续退回的鲜冻肉、肉制品共计 3768 吨，全部进行无害化深埋处理，处理损失约 6200 万元。公告称，此举目的是打消消费者对济源双汇食品有限公司产品的疑虑。

（来源：央视“每周质量报告”2011 年 3 月 15 日，《北京晨报》2011 年 3 月 16 日，《中国证券报》2011 年 3 月 17 日，《财经网》2011 年 7 月 22 日）

非法添加食品添加剂引发了很多食品安全事件，如：新华网与《东方早报》2011 年 3 月 18 日报道的重庆九龙区甲醛毒血旺事件；2011 年 4 月 11 日晚中央电视台“消费主张”栏目曝光的上海部分超市销售上海盛禄食品有限公司分公司生产的染色馒头事件；《半岛都市报》2011 年 4 月 13 日报道的青岛色素事件；青岛新闻网 2011 年 4 月 14 日与《青岛早报》2011 年 4 月 15 日报道的青岛福尔马林浸泡小银鱼事件；新华网 2011 年 4 月 15 日与《南方日报》4 月 19 日报道的安徽合肥市牛肉膏事件；《三峡晚报》2011 年 4 月 16 日报道的湖北宜昌用硫黄熏制的毒生姜事件；《北京日报》

与《法制日报》2011 年 4 月 18 日报道的温州染色馒头事件；《辽沈晚报》2011 年 4 月 18 日、19 日与《法制日报》4 月 20 日报道的沈阳毒豆芽事件；《京华时报》2011 年 4 月 22 日报道的北京影院爆米花桶含荧光增白剂事件；《南方都市报》2011 年 4 月 22 日报道的广东中山墨汁粉条事件；人民网重庆 2011 年 4 月 26 日报道的重庆三聚氰胺奶粉生产雪糕事件；《南方都市报》2011 年 4 月 27 日报道的广州问题腊肉事件；《重庆晚报》2011 年 4 月 27 日报道的豆瓣酱中含有罗丹明 B 事件与 4 月 29 日报道的染罗丹明 B 的毒花椒事件；中国江苏网 2011 年 4 月 28 日报道的南京毒鸭血事件；《重庆晚报》2011 年 5 月 1 日报道的重庆巴南区的甲醛毒血旺事件；《重庆晚报》2011 年 5 月 1 日报道的重庆染色馒头事件；《扬子晚报》2011 年 5 月 13 日报道的江苏镇江爆炸西瓜事件；台湾塑化剂事件（来源：中国新闻网 2011 年 5 月 25 日，《人民日报海外版》2011 年 6 月 1 日，《南方周末》2011 年 6 月 3 日，《中国经济周刊》2011 年 6 月 7 日，中国新闻网 2011 年 7 月 8 日）；《广州日报》2011 年 6 月 3 日与人民网 2011 年 8 月 15 日报道的广州毒血燕事件；中国广播网 2011 年 6 月 14 日报道的重庆劣质染色豆瓣酱事件；《新京报》2011 年 9 月 13 日报道的北京“蒸功夫”香精包子事件；《新京报》2011 年 10 月 17 日报道的北京通州泡猪蹄事件；《南京晨报》2011 年 12 月 2 日报道南京发生的一起毒鸭血事件。

### 3. 地沟油事件

据中国新闻网宁波 2011 年 8 月 30 日报道，在公安部统一指挥下，浙江、山东、河南等地公安机关首次全环节破获了一起特大利用地沟油制售食用油的系列案件，摧毁了涉及 14 个省的“地沟油”犯罪网络，捣毁生产销售“黑工厂”、“黑窝点”6 个，抓获柳立国、袁一等 32 名主要犯罪嫌疑人。此案的侦破揭开了食用地沟油的神秘面纱，至此，一个集掏捞、粗炼、倒卖、深加工、批发、零售等六大环节的地沟油黑色产业链终于浮出水面。

据介绍，2011 年 3 月，浙江宁海县公安局在深入排查案件线索时，发现在宁海桃源街道有人利用餐厨垃圾、煎炸废油和地沟污水炼制地沟油。3 月 28 日至 30 日，宁海县公安局采取行动，先后抓获安徽宿州籍专门掏捞、炼制、收购地沟油的峁玉华夫妇和黄长水夫妇等6名犯罪嫌疑人，查扣地沟油约8吨。4月至7月间，专案组根据前期侦查获得的线索，辗转江苏东海和山东平阴等地开展工作，查明黄长水夫妇等人收购的地沟油主要销往位于山东平阴的济南格林生物能源有限公司（以下简称格林公司），该公司存在非法使用地沟油制售食用油的重大嫌疑。7月4日，在公安部的协调组织下，专案组会同当地公安机关，对格林公司进行突击查处，当场抓获柳立国等9名犯罪嫌疑人，扣押货车1辆、油罐车2辆，查扣地沟油694吨。经初步调查，格林公司在浙江、四川、贵州、江苏等地收购地沟油，加工成食用油后再销售给河南、河北、辽宁、山东、陕西等地的粮油经销商。7月14日，专案组又在河南郑州、商丘及山东临沂等地同时行动，抓获袁一、程江萍等17名犯罪嫌疑人，并在郑州金水区宏大粮油商行现场查获用“地沟油”炼制的食用油成品100余吨、已灌装为假冒“金龙鱼”牌调和油、大豆油等107箱。经审讯查明，犯罪嫌疑人柳立国等人自2003年开始利用地沟油生产食用油，2011年4月初伙同鲁军在山东平阴县玫瑰镇刁山坡村合伙经营格林公司。该公司以加工生物柴油为名，非法加工地沟油销往食用油市场谋取暴利，而且每天产能50吨。犯罪嫌疑人程江萍明知格林公司的油是地沟油加工而成的成品油，仍为犯罪嫌疑人柳立国与河南省郑州市庆丰粮油市场宏大粮油商行的经营人袁一牵线搭桥，赚取佣金。犯罪嫌疑人袁一等人从格林公司购入多车（每车达30余吨）地沟油成品，加价销往河南等下端食用油批发部或经灌装零售给周边的工地食堂、夜排档、油条摊业主，从中牟取利益。

柳立国归案后，为了戴罪立功，他检举揭发了山东、河南等地十多家如他一样的不法厂商，有些规模是他的数百倍，临沂与菏泽地区五家地沟油企业每天产能就在300多吨。销售地沟油的粮油贩子袁一认为，这是行业潜规则，大家都在卖地沟油，全国90%以上的散装油都勾兑了地沟油。山东一名叫邢洪生的不法商贩甚至将从柳立国等处购买的地沟油勾兑卖进了齐鲁药业做药物培养基，涉案两三亿元。据了解，该案为全国公安机关破获的第一起以地沟油为原料制售食用油的案件，彻底摧毁了一条采集地沟油加以粗炼、倒卖、精加工为食用油进行销售的地下产业链。

（来源：中国新闻网2011年8月30日）

其实，地沟油事件在中国早已泛滥，人民网赤峰2011年6月10日报道，内蒙古赤峰市林西县食安办捣毁一处地沟油提炼黑窝点；中国广播网2011年6月22日报道，呼和浩特市公安局、市环保部门成功捣毁一处加工地沟油黑窝点；新华网2011年9月3日报道，广西柳州市公安局柳东分局雒容派出所查获一家加工提炼地沟油的私人作坊；《法制日报》2011年9月11日报道，湖北省黄冈市蕲春县警方打掉一个家族式地沟油犯罪团伙。

### 4. 染色食品

据《新京报》2011年4月15日报道，4月14日，家住海淀区的郭女士称，在海淀区明光寺农副产品综合批发市场购买的一斤黑芝麻，拿回家用清水清洗，黑芝麻褪色，水质呈现深黑色，黑芝麻有些发白。郭女士称，这些黑芝麻和以前买的有所不同，香味不明显，她怀疑这些黑芝麻被染色。昨日，记者陪同郭女士来到购买黑芝麻的商贩处，该商贩表示是从其他批发市场进的货，不会染色。记者发现，该商贩销售的黑芝麻抓了几次之后，手上有明显的黑色痕迹，而在其他商贩处的黑芝麻用手抓起来，揉搓之后手上基本没有残留物。市场管理办公室的工作人员表示，如果消费者认为有问题，可以到相关部门检测，拿到检测报告后，市场管理方可配合对商户进行处理。记者走访了数家农贸市场，有商贩称，正常的黑芝麻用水泡后也会褪色，市场上确实有经过色素处理的黑芝麻，主要是为了黑芝麻卖相好看。

（来源:《新京报》2011年4月15日）

### 5. 细菌门事件

据《京华时报》报道，2011年10月19日北京市工商局公布的18个批次不合格食品名单内，出现国内知名速冻品牌“思念”的名字。北京市工商局公布的食品安全信息显示：郑州思念食品有限公司生产的800克/袋，生产批号为“20110628106A”的三鲜水饺被检出金黄色葡萄球菌，将全市停售。消息一出，立刻在零售市场上产生了反应。上海、杭州、广州等地部分超市也开始下架“思念”相关产品。思念方面称，已经将该批次水饺全国下架，消费者可以要求退货，如果消费者因吃了水饺发生问题，思念方面会进行赔偿。

继思念水饺之后，三全水饺又登上不合格食品名单。据《广州日报》报道，记者11月7日从广州市工商部门了解到，广州市工商局于近期委托广州市质量监督检测研究院等专业检验机构对第三季度流通环节食品进行了抽检，发现有14批次的产品金黄色葡萄球菌不合格，其中，郑州三全食品股份有限公司生产的“白菜猪肉水饺”及“萃玉白菜猪肉水饺”等产品就在其中。三全公司相关负责人表示，相关批次产品早已回收销毁并向社会各界致歉。同时由海霸王（汕头）食品有限公司2011年7月27日生产的一款规格型号为称重销售（有包装）的海霸王牌经典包心鱼丸也在其中。工商部门已对检测不合格的食品采取了下架、封存。

据东方网2011年11月19日报道，近日，沪产“湾仔码头”上汤小云吞（荠菜猪肉），规格为106克/袋（20只装），生产单位是上海品食乐冷冻食品公司，生产日期是“20111008A”，被南京市工商局检出金黄色葡萄球菌。据东方网11月23日报道，该批次共生产3696袋，已有1763袋被召回。此外，上海工商部门在本月抽检中发现另一款湾仔码头大白菜猪肉手工水饺（商标：湾仔码头，规格：800克/袋，批号：20110903）也被检出金黄色葡萄球菌，据悉，该批次产品共3810箱（18袋/箱），现已全部售出，企业已组织召回。

（来源：《京华时报》2011年10月20日，《广州日报》2011年11月7日，东方网2011年11月19日、23日）

### 6. 假冒食品事件

中国酒文化非常发达，酒已成为人们生活中的必需品，但近年来假酒已泛滥成风，特大案件一起接一起，涉案金额上千万元甚至亿元。据南海网海口2011年5月12日报道，南海网记者从海口市公安局获悉，5月7日，在海南省公安厅相关部门的大力支持下，海口市公安局摧毁了一个建省以来最大的专门制贩假中高档酒团伙。据介绍，2011年初，海口市公安局接到群众举报，海口市部分酒行涉嫌贩卖各种假冒进口和国产中高档名酒，不少群众饮用后身体出现头痛、目眩、昏沉等不适症状。

接到报案后，海口市公安局迅速成立了以经侦支队为主的专案组开展侦办工作。经过2个多月的细致侦查发现，自2010年以来，谢某出资在蓝天路开设一家名为“文华酒行”的专卖店，为赚取高额利润，谢某从广西、广东等地购进大量的制作假酒原料、冒牌商标标签、假防伪标识、瓶盖等制假材料，并在海口各酒店大量收购用过的各类中外名酒酒瓶、包装盒等物品。由他的妹夫凌某负责组织多名同乡或亲属在丁村、秀英新村等城中村租房设点，进行假酒勾兑、制作、贴标、分装和包装，假冒茅台、五粮液、路易斯十三、蓝带马爹利、轩尼诗XO、红花郎、洋河大曲海之蓝、国窖1573、泸州老窖、精品二锅头等国内外多个中高档著名品牌。为麻痹消费者，还粘贴冒用“中华行”、“松之光”等本地注册服务商品商标。生产出来的假冒名酒除了通过自己经营的“文华酒行”销售，还向海口市金宇路的“德隆商行”、华海路的“南源百货商行”、金垦路的“新南源酒行”、五指山路的“酒泉鼎酒行”、“水产码头龙华勇兴贸易行”等酒行贩售。

在充分掌握这个犯罪团伙及其制售假酒的基本情况后，5月7日，海口市公安局在省公安厅经侦总队的大力支持下，组织50多名民警分成多个抓捕小组统一展开行动，分头直扑各个窝点，共抓获涉案人员17人，捣毁位于秀英新村、琼山区丁村、龙华区滨涯村内的制作假酒窝点11个和销售、存储假酒窝点12个，现场查扣涉案物品运输汽车3台、制假设备6台、制假工具一批、电脑3台、帐册一批，假商标标识3万余枚，混装搅拌酒桶3个、染色颜料一批、调酒药品一批，封胶一批，假冒的普通茅台酒622瓶，15年茅台12瓶，五粮液338瓶，路易斯十三66瓶，蓝带马爹利405瓶，轩尼诗XO酒288瓶，红花郎401瓶，洋河大曲海之蓝346瓶，国窖1573酒144瓶，泸州老窖1121瓶，二锅头54瓶，制酒包装盒42箱，已使用过的原料酒瓶265箱约3050瓶，未使用的原料杂酒约5000多瓶，涉案金额3000余万元。5月8日，经专案组审查，对涉嫌制贩假酒的谢某、凌某良等11人予以刑事拘留，对涉案酒行及货品予以查封。

（来源：南海网2011年5月12日）

假酒在中国已不是什么新鲜的事情，到处都存在着。新华网贵州频道

2011年1月26日报道，贵州省贵阳市云岩区公安分局查获了近年来涉案数量最多、金额最大的一批假酒；《武汉晨报》2011年3月4日报道，武汉警方破获了一起特大制贩假酒案件；海口网2011年4月27日报道，海口市联合执法人员查获了2万余瓶假冒高档名酒；中国新闻网海口2011年10月13日报道，海南警方近日成功打掉了一个特大制售假酒犯罪团伙；中国广播网2011年12月23日报道，河南省南阳市公安局青华派出所连续端掉两个特大制售假酒窝点。同时其他假冒伪劣食品也接连不断地出现在市场上，新华网北京2011年5月18日与《新京报》6月21日报道了北京黑心烤鸭事件；《三秦都市报》2011年12月13日报道，西安和渭南公安局查获了一批假冒伪劣调味品。

### 7. 回炉食品事件

据记者2011年7月27日晚间从成都市食品药品监管局获悉，7月26日，央视“消费主张”栏目报道了重庆老堂客火锅店涉嫌回收顾客食用所剩的火锅底料制售火锅老油事件。事件曝光之后，成都市迅速调集食品药品监管、公安、工商、质监等部门组成联合调查组，对中心城区的重庆老堂客火锅店的所有门店进行突检。通过对重庆老堂客火锅店员工的询问和实地调查，火锅店涉嫌非法加工销售的主要方式是将顾客食用过的火锅底料进行回收，在后厨进行过滤，将过滤后的油和水进行熬制，经冷却后以1：1的比例加入该公司料厂生产的火锅油进行混合，用专用塑料袋进行分装、塑封后，销售给顾客食用。截至27日下午，联合执法人员已在重庆老堂客火锅店内查获和封存了正在回收的油料滤网及油桶、已装袋成品油、散装废油、包装袋、塑封机等物品，依法传唤相关涉案人员，初步认定9家门店涉嫌违法。

7月27日，成都市食药监局针对全市范围内火锅店（包括“串串香”、“麻辣烫”），开展回收火锅锅底制售火锅油专项整治，检查了重庆胖妈烂火锅店和重庆吴铭火锅店共7家，重点检查回收火锅底料用于制售食用油的行为。检查中，在重庆胖妈烂火锅一品天下店发现了包装袋、塑封机、油桶、散装油等物品，执法人员依法对物证进行封存，公安机关依法传唤涉嫌人员。截至目前，各区（市）县正在开展火锅店（包括“串串香”、

“麻辣烫”）回收火锅锅底制售火锅油专项清查，尚未发生消费者投诉火锅店的事情。

（来源：央视“消费主张”2011年7月26日，中国新闻网2011年7月28日，四川在线2011年7月29日）

《广州日报》2011年4月12日披露了广东甜心客使用到期面包回炉改头换面热卖的食品安全事件。据报道，广州连锁面包店“甜心客”被员工爆料每天回收过期的面包“重新组合”后再卖给消费者，单凭外观难以辨出新鲜度如何，而售价不输于其他面包。只有吃了才能感觉口感混杂，消费者避免不了上当受骗。

### 8. 勾兑食品事件

据中国之声“新闻纵横”报道，在媒体爆出“味千拉面汤底是用汤粉、汤料调制”的消息后，7月24日，味千中国总部相关负责人在接受中国之声记者电话采访时声明，味千拉面的汤底确实由猪骨熬制成的浓缩液兑制而成。在中国大陆已经开了585家店的日式快餐味千拉面最大的卖点是底汤营养丰富，其官网上曾经号称的“味千拉面一碗汤的钙质含量是牛奶的4倍、普通肉类的数十倍；一碗汤的容量是360毫升，含钙量高达1600毫克。”但媒体质疑，30多元一碗的面，汤底其实是用专门的汤粉、汤料调制出来的，每碗汤的成本不过几毛钱。上海相关部门公布初步调查结果，其汤料浓缩液的主要成分是“猪骨汤精”，同时，工商部门已介入调查“味千拉面”涉嫌虚假宣传。对此，味千中国总部投资者关系部负责人在接受中国之声记者电话采访时坚决予以否认，他解释说，味千的汤底确实并非现场熬制，但是浓缩液是由猪骨熬成的。这个骨汤是由日本的技术进行生产，骨头把它粉碎，然后进行熬制，这个时间是很长的，最后出来就是浓缩的骨汤液，到餐厅里按一定的比例兑成微咸的白汤。但这位投资者关系部的负责人称，自己并没看过神秘的骨汤熬制的过程，让人意外的是这位负责人竟然一时想不起生产企业的名字。

（来源：中国广播网2011年7月25日）

继味千拉面汤虚假广告之后，《南方都市报》2011年8月2日报道了肯德基豆浆勾兑门事件；《北京晨报》2011年8月4日报道了永和豆浆和真功夫两家知名快餐企业豆浆勾兑门事件；《城市信报》2011年8月22日报道，知名火锅连锁店海底捞的骨头汤以及饮料包括柠檬水和酸梅汤等均是勾兑而成；《广州日报》2011年8月7日报道了山西陈醋勾兑事件；《广州日报》2011年8月10日报道了化学酱油事件。

### 9. 问题食品事件

据人民网报道，北京市工商行政管理局2011年8月3日公布了11种不合格食品，其中4种袋装烤鸭因菌落总数超标被停售。知名品牌雨润“老北京烤鸭”，菌落总数实测值达到标准值的13倍。记者进入北京市工商行政管理局网站了解到，在华润万家东直门店，查出标称北京雨润肉类加工有限公司生产的“雨润”牌老北京烤鸭，菌落总数应≤50000，实测值达到65万。另外，北京美廉美连锁商业有限公司安外超市等商场，也都分别发现有“福聚兴”烤鸭和“大东老曹”牌烤鸭，菌落总数应≤50000，实测值达到90万、28万。

据记者了解，近段时间，雨润集团食品安全事件频发。5月19日，人民网安徽频道报道，5月19日中午，合肥一家5星级酒店向媒体反映，该酒店在采购的雨润牌方火腿中，发现了包装塑料膜和金属卡扣，该火腿的外包装上印着马鞍山雨润食品有限公司制造，生产日期是2011年4月8日。酒店采购部与雨润公司的经销商联系之后，雨润公司区域经理何晓宇和城市经理严辉一同前往酒店查看了该问题火腿并拍下照片发往公司总部。严辉解释说，火腿的生产过程都是自动机械化的，可能是在包装的时候把包装膜和卡扣搅到火腿里面去了。但他同时又表示，发生这种情况的几率很小，或许是当时机械发生了故障。而酒店厨师长李成林则质疑，包装膜和金属环是在火腿的内部接近中心的位置，紧紧和火腿肉搅在一起，用手拽都拽不出来，在它周围，还包裹着外层的火腿肉。他认为，塑料袋及金属扣以这种方式混杂到火腿里，看上去更像是在生产火腿肉的时候就已经搅进去了。一位在食品行业工作多年的黄先生认为，雨润公司可能存在把接近保质期甚至超出保质期的火腿去除包装、高温消毒后，再次投放到市场的行为。他分析，可能是由于厂家在去除包装的过程中疏忽，导致原包装膜和金属卡扣残留在回炉的火腿肉里，经过搅拌和塑型，导致残留的包装膜及金属扣与火腿肉紧紧粘合在一起。事发第三天下午，该问题火腿生产单位马鞍山雨润公司总经理亲到酒店赔礼道歉，原本一块价值几十元的火腿，雨润方面欲以赔偿5000元现金及价值5000元火腿的方式与投诉方“私了”。针对媒体报道的雨润疑将过期火腿二次加工销售，雨润集团5月25日晚予以否认。

据《华商报》报道，2011年1月18日，陕西渭南市澄城县商务局稽查大队将千余公斤冷鲜肉送至肉联厂进行检查，发现肉品三腺未摘除干净，部分肉品要进行无害化处理。“雨润食品”旗下公司陕西渭南生秦肉类加工有限公司的齐姓领导在问询中对此表示承认，按照规定，要处以5万-10万元罚款。然而，在当天下午5时许，澄城县商务局在没有作出任何处罚和扣留的情况下，将载有上千公斤“问题肉”的冷藏车放行，据了解，生秦公司一名负责人曾对此事致电渭南市商务局一领导。报道称，放行后的冷藏车将该批冷鲜肉送往了山西河津卸货，随后，陕西韩城的一名王姓代理商，当晚从河津提肉，后在韩城市场销售。该事件发生后，生秦公司的配送车辆不再向大荔、蒲城、澄城、韩城这条线路配送冷鲜肉，代理商就自己前往渭南提货。按照相关规定，冷鲜肉必须在0-4℃的运输条件下运输，而不具备运输条件的代理商通常是开着自己的没有冷藏功能的厢式货车到渭南提货。代理商党某称，这些“问题肉”只能整袋销售，肉品含有大量的淋巴，有的淋巴因病变已变黑，而有的肉品上布满了红点及脓包。因为价格相对便宜，多数销售给了个体的包子店、饺子馆。他称，自己曾经退了几块“问题猪肉”，但生秦公司给的结论是“恶意退货”，他与另一代理商王先生在退货时都被罚款。7月2日，陕西省政府督办组及渭南市联合调查组，带领公安、商务、畜牧等部门人员及从延安等地抽调的3位专家，前往澄城县、韩城市对雨润“问题肉”进行现场检验，检验结果显示，“问题肉”中，的确有病变淋巴、脓包等问题。目前，该公司已停产自查。

（来源：人民网2011年8月3日，《北京晚报》2011年8月3日，中国经营网2011年8月4日）

此外还有《新闻晨报》2011年4月14日报道的江苏江阴水银刀鱼事件；《北京晚报》11月9日报道的立顿铁观音稀土超标事件。婴儿奶粉这片土地始终没有平静过，继三鹿奶粉事件之后，稍作平息一段，最近又发生了很多“奶虫”事件。《城市信报》6月30日报道，美赞臣奶粉中发现小飞虫；《城市信报》7月7日又报道，惠氏启赋奶粉里面发现黑色的小虫子；《半岛都市报》10月30日报道，美素力奶粉中发现活虫；《青岛晚报》11月3日报道，多美滋奶粉中发现白色活虫；《三秦都市报》11月29日报道，雅培奶粉中也发现有虫子；中国日报网8月8日也报道了雅培奶粉中发现异物；中国新闻社东京12月6日报道日本明治奶粉含放射性核素铯。

## 三、感动中国十大人物

### 1. 朱光亚——一生就只做了一件事

**【事迹】**：20世纪50年代末，朱光亚被任命为中国核武器研制的科学技术领导人。他负责并组织领导中国原子弹、氢弹的研究、设计、制造与试验研究，地下核试验的攻关，高技术研究发展计划的制定与实施，国防科学技术研究发展及军备控制问题研究等工作，为中国核科学技术事业的发展做出了重大贡献。20世纪80年代中期，他还参与了“863”计划（国家高技术研究发展计划）的制定和实施。

**【获奖名片】**中华之光

**【推选委员评价】**“感动中国”推选委员陈章良这样评价朱光亚：总揽全局，心怀祖国，中国核事业的领航人，保卫的是家，捍卫的是尊严，显示的是中华民族的铮铮傲骨！

推选委员阎肃说：肃然起敬，卓越功勋，他代表的群英，使我们的民族——自强，自信，自立，自尊！

**【颁奖辞】**人生为一大事来。他一生就做了一件事，但却是新中国血脉中，激烈奔涌的最雄壮力量。细推物理即是乐，不用浮名绊此生。遥远苍穹，他是最亮的星。

## 2. 胡忠、谢晓君夫妇——坚守藏区12年支教

**【事迹】**：在去四川藏区福利学校支教前，胡忠谢晓君夫妇都是成都某名校的老师。2000年，胡忠看了一篇关于甘孜州康定县塔公乡一所孤儿学校急需老师的报道，动了支教的念头，得到妻子的支持。3年后，谢晓君带着3岁的女儿也来到这里支教。2006年8月，一所位置更偏远、条件更艰苦的学校创办了，她主动前往当起了藏族娃娃们的老师、家长甚至是保姆。

**【获奖名片】**高义薄云

**【推选委员评价】**“感动中国”推选委员杜玉波这样评价胡忠、谢晓君：他们的高原红，是阳光的沉淀，也是心中澎湃的热血在脸上的体现，这是我们这个时代最新鲜最健康的红润。这一票我要表达向他们的敬意和赞美。

推选委员于丹说：这两位老师让我们知道：人最大的富庶在于爱和信念的坚持，他们用生命提携了孤儿的成长，在一个物质繁盛的时代里，他们仍然让世界相信：精神无敌。

**【颁奖辞】**他们带上年幼的孩子，是为了更多的孩子；他们放下苍老的父母，是为了成为最好的父母。不是绝情，是极致的深情；不是冲动，是不悔的抉择。他们是高原上怒放的并蒂雪莲。

### 3. 吴孟超——设身处地为病人着想

【事迹】：吴孟超是世界上 90 岁高龄仍然工作在手术台前的唯一一位医生。他不仅是一位优秀的肝脏科临床医生，更是一位杰出的医学研究者，我国肝脏外科医学奠基人。50 年间，吴孟超推动中国的肝脏医学从无到有，从有到精，他的成就令全球同行瞩目、敬佩。一个好医生，一位好医生。他总是设身处地为病人着想，要求医生用最简单、最便宜、最有效的方法为病人治疗。

【获奖名片】肝胆春秋

【推选委员评价】推选委员任卫新说：吴老以九十高龄，与患者肝胆相照。作为医生，作为军人，他都是一座丰碑。

【颁奖辞】60 年前，他搭建了第一张手术台，到今天也没有离开。手中一把刀，游刃肝胆，依然精准；心中一团火，守着誓言，从未熄灭。

### 4. 刘伟——无臂钢琴师

【事迹】：“我的人生中只有两条路，要么赶紧死，要么精彩地活着。”这是无臂钢琴师刘伟的励志名言。刘伟 16 岁学习打字；19 岁学习钢琴，一年后就达到相当于用手弹钢琴的专业 7 级水平；22 岁挑战吉尼斯世界纪录，一分钟打出了 233 个字母，成为世界上用脚打字最快的人；23 岁他登上了维也纳金色大厅舞台，让世界见证了这个中国男孩的奇迹。

**【获奖名片】**隐形翅膀

**【推选委员评价】**“感动中国”推选委员易中天这样评价刘伟：无臂钢琴师刘伟告诉我们：音乐首先是用心灵来演奏的。有美丽的心灵，就有美丽的世界。

推选委员陆小华说：脚下风景无限，心中音乐如梦。刘伟，用事实告诉人们，努力就有可能。今天的中国，还有什么励志故事能赶上刘伟的钢琴声。

**【颁奖辞】**当命运的绳索无情地缚住双臂，当别人的目光叹息生命的悲哀，他依然固执地为梦想插上翅膀，用双脚在琴键上写下：相信自己。那变幻的旋律，正是他努力飞翔的轨迹。

### 5. 杨善洲——好书记杨善洲退休后义务植树22年

**【事迹】**：原任云南保山地委书记的杨善洲，已于2010年10月因病逝世。他从事革命工作近40年，两袖清风，清廉履职，忘我工作，一心为民。1988年退休后，他主动带领大家植树造林5.6万亩。去世前，他把当地20万元特别贡献奖中捐出了16万，价值3亿元的林场也无偿上缴给国家。

**【获奖名片】**公仆本色

**【推选委员评价】**“感动中国”推选委员孙伟这样评价杨善洲：杨善洲的六十年告诉我们：大公无私、坚守信念、一生奉献依然是党员干部的根本。

推选委员陈淮说：一个人能够给历史，给民族，给子孙留下些什么？杨善洲留下的是一片绿荫和一种精神！

**【颁奖辞】**绿了荒山，白了头发，他志在造福百姓；老骥伏枥，意气风发，他心向未来。清廉，自上任时起；奉献，直到最后一天。60年里的一切作为，就是为了不辜负人民的期望。

### 6. 阿里木——烤羊肉串的阿里木8年资助上百名贫困生

**【事迹】**：40岁的阿里木10年前来到贵州省毕节市，以烤羊肉串为生。毕节有不少穷困学生上不了学，阿里木便决定用烤羊肉串挣来的钱资助贫困学生。8年来，几万元钱，全部捐献出来资助了上百名贫困学生。很多网友被他的故事所感动，亲切地称他为“烤羊肉串的慈善家”和“草根慈善家”。

**【获奖名片】**义侠巴郎

**【推选委员评价】**推选委员陈菊红说：传说贵州晴天很少，阿里木的行动给这里带来了照亮人内心世界的热烈的阳光。

**【颁奖辞】**快乐的巴郎，在烟火缭绕的街市上，大声放歌。苦难没有冷了他的热心，声誉不能改变他的信念。一个人最朴素的恻隐，在人群中激荡起向善的涟漪。

### 7. 张平宜——让麻风村孩子受教育

**【事迹】**：张平宜曾经是台湾《中国时报》的资深记者。2000年，为了采访大陆麻风康复村的现状，她来到了四川省西部一个叫大营盘的小村庄。2002年，她履行自己的承诺，为村庄小学兴建了“中华希望之翼服务协会”，致力于大营盘麻风病人的子女教育。11年来，在四川凉山彝族自治州越西县，张平宜将一个供麻风村子女上学的教学点一点点地建成为完善正规的学校，2005年至今已培养百余名毕业生。

**【获奖名片】**希望之翼

**【推选委员评价】**推选委员彭长城说：为了一个底层群体的生活和尊

严，为了打破这个群体的宿命，她勇敢地去挑战去行动。她对人性的关怀和尊重，已到了捍卫的程度。

推选委员王晓晖说：一只希望的青鸟，飞过海峡，落在大山中被遗忘的角落。当人们看到久违的笑容和自信浮现在麻风村人的脸上，就会明白希望之翼的真正含义。

【颁奖辞】蜀道难，蜀道难，台湾娘子上凉山。跨越海峡，跨越偏见，她抱起麻风村孤单的孩子，把无助的眼神柔化成对世界的希望。她看起来无比坚强，其实她的内心比谁都柔软。

## 8. 吴菊萍——托举生命的最美妈妈

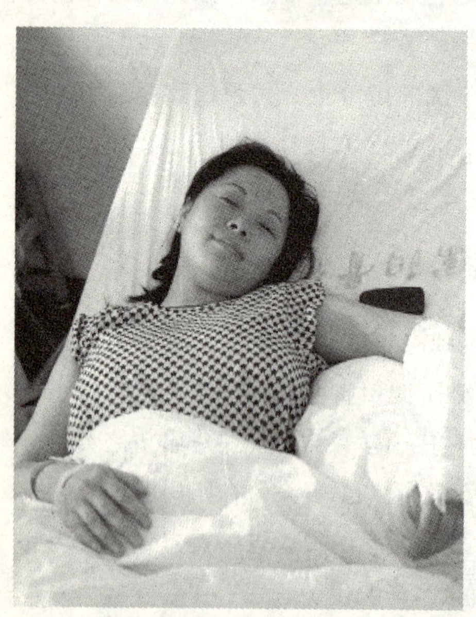

【事迹】：2011 年 7 月 2 日下午，杭州滨江白金海岸小区。两岁的妞妞趁奶奶不注意，爬上阳台外的晾衣杆，突然从 10 楼坠落，楼下过往的人们望见便厉声尖叫起来，这一叫把吴菊萍给唤了过来，只见她踢掉高跟鞋，张开双臂，冲过去接住了妞妞。被紧急送往医院后，吴菊萍被诊断为左手臂多处粉碎性骨折，尺桡骨断成三截，预计半年才能康复。逃过一劫的妞妞在 10 天后苏醒过来，开口叫了“爸爸、妈妈”。“这是本能，是一个母亲应该做的事情。”躺在病床上，吴菊萍一脸平静。事件发生时，她的孩子只有七个月大，尚在哺乳期。荣誉铺天盖地，吴菊萍保持了清醒的认识，“我只是普通人，问心无愧就好。”公司奖励了20万元，她留作自用，为此背负了不少压力。“我需要好好生活，好好工作，才有能力去帮助身边的人。”赡养父母、培养孩子、还有房贷……任何普通人，都无法对这些现实问题视而不见。“我会把重心调整回工作、家庭中来，减少媒体活动。”吴菊萍年后将重返工作岗位，她最大的心愿是看着妞妞与自家孩子健康长大。

**【获奖名片】**最美妈妈

**【推选委员评价】**推选委员朱玉说：她有一双最柔弱的臂膀，也是2011年中国最有力的臂膀。

**【颁奖辞】**危险裹胁生命呼啸而来，母性的天平容不得刹那摇摆。她挺身而出，接住生命，托住了幼吾幼以及人之幼的传统美德。她并不比我们高大，但那一刻，已经让我们仰望。

## 9. 孟佩杰——恪守孝道的平凡女孩

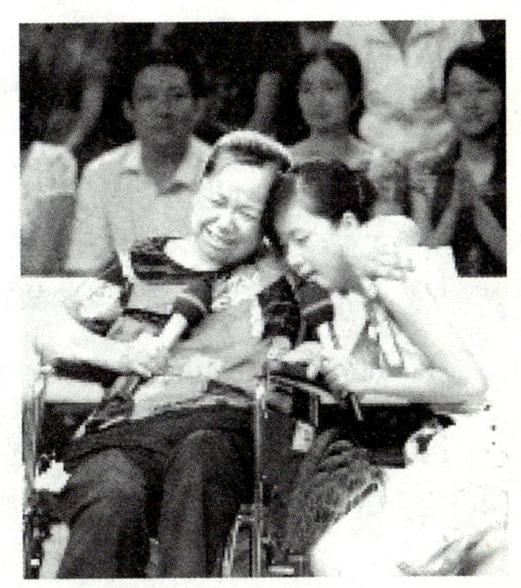

**【事迹】**：命运对孟佩杰很残忍，她却用微笑回报这个世界。五岁那年，爸爸遭遇车祸身亡，妈妈将孟佩杰送给养母刘芳英抚养。养母三年后因手术失败瘫痪在床，养父不堪生活压力，一走了之。绝望中，刘芳英企图自杀，但她放在枕头下的40多粒安眠药片被孟佩杰发现。“妈，你别死，妈妈不死就是我的天，你活着就是我的心劲，有妈就有家。”从此，母女二人相依为命，家中唯一的收入来源是刘芳英微薄的病退工资。当别人家的孩子享受宠爱时，八岁的孟佩杰已独自上街买菜，放学回家给养母做饭。个头没有灶台高，她就站在小板凳上炒菜，摔了无数次却从没喊过疼。在同学们的印象中，孟佩杰总是来去匆匆。她每天早上六点起床，替养母穿衣、刷牙洗脸、换尿布、喂早饭，然后一路小跑去上学。中午回家，给养母生火做饭、敷药按摩、换洗床单……有时来不及吃饭，拿个冷馍就赶去学校了。晚上又是一堆家务活，等服侍养母睡觉后，她才坐下来做功课，那时已经九点了。“女儿身上最大的特点是有孝心、爱心和耐心。”刘芳英说，如果有来生，她要好好补偿女儿。为配合医院的治疗，孟佩杰每天要帮养母做120个仰卧起坐、拉腿240次、捏腿15分钟。碰上刘芳英排便困难，孟佩杰就用手指一点点抠出来。2009年，孟佩杰考上了山西师范大学临汾学院。权衡之下，她决定带着养母去上大学，在学校附近租了间房子。大一那年的暑假，孟佩杰顶着炎炎烈日上街发广告传单，拿到工资后的第一件事就是买养母最爱吃的红烧肉。“我只不过做了每个女儿都会做的事。”不少好心人提出过帮助，都被孟佩杰婉拒了，她坚持自己照顾养母。虽然孟佩杰的身世可怜，但她不向命运低头，依然勇敢地面对生活。孟佩杰的毕业愿望是当一名小学老师，安安稳稳，与养母简单快乐地生活。

**【获奖名片】**孝女当家

**【推选委员评价】**推选委员王振耀说：童稚的年岁，她一力撑起几经风雨的家。她的存在，是养母生存的勇气，更是激起了千万人心中的涟漪。

**【颁奖辞】**在贫困中，她任劳任怨，乐观开朗，用青春的朝气驱赶种种不幸；在艰难里，她无怨无悔，坚守清贫，让传统的孝道充满每个细节。虽然艰辛填满四千多个日子，可她的笑容依然灿烂如花。

### 10. 刘金国——烈火锻造的铁血将帅

**【事迹】**：回忆起“7·16”大连新港火灾事故，相信许多人心有余悸。2010年7月16日傍晚，大连新港的输油管线在油轮卸油作业时因原油泄漏发生火灾，火势顺排污渠蔓延。火情就是命令。公安部副部长、纪委书记刘金国第一时间率领专家组赶赴现场，指导救灾。面对长达数千米的火线、数十个储量巨大的油罐随时爆炸的危险，刘金国在前沿连续指挥了七个小时，直至将大火扑灭。每逢重大突发事件，刘金国都亲临一线指挥。2008年的“5·12”汶川特大地震救援中，他担任公安部前线总指挥，紧急调集、指挥全国2万多名公安专业救援力量，从废墟中搜救出被埋压人

员 8335 人。铁血将帅的另一张面孔，是两袖清风的忠诚卫士。1995 年，刘金国调到河北省公安厅，搬家时他的全部家当只有半卡车旧家具，和一台黑白电视机。单位分给他一套房子，需要交 4. 6 万元的集资款，但刘金国硬是拿不出这笔钱，最后只能找银行贷款。担任领导职务的几十年，刘金国亲手审批过近 20 万个“农转非”指标，可他自己的 38 个亲属无一跳出“农门”。

**【获奖名片】**烈火金刚

**【推选委员评价】**推选委员陈小川这样评价刘金国：心有道德追求的人，行为永远不会逾越内心的道德底线。当他的道德追求堪称高尚时，他的内心就会有无限的满足感。

推选委员涂光晋说：正因为头顶有国徽，心中有人民，他才能如此清正廉洁，疾恶如仇，临危不惧，知难而上。

**【颁奖辞】**贼有未曾经我缚，事无不可对人言。是盾，就矗立在危险前沿，寸步不退。是剑，就向邪恶扬眉出鞘，绝不姑息。烈火锻造的铁血将帅，两袖清风的忠诚卫士。

资料来自中央电视台 2011 年“感动中国”十大人物颁奖晚会

## 四、德耀中华：第三届全国道德模范及其事迹

### 1. 全国助人为乐模范（11 名）

郭明义　鞍钢集团矿业公司齐大山铁矿生产技术室采场公路管理员

王文珍（女）　海军总医院护理部总护士长

阿尼帕·阿力马洪（女，维吾尔族）　新疆维吾尔自治区青河县青河镇居民

毛陈冰（女） 支付宝（中国）网络技术有限公司员工

刘　丽（女） 福建省厦门市名悦休闲有限公司技术总监，原籍安徽省阜阳市颍上县

许月华（女） 湖南省湘潭市社会福利院供养人员

厉　莉（女） 北京市房山区人民法院民二庭庭长助理

王振治 陕西省西安市公安局交通警察支队新城大队安监中队民警

董　明（女） 湖北省武汉市硚口区汉水桥街营北社区居民

王文忠 河北省衡水市枣强县芍药村党支部书记

阿里木江·哈力克（维吾尔族） 贵州省毕节市个体工商业者，原籍新疆维吾尔自治区巴音郭楞蒙古自治州和静县

**【颁奖词】**善行无疆！你们用滚烫的心，热情的手，扶危济困，雪中送炭。你们崇高的利他精神，是流淌在中国人身上的血液，是中华五千年文明的标志。你们的善行善举，如和煦春风，温暖着亿万人民的心。

**【典型人物】**：许月华，“板凳妈妈”，用爱撑起一片天

**【事迹】**：许月华，人称“板凳妈妈”，1956 年出生在湖南湘潭板塘乡，1 岁时失去父亲，母亲在她 12 岁时也去世了。由于家境贫寒，许月华没有上过一天学。就在母亲去世那年，为谋生计，她偷偷跑到铁路上捡煤渣，不幸被火车轮夺去了双腿。没有双腿的她开始用两个四角板凳支撑着，学习一手

许月华和她的“孩子们”

一步地向前“行走”。每天天没亮，她就开始练习。深夜福利院的人都睡了，她仍不肯休息。摔倒、爬起来、再摔倒、再爬起来……许月华终于重新学会了“走路”，成为福利院编外保育员。许月华同志2010年被评为全国十大责任公民，荣获央视2010年度全国“三农”人物奉献奖。

### 2. 全国见义勇为模范（10名）

郜忠利（蒙古族） 生前系中国人民解放军65939部队67分队班长，代理排长

王茂华、谭良才 王茂华生前系江西省宜春市袁州区慈化镇伯塘中学教师；谭良才系王茂华的岳父，江西省宜春市袁州区慈化镇伯塘村村民

冯思广 生前系驻济南空军航空兵某师飞行2大队正连职飞行员

纪长秋 生前系吉林省石油化工厅服务公司工人

甘占恩 生前系青海省湟中县羊圈中学初一（2）班学生

旦增尼玛（藏族）、仁青达瓦（藏族） 旦增尼玛系西藏自治区拉萨中学高三（5）班学生；仁青达瓦系西藏民族学院附属中学高三（1）班学生

刘兴元、刘贺龙父子 刘兴元系河南省许昌市鄢陵县陶城乡黄庄村村民；刘贺龙生前系河北省文安县左各庄镇南陶管营小学学生，是刘兴元的儿子

曾庆香、刘 薇（女） 曾庆香生前系在京务工人员，原籍江西省信丰县大塘埠镇万星村；刘薇生前系中央电视台“每周质量报告”栏目记者

胡文传 安徽省长丰县岗集镇大窑村村民

吴菊萍（女） 阿里巴巴（中国）网络技术有限公司员工

**【颁奖词】**舍己为人！你们，面对危难和死神，挺身而出，大义凛然！用瞬间的选择，维护正义，担当道义，舍生取义，书写了自己的壮丽人生，昭示了中华民族的精神高度，在天地之间奏响了义字正气歌。

**【典型人物】**：吴菊萍，“最美妈妈”，勇救坠楼女孩，成就最美妈妈

**【事迹】**：吴菊萍，1980年生，浙江嘉兴人，2000年加入中共共产党，2011年7月2日下午1点半，在杭州滨江区的一住宅小区，一个2岁女童突然从10楼坠落，在楼下的吴菊萍奋不顾身地冲过去用双手接住了孩子，目前小女孩已经好转，救人女业主吴菊萍，其手臂骨折，受伤较重，被网友称为“最美妈妈”。2011年9月12日，吴菊萍和坠楼女孩妞妞约好，回家过中秋团圆。

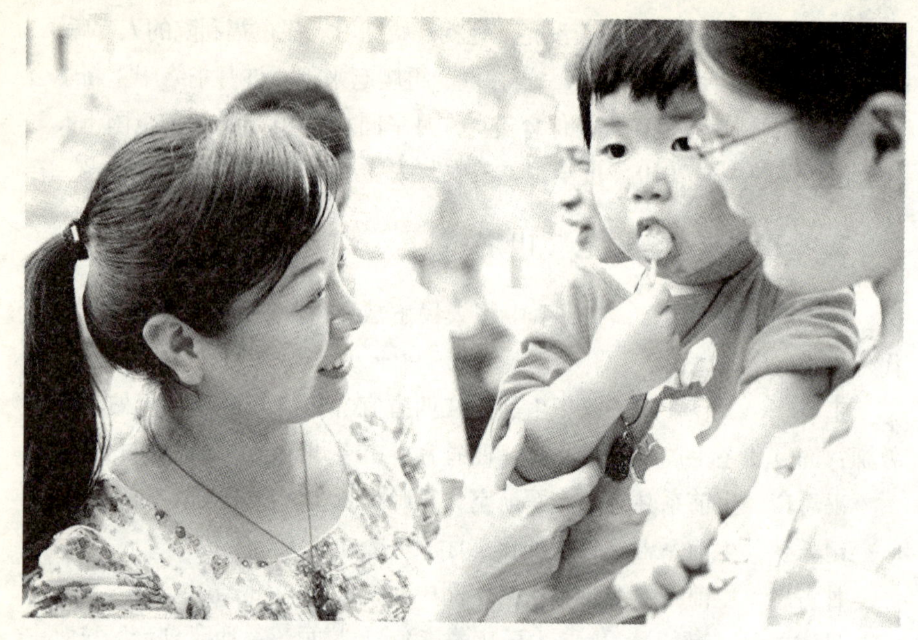

吴菊萍和妞妞

### 3. 全国诚实守信模范（10名）

刘延宝　山东省济南市历城区港沟镇神武村村民

王文彬　河北省秦皇岛市昌黎县龙家店镇汪上村村民

孙东林　武汉东方建筑集团有限公司副总经理、湖北省“信义兄弟”建筑工程有限公司董事长

孙　影（女）　广东省深圳市关爱行动组委会办公室工作人员

常德盛　江苏省苏州常熟市支塘镇蒋巷村党委书记

李　影（女）　上海闸环灵石环境卫生工程有限公司沪太路1170弄（龙潭小区）29号公厕管理员

唐中和　湖南省新宁县丰田乡庄丰村乡村医生

马国林（回族）　宁夏回族自治区固原市西吉县硝河乡马昌村村民

丁新民（蒙古族）　内蒙古自治区鄂尔多斯市东方路桥集团董事长、党委书记

李郁林　海南省儋州市白马井中学教师、德育室主任

**【颁奖词】**一诺千金！你们，以诚信为本，诚心做事，诚实为人，捍

卫的是这个时代的道德准则。你们有良知，讲良心。无愧天地，无愧他人！践行的是人间大道，守护的是中华民族代代传承的善良天性！

**【典型人物】**：孙东林，哥哥的承诺

**【事迹】**：2010 年 2 月 9 日（农历腊月廿六），在京、津做建筑工程的孙水林，驾车带着妻子、三个儿女和 26 万元现金从天津出发，准备赶回老家过年，同时给先期回汉的农民工们发放工钱。次日凌晨行至南兰高速开封县陇海铁路桥路段时，由于路面结冰，发生重大车祸，20 多辆车连环追尾，孙水林一家五口遇难。孙东林为了完成哥哥的遗愿，顾不上安慰年迈的父母，在腊月二十九将工钱送到 60 多名农民工手中。由于哥哥的账单多已找不到，孙东林让农民工们凭着良心报领工钱，还贴上了自己的 6. 6 万元和母亲的 1 万元。“新年不欠旧年账，今生不欠来生债”。孙水林、孙东林兄弟 20 年信守承诺，被人们誉为“信义兄弟”。

孙东林

### 4. 全国敬业奉献模范（12 名）

杨善洲　生前系云南省保山市原地委书记

何祥美　中国人民解放军 73653 部队 73 分队上士

沈　浩　生前系安徽省财政厅干部、凤阳县小岗村第一书记

马军武　新疆生产建设兵团农十师一八五团林管站职工

庄仕华　武警新疆总队医院院长、肝胆外科中心主任医师

孔祥瑞　天津港中煤华能煤码头有限公司孔祥瑞操作队队长、党支部书记

李文祥　河南省范县白衣阁乡北街村村民

王争艳（女） 湖北省武汉市汉口医院金桥社区卫生服务中心原主任

文建明 四川省南充市营山县城南镇党委书记

张雅琴（女） 生前系江苏省镇江丹阳市新桥镇金桥村党总支书记

邓前堆（怒族） 云南省怒江州福贡县石月亮乡拉马底村乡村医生

邵春亮 大连理工大学教授（退休教师）、少数民族预科班顾问

**【颁奖词】**恪尽职守！你们，对事业虔诚执著，付出辛苦，倾注心血。在平凡的岗位上，用超乎常人的坚韧，铸就无私风向的丰碑。这是操守，是品格，是人生境界。你们，是民族振兴的脊梁。

**【典型人物】**：邓前堆，"索道医生"，用他的一份坚持造福一方

**【事迹】**：在云南怒江流域有一个村寨，叫做拉马底村，这个村被怒江一分为二，一条一百多米长的索道成为来往两地的桥梁。邓前堆是这个村的医生，为了给群众看病，他常年溜索横跨怒江两岸，用坚守换来了百姓健康，因此也被称为"索道医生"。

邓前堆

### 5. 全国孝老爱亲模范（11名）

孟佩杰（女） 山西师范大学临汾学院学生

王冬梅（女） 甘肃省两当县金洞乡太阳村村

张　蕾（女，土家族） 贵州省铜仁学院中文系学生

王　欣（女）、顾金钟夫妇　王欣系大港油田总医院纪检监察办公室主任；顾金钟系天津市公安局大港分局海滨派出所民警

曹阳飞宇　福建三明学院外语系学生

陈　九（女）　河南省濮阳市高新区皇甫街道前皇甫村村民

杨德碧（女）　重庆市涪陵区龙潭镇义和村村民

李建珍（女）　广西壮族自治区南宁铁路局柳州机车车辆厂工人

王现伟　安徽陆军某预备役师步兵一团副参谋长

朱清章　内蒙古自治区包头市石拐区矿务局河滩沟矿二采区退休职工

陈礼国　中国人民解放军96401部队高级工程师

**【颁奖词】**大爱无声！你们奉行的孝道，你们展示的爱心，是百善之首，是人性之基。你们为国尽忠，为人尽孝，彰显了炎黄子孙的人性之美，光大了中华民族的传统美德，你们的孝心爱心，感人肺腑，感天动地，续写了“老吾老以及人之老，幼吾幼以及人之幼”的文明华章

**【典型人物】**：孟佩杰，“最美女孩”，带着妈妈上学，坚强女孩撑起破碎家庭

**【事迹】**：孟佩杰，女，汉族，1991年11月生，共青团员。2009年，孟佩杰被距离家乡百公里外的山西师范大学临汾学院录取，不放心瘫痪在床的养母，她决定“带着母亲上大学”，在学校附近租了房子，继续悉心照料着养母。2009年，临汾市委授予孟佩杰母女文明和谐家庭荣誉称号。2010年，孟佩杰成为临汾市年龄最小的十佳道德模范。

# 附　录

## 一、国家、教育部规划项目

### 1. 2011 教育部人文社科规划项目

（1）社科基金项目

①当代中国政治伦理体系研究，刘慧卿，大连交通大学，11YJA720014

②现代社会保障的道德基础研究，汤剑波，杭州师范大学，11YJA720023

③契约伦理的形上基础与现实建构，赵一强，河北经贸大学，11YJA720040

④作为美德的自尊研究，张钦，河北师范大学，11YJA720035

⑤德性文明的发端与分野：先秦和古希腊道德哲学比较研究，曾小五，湖南大学，11YJA720034

⑥民生时代公共政策价值选择研究，赵嫦娥，湖南科技大学，11YJA720039

⑦社会救助伦理研究，陈文庆，湖州师范学院，11YJA720002

⑧生命伦理学视域中的人的尊严研究，程新宇，华中科技大学，11YJA720003

⑨蒙古族神话自然观与当代生态伦理学，包国祥，内蒙古民族大学，11YJA720001

⑩中国儒家美德伦理思想研究，邵显侠，南京师范大学，11YJA720018

⑪明清商业伦理思想史研究，余龙生，上饶师范学院，11YJA720033

⑫危重病人生命终末期的医学伦理问题，席修明，首都医科大学，11YJA720029

（2）青年基金项目

①墨子伦理思想的当代审视，孙君恒，武汉科技大学，11YJC720022

②道德客观性及其限度——后形而上学时代的良善生活问题研究，王艳秀，黑龙江大学，11YJC720043

③社会道德秩序的三种模式研究，刘光斌，湖南大学，11YJC720025

④宋明理学责任伦理思想研究，雷静，华南农业大学，11YJC720021

⑤从“契约论”角度看“道德规范性”问题，陈代东，华南师范大学，11YJC720005

⑥马克思道德理论阐释史研究，曲红梅，吉林大学，11YJC720034

⑦仁爱与正义的“中和”之道——当代中国伦理实践理念探究，常江，吉林师范大学，11YJC720003

⑧公民伦理建构视域中的道德报偿理论研究，费尚军，南昌大学，11YJC720010

⑨科学共同体的伦理基础研究，薛桂波，南京林业大学，11YJC720050

⑩德性如何可能——柏拉图伦理转向问题研究，顾丽玲，浙江大学，11YJC720015

⑪消费异化与人的价值复归——符号消费伦理研究，汪怀君，中国石油大学（华东），11YJC720039

⑫儒家生命伦理思想研究，张舜清，中南财经政法大学，11YJC720054

（3）重点研究基地重大项目

①中国古代政治伦理思想研究，焦国成，中国人民大学伦理学与道德建设研究中心，11JJD720009

②中国民众日常生活伦理研究，肖群忠，中国人民大学伦理学与道德建设研究中心，11JJD820003

## 2. 2011 国家社科基金项目

（1）重点项目

①儒家道德哲学和基督教道德哲学的比较研究，赵士林，中央民族大学，11AZX005

②社会转型期的中国乡村伦理问题研究，王露璐，南京师范大

学，11AZX008

③后单位时代集体行动的伦理逻辑研究，王珏，东南大学，11AZX007

④西方德性伦理思想研究，江畅，湖北大学，11AZX009

⑤“消费—生态”悖论的伦理学研究，曾建平，井冈山大学，11AZX010

⑥权力、资本、劳动的制度伦理考量研究，靳凤林，中央党校，11AZX011

（2）一般项目

①原始儒家道德哲学之建构研究，张继军，黑龙江大学，11BZX065

②汉代今文经学道德价值观研究，王文东，中央民族大学，11BZX064

③当代中国道德社会影响力研究，李水弟，南昌工程学院，11BZX066

④中国改革开放的道德代价研究，吴灿新，广东省委党校，11BZX067

⑤全球化与科学时代的伦理规范“基础”研究，李晔，桂林航天工业高等专科学校，11BZX078

⑥服务伦理体系建构与实践研究，卫建国，山西师范大学，11BZX071

⑦人的尊严在生命伦理学中的理论地位和社会应用研究，韩跃红，昆明理工大学，11BZX074

⑧NBIC会聚技术引发的道德难题及其对策研究，陈万求，长沙理工大学，11BZX070

⑨伦理学视域中的竞技体育：道德沦陷与伦理拯救，刘雪丰，湖南师范大学，11BZX072

⑩制度伦理的文化基础研究，倪素香，武汉大学，11BZX075

⑪祛弱权视阈的生命伦理问题研究，任丑，西南大学，11BZX073

⑫马克思的生态文明思想及其当代影响，胡建，浙江省委党校，11BKS006

⑬正义和善：平等主义医疗资源分配理论研究，张艳梅，吉林大学，11BZX077

⑭政治哲学视野下的技术正义研究，曹玉涛，洛阳师范学院，11BZX069

⑮分配正义与转型期弱势群体研究，庞永红，重庆大学，11BZX068

⑯全球正义研究，徐向东，北京大学，11BZX079

⑰中国特色社会主义人权理论体系研究，鲜开林，东北财经大学，11BKS029

⑱马克思人类解放视域下的毛泽东平等思想研究，喻立平，湖北省社科院，11BKS009

（3）青年项目

①先秦儒家情理主义道德哲学形态研究，郭卫华，天津医科大学，11CZX065

②中国语境下知情同意的伦理与法律问题研究，陈化，广州医学院，11CZX057

③共和政体的道德基础研究，陈文娟，中央财经大学，11CZX058

④伪善的道德形而上学研究，王强，上海市委党校，11CRK005

⑤亚里士多德实践哲学研究，刘玮，中国人民大学，11CZX059

⑥气候变化的伦理与政治研究，陈俊，湖北大学，11CZX060

⑦碳减排语境下中国消费伦理问题研究，徐新，湖南师范大学，11CZX062

⑧生态和谐社会伦理范式阐释研究，周国文，北京林业大学，11CZX061

⑨博弈论视域下的市场经济道德规范研究，孙菲菲，贵州师范大学，11CZX063

⑩媒体美德研究，赵华，南京大学，11CZX064

⑪中国古代“家本主义”伦理学及其当代意义研究，燕连福，西安交通大学，11CZX055

⑫文化多元化情景下的价值排序与核心价值观的研究，张彦，浙江大学，11CZX056

（4）国家社科基金西部项目

①文化建设中的伦理问题研究，孔润年，宝鸡文理学院图书馆，11XZX011

②哈贝马斯对话伦理学研究，胡军良，西北大学，11XZX014

③鲁迅的翻译伦理思想研究，骆贤凤，湖北民族学院外国语学院，11XYY004

（5）国家社科基金后期资助

①现代科技与伦理互动论，潘建红，武汉理工大学，11FZX004

②行动、伦理与公共空间——汉娜·阿伦特的交往政治哲学研究，孙磊，同济大学，11FZX006

③中国神话的生态伦理审视，康琼，湖南商学院，10YJA720015

（6）国家社科基金重大项目

①构建我国主流价值文化研究，江畅，湖北大学，11&ZD021

②当代中国大众文化的价值观研究，陶东风，首都师范大学，11&ZD022

③中国经济伦理思想通史研究，王晓錫，南京师范大学，11&ZD084

④现代社会信任模式与机制研究，周怡，复旦大学，11&ZD149

⑤我国社会诚信制度体系建设研究，王淑芹，首都师范大学，11&ZD030

⑥现代医疗技术中的生命伦理及其法律问题研究，田勇泉，中南大学，11&ZD177

## 二、博士论文题目

1. 金香花：《四端七情与圣学理想——李退溪伦理思想研究》

2. 邢雁欣：《消费伦理研究 》

3. 郝玉明：《慎德研究——以儒家传统为中心 》

4. 陈默：《荀子的道德认识论研究》

5. 肖红春：《社会契约、政治证成与公民教育——洛克政治哲学思想研究》

6. 王智海：《中国公务员行政道德教育 》

7. 周斌：《〈唐律疏议〉法理解释的伦理向度 》

8. 李雪辰：《南宋事功学派伦理思想研究 》

9. 王双云：《会计伦理问题研究 》

10. 王和君 ：《胡宏伦理思想研究》

11. 冯粤：《公民信息权利的伦理审视》

12. 蒋志红：《马克思的正义观研究》

13. 郑娟：《中共三代领导核心的政治伦理思想研究》

14. 陆　华：《全球化时代的国家伦理研究》

15. 姚站军：《“伦理大战略”理论建构及其实践透视》

16. 钟贞山：《社会生态人：新的人性假设与人的全面发展——基于价值哲学视角的探讨》

17. 刘浩林：《井冈山精神的政治伦理价值研究》

18. 宁洁：《法伦理学：学科抑或思想》

19. 吴晓蓉：《法治实践中的德性研究》

20. 孙妍：《当代中国物权法基本问题的反思》

21. 徐海红：《生态劳动视域中的生态文明》

22. 尹　伟：《道德量化评价的反思与超越》

23. 喻文德：《责任原则：公共健康的伦理研究》

24. 王云岭：《现代医学情境下死亡的尊严研究》

25. 李固敏：《转基因食品中的伦理问题》

26. 龙武维：《临终关怀陪伴伦理之进路》

27. 芦蓉晖：《生命伦理学视野下的行为控制伦理探究》

28. 曹秀娟：《身体伦理学对生命伦理学的批判与重构》

29. 曹永福：《我国医药卫生体制改革的价值取向及其实现机制研究》

30. 魏志茹：《生命科技人员的道德行为选择探析》

31. 杨勇兵：《从马克思自然观的视角透析生态危机的社会根源》

32. 方锡良：《马克思自然观研究——从现代性批判的视角看》

33. 宫长瑞：《当代中国公民生态文明意识培育研究》

34. 关雁春：《生态主义的“红色”批判——佩珀生态社会主义思想研究》

35. 黄雯：《人和自然关系的探讨：从马克思到当代》

36. 朱波：《高兹生态学马克思主义思想研究》

37. 房尚文：《“生态消费”的马克思主义解》

38. 王丹：《马克思主义生态自然观研究》

39. 张首先：《生态文明研究——马克思恩格斯生态文明思想的中国化进程》

40. 陶庭马：《生态危机根源论》

41. 张治忠：《生态文明视野下的行政价值观研究》

42. 陈玮：《不能自制作为问题：亚里士多德论欲望的本质与伦理生活的可能性》